JN135897

道 路 震 災 対 策 便 覧

（震災危機管理編）

令和元年7月

公益社団法人　日 本 道 路 協 会

序

わが国は，環太平洋地震帯に位置し，有史以来多くの地震に見舞われ，大きな被害を経験してきた。平成23年に発生した東北地方太平洋沖地震では，大規模な津波により太平洋沿岸において広範囲で甚大な被害を受け，平成28年に発生した熊本地震では，震度7が設定された1949年以降初めて同一地点で震度7の揺れが繰り返し発生し道路施設に甚大な被害をもたらしたことは記憶に新しい。また，近年においては，南海トラフ地震，首都直下地震等の大規模地震の切迫性が懸念されており，震災対策の一層の推進が急務となっている。

日本道路協会では，昭和60年度に道路震災対策委員会に耐震調査法検討小委員会を設け，道路の耐震対策に関する調査を進め，大規模地震発生時における道路の被害の軽減，ならびに被災後の道路交通の確保に資する技術的な手引書として，昭和63年に「道路震災対策便覧（震前対策編，震災復旧編）」の二編を発刊した。また，兵庫県南部地震の教訓を踏まえ，平成8年には地震発生直後において道路管理者が執るべき行動の基本方針の手引書として「道路震災対策便覧（震後対策編）」を発刊し，平成14年には「道路震災対策便覧（震前対策編，震災復旧編）」の改訂を行った。その後，新潟県中越地震などの課題・教訓を踏まえ，平成18年に震前対策編，平成19年に震災復旧編の改訂を行い，平成22年には震後対応能力の強化を図るため震後対策編に代えて震災危機管理編を発刊した。

しかしながら，その後，東北地方太平洋沖地震，熊本地震などの課題・教訓を踏まえ，道路管理者が行うべき震災対策についての新たな考え方・事例を整理する必要性が高まった。さらに，大規模地震に関する法律の制定，被害想定およびそれを踏まえた地震防災戦略の策定など近年の政府の取り組みも反映する必要があり，当協会では「道路震災対策便覧」各編を全面的に改訂することとした。震災危機管理編では，東北地方太平洋沖地震および熊本地震を経験する中で新たに知見を得た災害対応行動を記述した他，最新の取り組み・事例の反映など全般にわたって記述を見直した。

今後，本書が道路技術者の参考として広く活用され，震災対策技術の推進および震災危機管理の一助になることを期待してやまない。

令和元年7月

公益社団法人　日本道路協会会長　　宮　田　年　耕

ま え が き

「道路震災対策便覧」は，平成 22 年 10 月までに，震前対策編，震災復旧編，震災危機管理編の三編が発刊されている。震前対策編は，地震発生前に定めておくべき計画等をとりまとめており，震災復旧編は，地震発生後の応急復旧・本復旧等のための技術をとりまとめている。また，震災危機管理編は，地震発生直後において道路管理者が執るべき行動の基本方針をとりまとめている。震前対策編および震災復旧編は，昭和 63 年 2 月に発刊され，その後，震前対策編は平成 14 年 4 月, 平成 18 年 9 月に，震災復旧編は平成 14 年 4 月，平成 19 年 3 月に改訂版が発刊された。震災危機管理編は, 平成 8 年 10 月に発刊された震後対策編に代わり，平成 22 年 10 月に発刊された。

しかしながら，その後，平成 23 年 3 月東北地方太平洋沖地震，平成 28 年 4 月熊本地震などの大規模地震が発生しており，それら地震災害によるハード，ソフト両面での課題から教訓が蓄えられ，また，一方で大規模地震に関する法律の制定等も進められてきたところである。

このような情勢を踏まえて，このたび「道路震災対策便覧 (震災危機管理編)」の改訂を行った。主要な改訂点は以下のとおりである。

（1）新しい法律，対策要綱等，最新の政府の取り組みの反映

（2）東北地方太平洋沖地震や熊本地震等の被災を踏まえ，道路管理者が行うべき震災対策についての新たな考え方・事例等の反映

（3）津波に関する記載の充実

（4）道路管理者の創意工夫など，活用すべき事例の充実

（5）関連する技術基準の改訂，技術の進歩に伴う整合を図る

本編は 4 章から構成されており，本便覧の目的及び震災危機管理の基本的な考え方を「第 1 章　総則」に，地震後の対応をスムーズに行うために必要な事前準備事項等を「第 2 章　平常時における危機管理」に，震後対応の初動期において道路管理者が執るべき行動の内容等を「第 3 章　地震発生後の対応」に，道路管理者間や関係機関との連携・支援・受援のあり方を「第 4 章　連携・支援・受援」に記述した。さらに，本編の適用に際して参考となる関係法令・計画等，地震時の対応時系列，地震対応時の報告様式事例を付属資料として添付した。

本便覧が，震災対策に携わる第一線の技術者の方々の業務に役立てられ，地震発生後の対応が迅速かつ適切に進められることを念願してやまない。

令和元年７月

道路震災対策委員会

道路震災対策委員会名簿（50音順）

委員長	運上　茂樹	
委　員	石村　佳之	伊藤　敦史
	井上　隆司	伊與田　弘樹
	小串　俊幸	片岡　正次郎
	金ヶ瀬　光正	北岡　隆司
	木村　嘉富	日下部　毅明
	斉藤　和也	酒井　久和
	庄司　学	長岡　秀彦
	野田　勝	福田　光祐
	松居　茂久	松田　豊
	宮部　静夫	
幹　事	畦地　拓也	石川　昭
	岩永　敏孝	河島　陽平
	窪田　智則	酒井　章光
	坂本　智典	笹原　壮雄
	猿渡　基樹	澤田　守
	外崎　高広	長友　浩信
	中村　泰	福崎　昌博
	松本　康弘	山井　秀明
	横田　昭人	

目　　次

第１章　総　則

１－１　道路震災対策便覧の目的

道路は，平常時の人の移動や物流だけでなく，地震等の災害時にも，避難や救助等の緊急活動，ライフラインの復旧活動等を支える交通基盤として機能することが期待されている。そのため，災害時の施設被害の最小化を図るとともに，交通機能を早期に復旧させ，被害の影響及び被害の拡大を抑制する必要がある。道路の震災対策は，特に震災への備えとして実施される施設の強化（耐震化）や速やかな啓開・復旧のための包括的な対策をいう。

地震多発国であるわが国では，甚大な道路施設被害をもたらした平成７年の兵庫県南部地震以後も，平成16年の新潟県中越地震，平成23年の東北地方太平洋沖地震，平成28年の熊本地震など，激しい揺れを伴う内陸直下型地震や大津波を引き起こす巨大地震による被害が相次いで発生してきた。一方で，貴重な教訓を踏まえ，これらの被害を繰り返さないための新たな震災対策技術が生み出され，より効率的で的確な震災危機管理のための知見も蓄積されているところである。

道路震災対策便覧は，これらの新たな知見も含め道路震災対策を推進する上で参考となる事項を包括的に取りまとめたものであり，道路の震災対策及び震災危機管理の一助となる手引書として活用されることを目的としている。

１－２　道路震災対策便覧の構成

本便覧は，「震前対策編」，「震災危機管理編」，「震災復旧編」の三編から構成され，それぞれ，地震による道路施設被害を最小化し，道路ネットワークとしての機能を確保するために有効な事前対策，地震発生後の対応を迅速かつ適切に実施するために有効な事前準備及び基本的な行動指針，迅速な震災復旧を行うために有効な技術的手法を記述している。**図－1.2.1**に，本便覧各編の主要な対象範囲を示す。

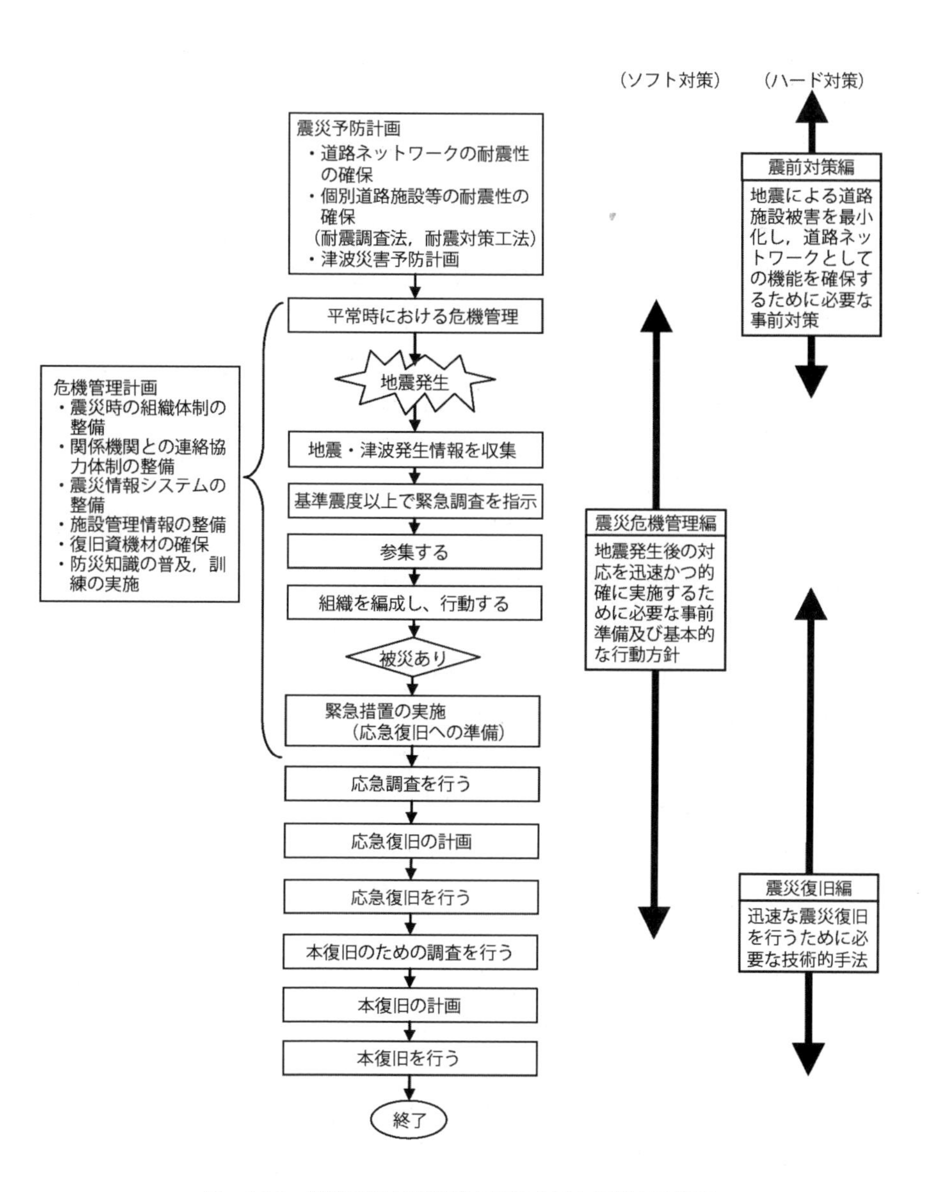

図－1.2.1　道路震災対策便覧各編の主要な記述対象範囲

本便覧は，道路の震災対策に関わる実務者に対して，地震による道路の被害を最小化し，被害の影響を抑制するとともに，早期に被害を復旧するために必要な事項を参考となるように整理したものであり，画一的に適用されるべき基準を示すものではない。このため，この点を十分理解し，特に地震発生後の対応を計画し実施する際には，地域の特性や過去の地震の教訓等を踏まえた上で，関係各機関で連携を図りながら事前の準備を適切に進めるとともに，地震発生後の対応を迅速かつ的確に実施していくことが肝要である。

以下に，過去の地震で再認識された重要な事項を示す。

平成7年の兵庫県南部地震を経験する前の道路の震災対策としては，地震に備えた資機材の備蓄，地震発生後の復旧活動に関する計画の策定や訓練も行われてきたが，想定される地震動に対して道路構造物の耐震性を確保することに，より重点が置かれてきた。

兵庫県南部地震においては，それまでの想定を超える強い地震動により道路にも多大な被害が生じた。都市直下で発生した大規模地震による道路被害に関して，以下のような事項の重要性が再認識された。

① 個別施設からネットワーク全体までを含めた道路の耐震性の確保

② 地震発生前における適切な計画と対策による施設被害の軽減，及び施設被害による影響の抑制

③ 道路被害が発生した後の迅速な復旧のための組織体制の整備

④ 広域・甚大な道路被害に対する迅速な復旧技術

平成16年の新潟県中越地震では，橋梁の被害は限定的であり，兵庫県南部地震後に実施された対策の効果も見られたが，盛土・斜面・トンネル等の被災により箇所によっては長期にわたる通行規制を余儀なくされた。中山間地における道路被害に対し，道路管理者には

⑤ 集落の孤立危険性の解消に向けた土構造物も含む道路構造物の補強計画，復旧計画の実施

⑥ トンネル・土構造物の大被害の可能性にも配慮した常時の点検及び補修・補強の着実な継続

等があらためて求められている。これらは，従来までの施設の耐震性確保や組織体制の構築などの震災対策に相反するものではなく，それらのさらなる向上を必要とするものである。

平成19年の能登半島地震や平成20年の岩手・宮城内陸地震では，主要国道の被害は限定的であったが，地方公共団体や地方道路公社が管理する道路で甚大な被害が発生した。道路管理者には，自らが管理する道路の被害への対応に加え，それ以外の道路被害への支援が求められ，以下の事項の重要性が再認識された。

⑦　道路管理者間，さらには，警察や消防，自衛隊，ライフライン事業者等，大規模地震後の対応に携わる関係機関との情報共有，連携・支援体制の構築

⑧　大規模地震後の迅速な道路被害状況の把握及び発信

平成20年4月には，被災地方公共団体への技術的支援を行うことを目的として，国土交通省に緊急災害対策派遣隊（TEC-FORCE，Technical Emergency Control-FORCE）が創設されており，支援体制が整備され支援がされやすくなった。平成20年6月の岩手・宮城内陸地震では，実際にTEC-FORCEによる支援活動が行われている。

平成23年の東北地方太平洋沖地震（東日本大震災）では，大規模な津波により太平洋沿岸において広範囲で甚大な被害が生じた。大規模災害において，人命救助や行方不明者捜索のために救助捜索機関がいち早く被災地に入る必要があり，被災地に向かうルートの確保が道路管理者に求められた。そのため，以下の事項の重要性が認識された。

⑨　津波に関する地域の防災計画を考慮した道路施設の計画

⑩　初動期の活動における緊急輸送ルート確保のための道路啓開

平成28年の熊本地震では，1949年に震度7が新たな階級として導入されて以降初めて同一地点で震度7の揺れが繰り返し発生しただけでなく，地盤変位などの影響もあったことで，道路施設に甚大な被害をもたらした。また，高速道路においても被害を受け全面通行止めになったことにより，一般道に大規模な渋滞が発生し，緊急物資の輸送に大きな支障となった。道路管理者には，迅速な応急復旧を行うとともに地域経済活動のための通行の確保が求められ，以下の事項の重要性が認識された。

⑪　斜面崩壊等及び断層変位にも配慮した道路施設の計画

⑫　初動期は緊急車両の交通経路を確保し，順次一般車両の交通経路を確保

道路管理者は，以上のような大規模地震で得られた教訓を踏まえ，地震発生後の様々な対応に備える必要がある。

1－3　道路震災対策便覧（震災危機管理編）の目的

道路管理を行う機関において，震災後の対応を適切に行うため，各種要綱やマニュアルの整備が進み，適宜見直しや検討が行われている。しかしながら，大規模地震による災害は頻繁に様々な地域で発生するものではないため，大規模震災を経験していない地域は，各種マニュアル等に検討を加える際に参考となる資料が必要である。

そこで，道路震災対策便覧（震災危機管理編）は，災害対策本部（支部等）運営要領，業務継続計画，各種マニュアル等の充実が図れるよう近年の震災対応や，新たな事例，着目すべき内容を記載することで，災害対策本部（支部等）運営要領，業務継続計画，各種マニュアル等の検討時の手引書として活用されることを目的としている。**図－1.3.1**に，災害に対する各計画と道路震災対策便覧（震災危機管理編）の活用範囲の関係を示す。

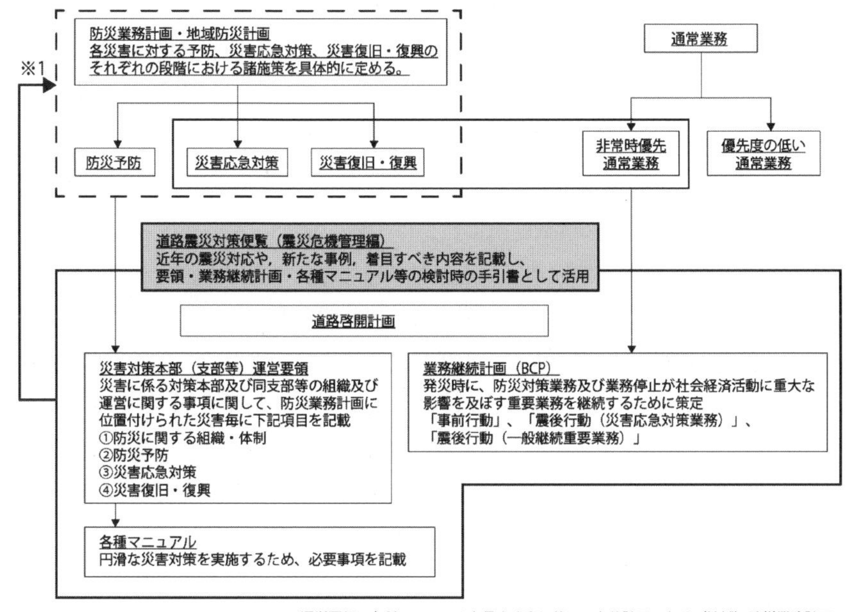

図－1.3.1　災害に対する各計画と道路震災対策便覧（震災危機管理編）の活用範囲の関係

1－4　震災危機管理編の構成

本編は，地震発生前の平常時に地震による被害が生じた場合を想定して，その拡大及び影響を抑制するための「危機管理計画」を策定しておくことと，地震発生後はその計画を参考に迅速かつ的確に地震後の対応を実施していくことについて記述したものである。

「危機管理計画」の策定にあたっては，震災時の組織体制，道路管理者や関係機関との連絡協力体制などのほか，復旧資機材の扱い等についても考慮する必要があり，また想定を超える被害，事象に対しても柔軟で適切な行動がとれるようにしておく必要がある。

本編では新たに，近年の地震により重要性が認識されている被災地の道路管理者の受援体制の構築，道路啓開に関する事項を項立てして記述している。本編の構成は**図－ 1.4.1** に示すとおりであり，以下に各章の概要を示す。

第１章は,「総則」のほか,「道路管理者に求められる震災危機管理」を示す。大規模地震により道路に被害が生じた場合，被災地域における救助・復旧作業に時間を要するとともに，住民生活にも大きな影響が及ぶこととなる。このため，道路に関する平常時及び地震発生後における危機管理の必要性と要点について記述している。

第２章は,「平常時における危機管理」について示す。大規模地震により道路に被害が生じた場合，道路管理者は迅速かつ適切な震災復旧を行う必要がある。このような対応をスムーズに実施するために，地震発生前の平常時に「危機管理計画」を策定しておくべきであり，危機管理計画では，震災時の組織体制，関係機関との応援協力体制などのほか，復旧資機材の調達体制等について考慮しておく必要がある。危機管理計画については，訓練等により計画の実働性を検証することを通じて，これを向上させる努力が必要であり，これらの点について記述している。

第３章は,「地震発生後の対応」について示す。地震発生後に道路管理者は，地震・津波情報の収集にはじまり，防災体制の発令，緊急調査の実施など，危機管理計画を参考に迅速かつ適切に地震後の対応を実施していくことになるため，道路管理者が執るべき行動について記述している。

第４章は，最近の地震によりその重要性が再認識された関係機関との「連携・支援・受援」について示す。道路管理者間や，道路管理者と関係機関との連携体制の構築，情報の共有，道路管理者間における復旧等の支援，道路管理者間の受援体制の構築について記述している。

最後に，付属資料として，本便覧の利用に際して参考となる関係法令や計画，過去の地震時の対応時系列，地震対応時の報告様式事例等について整理している。

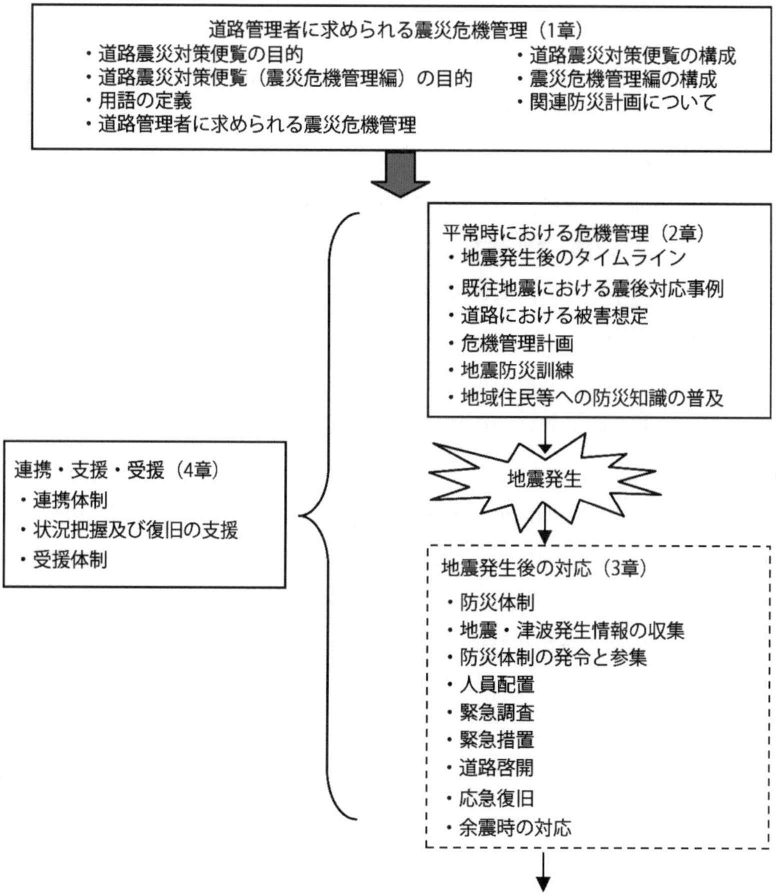

道路管理者に求められる震災危機管理（1章）
・道路震災対策便覧の目的
・道路震災対策便覧（震災危機管理編）の目的
・用語の定義
・道路管理者に求められる震災危機管理
・道路震災対策便覧の構成
・震災危機管理編の構成
・関連防災計画について

平常時における危機管理（2章）
・地震発生後のタイムライン
・既往地震における震後対応事例
・道路における被害想定
・危機管理計画
・地震防災訓練
・地域住民等への防災知識の普及

地震発生

地震発生後の対応（3章）
・防災体制
・地震・津波発生情報の収集
・防災体制の発令と参集
・人員配置
・緊急調査
・緊急措置
・道路啓開
・応急復旧
・余震時の対応

本復旧へ

連携・支援・受援（4章）
・連携体制
・状況把握及び復旧の支援
・受援体制

図－1.4.1　震災危機管理編の構成

1－5　用語の定義

本編で取り扱う用語は，次のように定義する。

① 震災対策

地震に起因する施設被害の最小化を図るとともに，被害の拡大及び被害による影響を抑制するための包括的な対策を指す。

② 震災予防計画

想定される地震に対して必要な耐震性を持った施設を計画・構築し，また既存の施設で必要な耐震性が不足するものを補強することにより，予想される被害・損失を最小化するための計画。

③ 危機管理計画

道路に地震被害が生じる危機的な状態を想定し，被害の拡大及び被害による影響を抑制するための適切な活動についてあらかじめ策定する計画。

④ 道路管理者

高速道路及び指定区間内の一般国道については国土交通大臣，指定区間外の一般国道については都道府県または指定市，都道府県道については都道府県または指定市，市町村道については市町村がそれぞれ，当該道路の管理者である。また，高速道路株式会社及び地方道路公社は，道路管理者の権限を代行することができる。

本編では，上記管理者等を含む組織で道路管理に携わる職員も指す。

表－1.5.1　道路管理者一覧及び主な管理道路

道路管理者	管　理　道　路
国	一般国道の指定区間，高速道路（直轄高速）
都道府県	一般国道の指定区間外，都道府県道 （ともに政令指定市内を除く）
政令指定市	一般国道の指定区間外，都道府県道，市道
市町村（特別区）	市町村道（特別区道）
高速道路会社	高速道路，都市高速（首都高速，阪神高速）
道路公社	一般有料道路，都市高速（名古屋，広島，福岡）など

⑤　防災担当職員

道路管理に携わる職員のうち，災害対応のために各道路管理者においてあらかじめ定められた者をいう。

⑥　災害協定協力会社等

地震発生後の緊急調査や緊急措置，応急復旧作業等を目的として，あらかじめ道路管理者と協力体制に関する協定を締結している会社（機関）・団体をいう。

⑦　本部・支部・支所

道路管理者が災害応急復旧等を行うために設置する災害対策本部を「本部」といい，その下部組織を「支部」，現場を統括する機関を「支所」という。

表－1.5.2　本部・支部・支所の例

	本　部	支　部	支　所
国	地方整備局等	事　務　所	出　張　所
都道府県	本　庁	地域振興局等	土木事務所等
基礎自治体	本　庁	－	－
高速道路会社等	本　社	支　社	管理事務所等

⑧　タイムライン

災害の発生を前提に，防災関係機関が連携して災害時に発生する状況をあらかじめ想定し共有した上で，「いつ」，「誰が」，「何をするか」に着目して，防災行動とその実施主体を時系列で整理した計画。

⑨　防災責任者

本部においては本部長，支部においては支部長，支所においては現場機関の長をいう。

⑩　余震

一群の地震のうち，マグニチュードの最も大きい地震が本震であり，それに引き続いて起こる地震を余震という。本震が発生する前に，本震の震源域となる領域で地震が発生するものが前震であるが，本震が発生するよりも前に判断することは難しい。

⑪　震度階級

震度階級とは，ある地震に際してのある場所の地震動の強さを示すものであり，震度計から得られる計測震度にしたがって，震度 0, 1, 2, 3, 4, 5 弱, 5 強, 6 弱, 6 強, 7 の 10 階級に区分される。

⑫　一次災害

本震による地震動，津波により直接的に生じる被害及び本震とほとんど同時に発生した火事，爆発，その他の異常現象により生じる被害のうち，社会通念上災害と見なされるものをいう。

⑬　二次災害

一次災害発生後に，一次災害による交通機能の低下に伴って新たに生じる影響，または一次災害の拡大に伴って新たに生じる影響のうち，社会通念上災害と見なされるものをいう。

⑭　震災復旧

地震により被災した道路構造物について被害状況を調査し，その調査結果より適切な工法を選定・適用して，本来の機能を回復させることをいう。緊急調査，緊急措置，応急調査，応急復旧，本復旧のための調査，本復旧が含まれる。

⑮　緊急調査

地震発生後，速やかに重要な箇所を中心に道路構造物の被害の概要を把握するとともに，重大な二次災害につながる可能性のある被害を発見するために行う調査。

⑯　緊急措置

緊急調査の結果，重大な二次災害につながる危険があると認められる被害に対して緊急に行う措置（通行の禁止または制限等）。

⑰　応急調査

全体的な被害状況を把握するとともに，応急復旧の実施及び本復旧方針の決定のために行う調査（簡易的な測量等）。

⑱　応急復旧

応急的な交通機能の確保や二次災害防止対策のために行う復旧工事。

⑲　本復旧

道路の本来の機能を回復するために行う工事。

⑳　緊急輸送道路

発災直後から，避難・救助をはじめ，物資供給等の応急活動のために，緊急車両の通行を確保すべき重要な路線で，高速自動車国道，一般国道及びこれらを連絡する幹線的な道路ならびにこれらの道路と都道府県知事等が指定するもの（地方公共団体等の庁舎等の所在地，救援物資等の備蓄地点及び広域避難地，以下「指定拠点」という）とを連絡し，または指定拠点を相互に連絡する道路をいう。

なお，公安委員会が指定し，大規模災害発生時に災害応急対策が円滑に行われるようにするため，災害対策基本法第７６条第１項に基づき緊急通行車両または規制除外車両以外の通行を禁止または制限する路線を緊急交通路という。ただし，災害応急対策等に従事する車両等については事前届出を行うことで標章が交付され，標章を車両に掲示することで規制区間を通行することができる。

㉑　重要物流道路

平常時・災害時を問わない安全かつ円滑な物流等を確保するため，基幹となるネットワークについて，区間を定めて，国土交通大臣が指定する道路。経済や生活を安定的に支える機能強化や重点支援・投資を行うとともに，主要な拠点へのアクセスや災害時のネットワークの代替機能を強化することとなっている。

㉒　道路啓開

道路施設被害，道路上への崩土，倒壊物，放置車両等の交通障害物により交通機能が低下した道路について，応急復旧工事や障害物除去により，災害応急対策等のためのルートを確保することをいう。

㉓　業務（事業）継続計画（BCP：Business Continuity Plan）

ヒト，モノ，情報及びライフライン等利用できる資源に制約がある状況下において，非常時優先業務を特定するとともに，非常時優先業務の業務継続に必要な資源の確保・配分や，そのための手続きの簡素化，指揮命令系統の明確化等について必要な措置を講じることにより，業務立ち上げ時間の短縮や発災直後の業務レベル向上といった効果を得て，適切な業務執行を行うことを目的とした計画。

官公庁を対象としたものは「業務継続計画」，企業を対象としたものは「事業継続計画」と呼ばれることが多い。

1－6　関連防災計画について

本編に関連する震災対策に関係する主要な法，計画等を**図－ 1.6.1**，**表－ 1.6.1** に示す。道路管理者の危機管理に対する各種マニュアル等は，これらの法，計画等を基に検討される。

○「災害対策基本法」は，地震を含む災害全般に関する対策の基本を定めるものである。

○「防災業務計画」及び「地域防災計画」は，中央防災会議の「防災基本計画」に基づき作成されるものであり，具体的な震災予防計画，危機管理計画に関する事項が含まれている。

○「大規模地震対策特別措置法」は，内閣総理大臣の指定する地震防災対策強化地域に関して，「地震防災基本計画」「地震防災強化計画」「地震防災応急計画」の作成を定めている。現在，東海地震に関する地域が強化地域として指定されている。

○「首都直下地震対策特別措置法」は，内閣総理大臣の指定する首都直下地震対策区域に関して，「緊急対策推進基本計画」「緊急対策実施計画」の作成を定めている。

○「南海トラフ地震に係る地震防災対策の推進に関する特別措置法」は，内閣総理大臣の指定する南海トラフ地震防災対策推進地域に関して，「南海トラフ地震防災対策推進基本計画」「南海トラフ地震防災対策推進計画」「南海トラフ地震防災対策計画」の作成を定めている。

○「日本海溝・千島海溝周辺海溝型地震に係る地震防災対策の推進に関する特別措置法」は，内閣総理大臣の指定する日本海溝・千島海溝周辺海溝型地震防災対策推進地域に関して，「日本海溝・千島海溝周辺海溝型地震防災対策推進基本計画」「日本海溝・千島海溝周辺海溝型地震防災対策推進計画」「日本海溝・千島海溝周辺海溝型地震防災対策計画」の作成を定めている。

○「地震防災対策特別措置法」は，都道府県「地域防災計画」に定められた事項のうち，主務大臣が定める基準に適合する地震防災上緊急に整備すべき施設等に関する「地震防災緊急事業５箇年計画」の作成について定めたものである。
また，文部科学省に地震調査研究推進本部を設置すること及びその所掌事務

（地震に関する観測，測量，調査及び研究の推進について総合的かつ基本的な施策を立案すること等）を定めている。

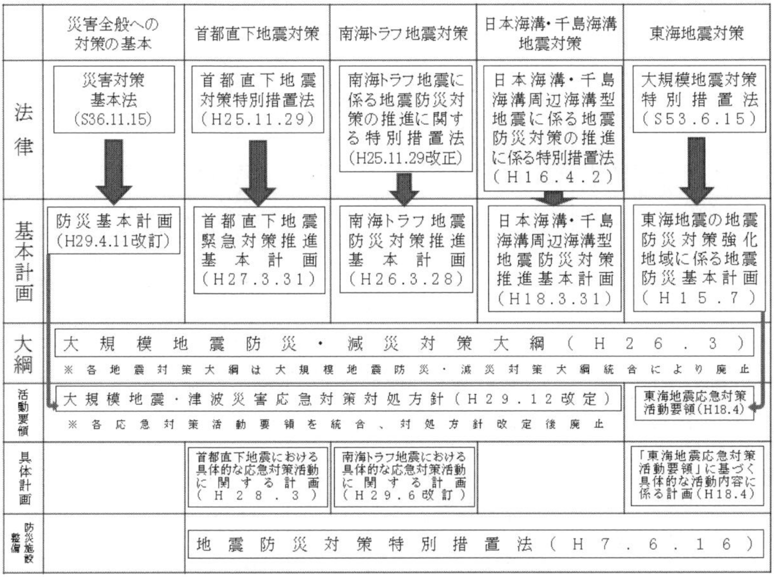

	災害全般への対策の基本	首都直下地震対策	南海トラフ地震対策	日本海溝・千島海溝地震対策	東海地震対策
法律	災害対策基本法（S36.11.15）	首都直下地震対策特別措置法（H25.11.29）	南海トラフ地震に係る地震防災対策の推進に関する特別措置法（H25.11.29改正）	日本海溝・千島海溝周辺海溝型地震に係る地震防災対策の推進に係る特別措置法（H16.4.2）	大規模地震対策特別措置法（S53.6.15）
基本計画	防災基本計画（H29.4.11改訂）	首都直下地震緊急対策推進基本計画（H27.3.31）	南海トラフ地震防災対策推進基本計画（H26.3.28）	日本海溝・千島海溝周辺海溝型地震防災対策推進基本計画（H18.3.31）	東海地震の地震防災対策強化地域に係る地震防災基本計画（H15.7）
大綱	大規模地震防災・減災対策大綱（H26.3） ※各地震対策大綱は大規模地震防災・減災対策大綱統合により廃止				
活動要領	大規模地震・津波災害応急対策対処方針（H29.12改定） ※各応急対策活動要領を統合、対処方針改定後廃止				東海地震応急対策活動要領（H18.4）
具体計画		首都直下地震における具体的な応急対策活動に関する計画（H28.3）	南海トラフ地震における具体的な応急対策活動に関する計画（H29.6改訂）		「東海地震応急対策活動要領」に基づく具体的な活動内容に係る計画（H18.4）
防災施設整備		地震防災対策特別措置法（H7.6.16）			

図－1.6.1　地震防災に関する法律体系

表－1.6.1　主な防災計画と作成主体

根拠法律	計画名	作成主体
災害対策基本法 （昭和36年11月15日法律第223号，最終改正：平成30年6月27日法律第　66号）	防災基本計画	中央防災会議　※（国）
	防災業務計画	指定行政機関の長 指定公共機関
	地域防災計画 都道府県地域防災計画 市町村地域防災計画 都道府県相互間地域防災計画 市町村相互間地域防災計画	 都道府県防災会議 市町村防災会議または市町村長 都道府県防災会議の協議会 市町村防災会議の協議会
大規模地震対策特別措置法 （昭和53年6月15日法律第73号，最終改正：平成30年6月27日法律第　66号）	地震防災基本計画	中央防災会議　（国）
	地震防災強化計画	指定行政機関の長 指定公共機関 都道府県防災会議 市町村防災会議または市町村長 石油コンビナート等防災本部 石油コンビナート等防災本部の協議会
	地震防災応急計画	病院、劇場、百貨店、旅館等の施設、石油類・火薬類、高圧ガス等を取り扱う施設、鉄道事業等一般旅客運送に関すること業等の管理・運営者
首都直下地震対策特別措置法（平成25年11月29日法律第88号，最終改正：平成30年4月25日法律第22号）	緊急対策推進基本計画	内閣総理大臣
	緊急対策実施計画	政府
南海トラフ地震に係る地震防災対策の推進に関する特別措置法 （平成14年7月26日法律第92号，改正：平成30年5月18日法律第23号） 日本海溝・千島海溝周辺海溝型地震に係る地震防災対策の推進に関する特別措置法（平成16年4月2日法律第27号，改正：平成27年6月24日法律第47号）	南海トラフ地震防災対策推進基本計画 日本海溝・千島海溝周辺海溝型地震防災対策推進基本計画	中央防災会議　（国）
	南海トラフ地震防災対策推進計画 日本海溝・千島海溝周辺海溝型地震防災対策推進計画	大規模地震対策特別措置法の地震防災強化計画に同じ
	南海トラフ地震防災対策計画 日本海溝・千島海溝周辺海溝型地震防災対策計画	大規模地震対策特別措置法の地震防災応急計画に同じ
地震防災対策特別措置法 （平成7年6月16日法律第111号，最終改正：平成28年6月3日法律第63号）	地震防災緊急事業五箇年計画	都道府県知事

※災害対策基本法に規定される会議。内閣総理大臣を会長とし，防災担当大臣や防災担当大臣以外の全閣僚，指定公共機関の長，学識経験者からなる。防災基本計画の作成及びその実施の推進等の役割を有する。

1－7　道路管理者に求められる震災危機管理

（1）震災時に求められる道路の役割

道路は，国民生活及び経済活動を支える重要な社会基盤であり，特に，全国的なネットワークを形成する幹線道路，とりわけ緊急輸送道路については，大規模地震が発生した場合，発災直後から救助，救急，消防，応急復旧等の緊急活動に伴う負傷者等の搬送や人員・資機材の輸送のほか，避難者への緊急物資の輸送など，重要な役割を担うこととなる。そのため，大規模地震により道路に被害が生じると，これらの活動や輸送等が滞る可能性があり，被災地域の住民生活やその後の復興に大きな影響が及ぶこととなる。また，広域的な迂回を余儀なくさせられることで，物流活動にも影響が生じるなど様々な経済活動にも支障をきたすこととなる。

このように，道路被害の影響は，被災地域だけにとどまらず，被災地域外の広域にも及ぶ可能性があり，道路が社会生活に与える影響は非常に大きなものとなる。道路の通行規制が及ぼす影響を充分に鑑み，また，今後，大規模地震が，いつどこで発生するのか分からない状況も踏まえ，被災後の迅速かつ適切な対応，とりわけ速やかな道路の復旧を行うための準備をあらかじめ行っておくことが重要となる。さらに，ある場所において長期にわたり通行が不能になった場合でも代替となる道路が機能し，円滑な交通が確保できるような道路ネットワークの形成も視野に入れた対応が必要になってくる。

（2）道路管理者に求められる危機管理

1）平常時における危機管理

地震により施設被害が生じた場合には，迅速かつ適切な震災復旧を行う必要があり，本便覧では，そのために事前に定めておくべき計画を『危機管理計画』と称する。危機管理計画は，地震によって道路施設被害等が発生した場合に，迅速かつ適切に各種の活動を実施して，大規模地震による被害の拡大や被害による影響を最小化することを目的とする。このため，平常時に地震による被害の想定を踏まえ，震災復旧を行う要員等からなる組織の整備や，震災情報の迅速な収集，外部組織と連携した体制の整備といった対応方針を定めておくことが必要となる。

危機管理計画は平常時に検討されるが，その行動は地震発生後に行われるものであるため，平常時の訓練や防災知識の普及活動を通して，計画の実働性を検証し，これを向上させる努力が必要である。また，危機管理計画においては，想定される地震，被害に対して計画を立てるのみではなく，想定を超える不測の事態にも対応可能な柔軟な危機管理活動を行えるよう検討しておくことが肝要である。

そこで，道路管理者としては，過去の経験や課題・教訓を参考に備えておくとともに，新たな経験を踏まえて適宜，計画の内容を見直すことも必要である。

2）南海トラフ地震に対する危機管理

中央防災会議防災対策実行会議の下に設置された「南海トラフ沿いの地震観測・評価に基づく防災対応検討ワーキンググループ」の報告を踏まえ，気象庁では，南海トラフ地震に対する新たな防災対応が定められるまでの当面の対応として，平成 29 年 11 月 1 日から「南海トラフ地震に関連する情報」を発表することとしている（**表－ 1.7.1**）。この情報のうち，「南海トラフ地震に関連する情報（臨時）」は南海トラフ沿いで異常な現象が観測され，その現象が南海トラフ地震と関連するかどうか調査を開始した場合並びに南海トラフ地震発生の可能性が平常時と比べて相対的に高まった場合に発表される情報である。

道路管理者は，この情報の発表を活用し，以下の対応を実施するなど，来たるべき巨大地震に備える必要がある。

- 道路管理者及び関係機関の情報伝達体制の確認
- 情報機器及び各種システムの動作確認
- 災害協定協力会社等の情報伝達体制及び人員，資機材，装備品の確認
- 災害リスク箇所の確認
- 各種マニュアル等による行動計画の確認

表－1.7.1　南海トラフ地震に関連する情報の種類と発表条件

情報の種類	情報の発表条件
南海トラフ地震に関連する情報（臨時）	・南海トラフ沿いで異常な現象（※1）が観測され、その現象が南海トラフ地震と関連するかどうか調査を開始した場合、または調査を継続している場合 ・観測された現象を調査した結果、南海トラフ地震発生の可能性が平常時と比べて相対的に高まったと評価された場合 ・観測された現象を調査した結果、南海トラフ地震発生の可能性が相対的に高まった状態ではないと評価された場合
南海トラフ地震に関連する情報（定例）	・「南海トラフ沿いの地震に関する評価検討会」の定例会合において評価した調査結果を発表する場合

※1：南海トラフ沿いのプレート間の固着状態の変化を示唆する可能性がある現象。
現在，気象庁が調査を開始する対象となる現象は以下のとおり。

・想定震源域（※2）内でマグニチュード7.0以上の地震が発生
・想定震源域（※2）内でマグニチュード6.0以上の（あるいは震度5弱以上を観測した）地震が発生し，ひずみ計で当該地震に対応するステップ状の変化以外の特異な変化を観測
・1カ所以上のひずみ計で有意な変化を観測し，同時に他の複数の観測点でもそれに関係すると思われる変化を観測している等，ひずみ計で南海トラフ沿いの大規模地震との関連性の検討が必要と認められる変化を観測
・その他，想定震源域（※2）内のプレート境界の固着状態の変化を示す可能性のある現象が観測される等，南海トラフ地震との関連性の検討が必要と認められる現象を観測

※2：想定震源域；下図に示す科学的に想定される最大規模の南海トラフ地震の想定震源域。

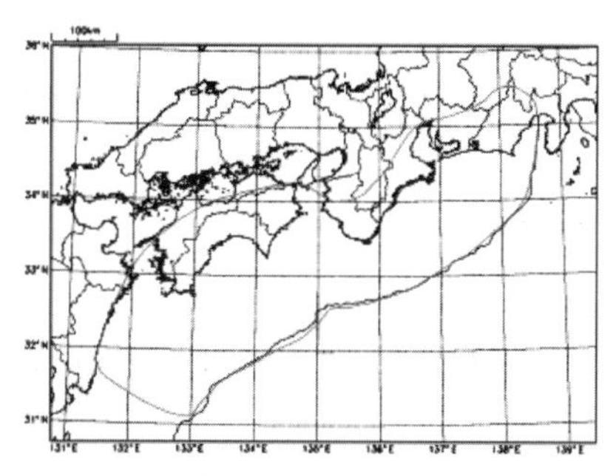

（出典：気象庁「南海トラフ地震に関連する情報の種類と発表条件」）

図－1.7.1　科学的に想定される最大規模の南海トラフ地震想定震源域

3）地震発生後における危機管理

道路は地震発生直後からの緊急活動を実施する上で，最も重要な社会基盤であり，地震発生後，速やかに道路交通の確保を図ることが必要である。また，孤立地区が発生した際には速やかに道路交通を確保し，孤立状態を解消する必要がある。したがって，道路管理に携わる職員は，地震発生直後からの様々な対応を迅速かつ円滑に実施するため，震災危機管理の流れ等についてあらかじめ十分に理解し，危機管理に対する行動を身につけておく必要がある。

地震発生後，**図－1.4.1** に示すように，まず「地震・津波発生情報の収集」，「防災体制の発令」，「参集」，「緊急調査」を実施する。さらに，道路被災等がある場合には，「緊急措置」，「道路啓開」，「応急復旧」等により道路の復旧を速やかに行い，緊急輸送道路の確保をまず第一に考慮する。被害箇所が複数にわたる場合には，道路ネットワークを考慮しながら優先的に道路啓開，応急復旧を実施するルートを絞り込み，人員，資機材を集中的に投入する。特に，広域な被害が発生した場合，国，都道府県，市町村の迂回路の設定や道路啓開，早期復旧には，道路管理者間の連携支援が必要不可欠であり，「状況把握及び復旧の支援」体制の確保が重要である。

危機管理計画は，地震による被害の想定を踏まえて策定されるが，地震そのものやそれによる被害は必ずしも想定通りになるとは限らない。また，地震発生後には様々な障害が発生し，地震後の対応が思うように進まない場合も考えられる。このため，想定を超えたり，想定と異なる被害，事象が発生した場合においても，状況を的確に把握し，柔軟で適切な対応を実施することが必要である。

さらに，大規模地震直後の状況把握や復旧に対して，道路管理者自らの人員・資機材による対応が不可能と考えられる場合は，あらかじめ協定を結んでいた会社（機関）・団体や近隣の道路管理者への支援の要請を考慮することも重要である。

第2章　平常時における危機管理

地震が発生した際に，道路管理者は種々の対応を行うことが必要となるが，特に大規模地震発生直後の初動期には多くの対応が集中する。本章では，地震発生前の平常時に事前に定めておく危機管理計画の基本的な事項を示す。

本章の構成は，第1章　**図－1.4.1**の平常時における危機管理であり**図－2.1**に示すとおりである。

本章では，まず地震発生後の対応の流れや対応すべき事項を理解するために，一般的なタイムラインを示す。次に，既往の地震における震後対応事例を整理し，地震発生前に準備すべき事項，地震発生後に対応すべき事項を示す。さらに，「危機管理計画」として，地震発生後の対応をスムーズに行うために必要な事前準備事項を示す。最後に，震後対応能力を高めるための訓練手法，地域住民や道路利用者への防災意識を高めるための施策を示す。

第2章の構成		
2－1	地震発生後のタイムライン	
2－2	既往地震における震後対応事例	
2－3	道路における被害想定	（1）地震・津波対策の検討
2－4	危機管理計画	（1）危機管理計画
		（2）情報の取り扱い
		（3）応援協力体制
		（4）資機材等の調達体制
		（5）道路防災拠点
		（6）津波に対する備え
2－5	地震防災訓練	（1）地震防災訓練のあり方
		（2）地震防災訓練の種類及び留意事項
2－6	地域住民等への防災知識の普及	

図－2.1　第2章の構成

2－1　地震発生後のタイムライン

地震発生後の対応の流れを，タイムラインを基に理解しておくことで混乱を避けられるため，震後対応の速度に大きな差が生まれる。このため，迅速な震後対応ができるよう，組織として，地震発生後の対応の流れを十分理解しておく必要がある。

地震発生後，特に初動期には多くの対応が必要になり，かつ迅速な対応が求められる。

図－2.1.1 に，地震発生後から主に初動期に対する各道路管理者の一般的なタイムラインを示す。これは，防災業務計画・地域防災計画等の記述を参考に，対応の流れをまとめたものである。

図－2.1.2～2.1.6 に，タイムライン中の各種対応に関する各道路管理者の対応フローを示す。

表－2.1.1 に，「首都直下地震道路啓開計画」と「中部版「くしの歯作戦」」を例に，タイムラインに対する時間毎の対応目標を示す。対応目標は，首都直下地震道路啓開計画では発災後48時間以内に各方向最低1ルートの道路啓開を完了すること，中部版「くしの歯作戦」では地震発生から72時間以内に広域防災拠点等へ向けたアクセスルートを確保することを目標に，フェーズ毎に設定されている。

地震の規模，被害の状況，地域性等に応じて対応すべき内容が異なるため，どのような対応が必要になるかを事前に想定しておく必要がある。タイムライン及び対応フローを各道路管理者に応じて作成し，それぞれの対応項目に職員を張り付けてみると全体の流れが確認でき，どの部分に対応が集中し，どの部分に人手が足りなくなるか等を理解することが可能となる。マスメディアに対応するための人員確保については，地震発生後随時求められることに留意する。

なお，作成したタイムライン及び対応フローは，訓練等により目標時間内での対応が可能か検証することで実効性が向上する。

市町村に関しては，自治体規模によって**図－2.1.1** や**表－2.1.1** と同様の対応ができないことも想定されるが，他の道路管理者が地震発生後どのような対応を実施していくか把握し，各自治体で必要となる事項に関して対応を検討しておく必要がある。

巻末付属資料に，各地域の道路啓開計画を掲載しているので参考とされたい。

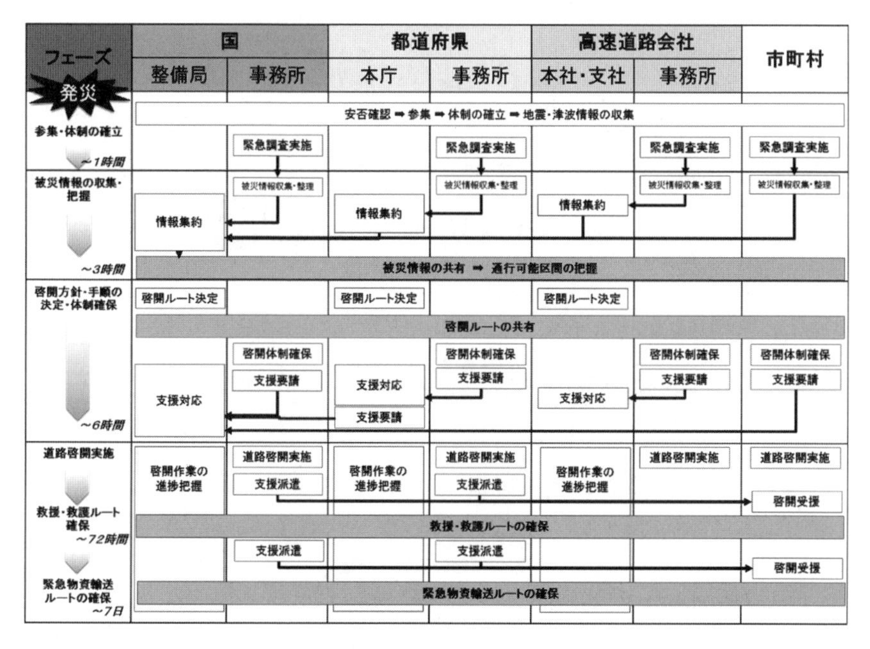

図－2.1.1　各道路管理者の一般的なタイムライン

表－2.1.1　タイムラインにおける時間毎の対応目標

<table>
<tr><th rowspan="2">発災からの
経過時間</th><th colspan="2">対応目標</th></tr>
<tr><th>首都直下地震道路啓開計画</th><th>中部版「くしの歯作戦」</th></tr>
<tr><td>1時間</td><td colspan="2">職員の参集，体制確立</td></tr>
<tr><td>3時間</td><td colspan="2">道路啓開候補路線の被災状況を収集・把握</td></tr>
<tr><td>6時間</td><td colspan="2">道路啓開ルートの選定，啓開体制の確保</td></tr>
<tr><td>24時間（1日）</td><td>—</td><td>広域支援ルートの道路啓開完了</td></tr>
<tr><td>48時間（2日）</td><td>各方向最低1ルートの道路啓開完了</td><td>被災地アクセスルートの道路啓開完了</td></tr>
<tr><td>72時間（3日）</td><td>全路線の道路啓開完了</td><td>広域防災拠点等へ向けた
アクセスルートの道路啓開完了</td></tr>
</table>

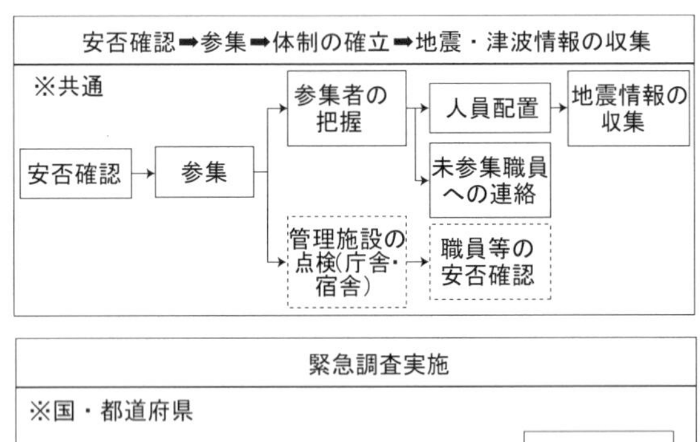

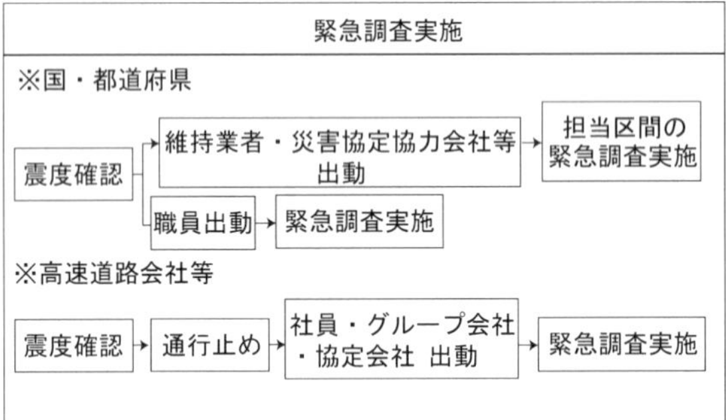

図－ 2.1.2　各道路管理者の対応フロー（フェーズ：参集・体制の確立）

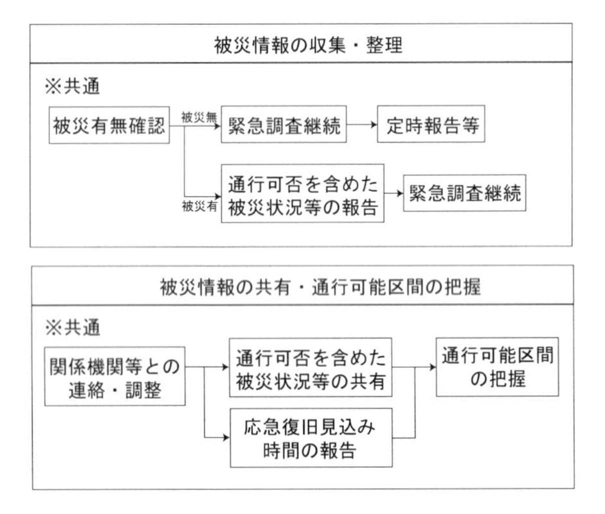

図－ 2.1.3　地震時の対応フロー（フェーズ：被災情報の収集・把握）

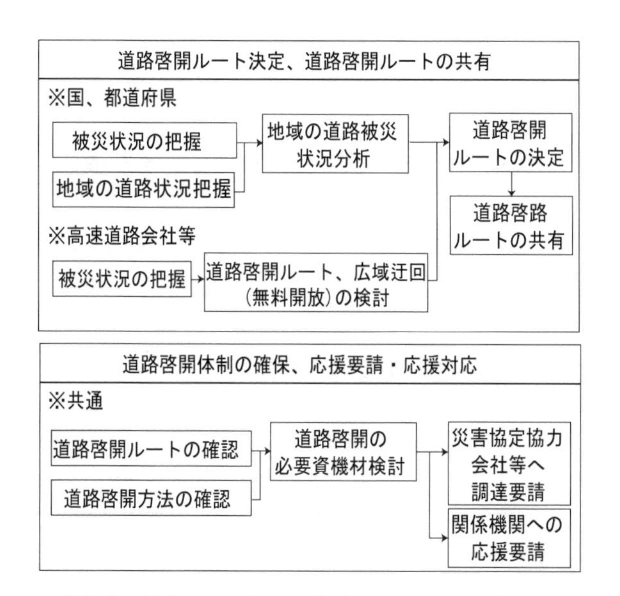

図－2.1.4　地震時の対応フロー（フェーズ：啓開方針・手順の決定・体制確保）

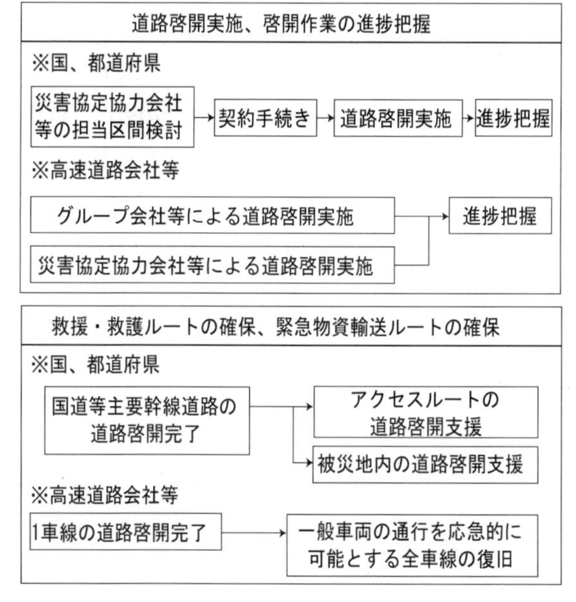

図－2.1.5　地震時の対応フロー（フェーズ：道路啓開実施、ルート確保）

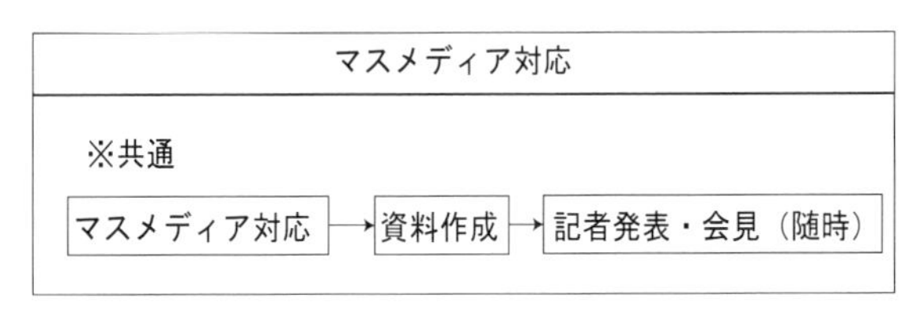

図－2.1.6　地震時の対応フロー（フェーズ：マスメディア対応）

2－2　既往地震における震後対応事例

既往の地震における震後対応事例（成功，課題）から要因別の対処方策を学び，危機管理を行うための計画の策定に反映させることが有効である。

危機管理計画を策定する際，想定した被害に対して組織体制を確保し，行動が適切に執れるか随時見直しを実施する必要がある。

表－2.2.1 に，既往の地震における震後対応の事例（課題）を５つのグループ（震災時の組織体制，情報収集・集約手段，広報・情報提供，他の道路管理者や関係機関との連携，訓練・行動マニュアル）に分けて示す。また，**表－2.2.2** に，各課題の要因，要因別の対処方策を示す。この２つの表は，危機管理計画を策定する際のチェック要素として，また，課題が把握された場合の要因分析の整理の際にも活用できる。

表－2.2.3 に，近年の大規模地震における震後対応の事例（成功）を示しているため，合わせて参照されたい。

表－2.2.1　既往地震における震後対応事例（課題）

要因のグループ化	既往地震から得られた課題・教訓	
1 震災時の組織体制	①	【参集】遠距離通勤等で本務地から遠い場所にいた職員は，高速道路の通行止めや鉄道の運行取りやめにより，参集に時間を要した（新潟県中越）
		【初動対応】体制下での各人の所属班は指定されていたが、班内での細部の所掌分担が徹底されず情報を重複して報告する等の混乱が一部であった（宮城県沖）
	②	【本務地以外への参集・支援】本務地以外に参集した場合、何をして良いのか分からない。他支部からの応援はありがたいが、応援の際には作業目的を持ち、食料等は自己完結できる体制できてほしい（新潟県中越）
	③	【役割分担】参集後の役割分担が明確になるまで時間がかかった（熊本）
		【対応の指示】一定時間（概ね1時間程度）を過ぎると，前線部隊が動き出してしまうだけでなく，各部署から一斉に情報が入り始め，体系的に考える余裕も，指示を出す余裕もなくなってしまう（東日本）
	④	【職員配置】長時間勤務が連日続いたことで，業務能力の低下を招いた（熊本）
		【職員交代】交代要員の確保が重要。初動期には夜を徹しての業務が続いた（熊本）
	⑤	【上位機関への連絡】震度5弱以上の揺れで30分以内に本省に状況報告をするルールとなっているが，余震の頻発によりその対応に苦慮した（対応余震18回）（新潟県中越）
2 情報収集・集約手段	⑥	【現場からの連絡】通行可能路線調査の際，山間部の携帯電話不感地域では，音信不通の状態が発生（熊本）
	⑦	【初動対応】情報が収集できない状況下でも速やかに初動体制に入ることが重要（兵庫県南部）
	⑧	【調査ルート被災による影響】道路の寸断で車両に搭乗しての施設巡視が困難であった（新潟県中越）
	⑨	【外部情報】外部からの不確かな情報（職員自ら確認していない外部機関や道路利用者からの情報）を信用し，後々対応に苦慮した（熊本）
	⑩	【情報集約・共有】メール等で届く写真等のデータについては，各部署がそれぞれの場所に保存しており，またフォルダ構成等にもルールがないため，後日データを探す際に非常に苦労した（熊本）
		【情報集約・共有】被災箇所の整理において，関係機関から重複した報告が来ることから，情報集約が煩雑となった（熊本）
3 広報・情報提供	⑪	【情報提供に向けた作業】支部の情報を本部へ提供したが、提供までに時間がかかる、事務所からあげた情報と食い違う、等の問題が生じた（新潟県中越）
	⑫	【マスメディア】全体の被害状況の把握に時間を要し，なおかつマスメディアの要求に対応するために収集したデータの再編集や再調査をする必要があり，対応に苦慮した（熊本）
	⑬	【道路規制情報の提供】復旧工事の通行規制により渋滞が発生し苦情が寄せられた。通行規制のやり方や道路利用者への周知の仕方を検討する必要がある（新潟県中越）
4 他の道路管理者や関係機関との連携	⑭	【道路規制情報の提供】電話対応に忙殺され、最新情報の把握に十分に手が回らなかった（十勝沖）
	⑮	【関係機関への協力要請】全国的にも経験のない被災橋梁があり，高度な技術力，専門性が必要で，原因究明に時間を要した（熊本）
	⑯	【関係機関からの連絡】庁舎が被災し災対本部を移設したが，移設先の電話番号を周知しなかったため関係機関と連絡がとれなくなった（鳥取県西部）
	⑰	【情報提供に向けた作業】情報の出所によって内容が微妙に異なっていたので，どこかで整理した方がよい（新潟県中越）
5 訓練・行動マニュアル	⑱	【防災訓練】ここまで大規模な被災を想定した訓練，余震が続く中での長期的な対応に関する訓練は実施していなかった。参集人数が半数，通信手段が使えない等の想定での訓練も実施すべき（新潟県中越）
	⑲	【マニュアル】誰でも災害対応できるように簡単なフローなどを作成しておくことが重要（熊本）
	⑳	【心構え】訓練では役割分担をして実施しているがいざとなると慌ててしまい，何をしたら良いのか分からなくなる（熊本）

※表中の○囲い番号は**表－2.2.2**に記載の課題の要因の番号に対応

表中記載の地震　兵庫県南部：平成7年兵庫県南部地震
　　　　　　　　十勝沖　　：平成15年十勝沖地震
　　　　　　　　新潟県中越：平成16年新潟県中越地震
　　　　　　　　熊本　　　：平成28年熊本地震
　　　　　　　　鳥取県西部：平成12年鳥取県西部地震
　　　　　　　　宮城県沖　：平成15年宮城県沖地震
　　　　　　　　東日本　　：平成23年東北地方太平洋沖地震

表－2.2.2　既往地震から得られた課題の要因と対処方策

	課題の要因	課題に対する対処方策	【参考】課題等を踏まえた改善策の例
震災時の組織体制（3－1，3，4，9参照）			
①	初動体制の準備不十分	参集手順の明確化	①について 【課題】 被害が甚大な地域においては，職員の参集に時間を要する 【改善策】 参集対象者への参集メール配信者の拡大，休祝日における連絡等の徹底，情報連絡先の複数化の徹底
②	迅速に支援を行う・受ける体制が整っていない	役割分担の明確化 指示系統の明確化	
③	発災直後の役割分担が不明確	初動対応行動の明確化	
④	早い段階での交代制検討が不十分	交代体制の早期構築	
⑤	余震時の対応方針が不明確	余震時の行動計画の作成，点検実施の明確なルール化	
情報収集・集約手段（2－4，3－5参照）			
⑥	電話・携帯電話以外の連絡手段がない	確実性の高い連絡手段の確保，代替性の確保	⑥について 【課題】 山間部においては，通話制限及び中継基地が使用不能となる等から携帯電話による通話及びメールの送受信に支障が生じる 【改善策】 無線の活用整備・衛星携帯の活用，無線LAN・IP電話の活用・整備 ⑧について 【課題】 被害が甚大な地域においては，通行止めや渋滞のため車による巡回が不能又は長時間を要する 【改善策】 バイク調査隊・自転車調査隊の配備，道路巡回の体制強化
⑦	情報の空白を補う有効な手段がない	初動時の情報収集手段の多様化	
⑧	巡視点検を補う情報収集手段がない	多様な情報収集手段の確保	
⑨	外部情報の取り扱いに関する検討不十分	外部情報の取り扱いルールの検討	
⑩	迅速に無駄なく情報を集約する方策がない	データ管理の所内ルール作成	
広報・情報提供（2－4，4－1参照）			
⑪	対象に応じた情報の提供手段と頻度の考え方が未整備	情報提供手段，内容，タイミングの基本ルール化	⑬について 【課題】 複数の機関が目的別に規制箇所図を作成するため，作成依頼に苦慮した（地方整備局：広域的な規制箇所図，県・市：観光地を含めた規制箇所図） 【改善策】 規制情報を閲覧できるシステムの相互活用
⑫	マスメディア対応人員の不足	適切な人員配置の工夫	
⑬	広報手段・体制が不十分	広報手段のルール化，用語の統一	
他の道路管理者や関係機関との連携（2－4,4－1,2,3参照）			
⑭	情報共有の仕組みや適切なツールがない	情報共有のあり方，仕組みの明確化	⑮について 【課題】 被害が甚大で複雑な被災地においては，原因究明に時間を要する 【改善策】 TEC-FORCE高度技術指導班等の早期要請 ⑯について 【課題】 支援メニュー・手続き等の自治体への浸透は不十分 【改善策】 資機材等貸与メニュー・各種調査支援等のＰＲ，地方自治体関係者と意見交換会を開催する等日頃からの連携体制の醸成
⑮	高度な専門知識を要した技術者が不足	他の道路管理者や関係機関から派遣される専門家の早期要請	
⑯	連絡窓口が外部から認知されていない	周知方法の明確化	
⑰	関係機関との情報共有手段が整備されていない	連携手法の構築，連絡手段の確実な確保	
訓練・行動マニュアル（2－1，3，4，5参照）			
⑱	災害対応に役立つ訓練手法に基づく訓練が実施されていない	訓練実施マニュアル作成，先進事例の反映	⑳について 【課題】 想定外の事象や豪雨など地震以外の災害に対するイメージが不十分 【改善策】 災害対策検討支援ツールキットなどの最新の教材を活用した訓練を実施
⑲	行動フローの想定が不十分	タイムラインや分かりやすさに配慮したマニュアルの作成	
⑳	災害対応のイメージが不十分	シミュレーションの構築，イメージ戦略の発出	

表－2.2.3　近年の大規模地震における震後対応事例（成功）

要因のグループ化	対応の内容
1 震災時の組織体制	タスクフォースによる業務分担の明確化が，その後の業務進捗に有効であった。（熊本）
	職員参集システムにより，各職員の安否，登庁の可否などを確認するメールを送信し，災害対策本部の体制確保に努めた。（熊本）
	前震発生後，担当職員が直ちに登庁し，日頃からの訓練やマニュアルに従って，職員参集システムを稼働したり，各種情報通信システムの点検を行ったりするなど，速やかに初動対応を行うことができた。（熊本）
2 情報収集・集約手段	地震発生から37分後に東北地方整備局が所有する災対ヘリ「みちのく号」を緊急発進させ，広域的な津波被害の把握に貢献した。（東日本）
	自治体毎に担当者を決めて情報収集を行ったため，効率的に情報収集が行えた。（熊本）
	情報連絡員を派遣し，当該市町村が抱える課題等，被害報告だけでは分からない情報の入手に努めた。（熊本）
	マスメディアへの対応にあたり，組織や情報が日々変化していく中で，報道資料をわかりやすくファイリングしたり，問合せ先等が一目でわかるように掲示板に張り出したりするなど情報共有を図り，スムーズに職員の交代ができるように努めた。（熊本）
	電話が通じづらい等の理由により，管内市町村の状況が十分に把握できない振興局等においては，独自の判断により管内市町村へ情報連絡員を派遣し，被害状況等の把握を行った。（熊本）
3 広報・情報提供	マスメディアの取材が複雑かつ長期的になることが予想されたので，定められた広報班だけで対応することは不十分と判断し，広報窓口として企画部長をあてた上で広報班の人員を補強した。（東日本）
	取材に対応する際は記録者を配置することで取材対応に専念できるようにしたほか，内容を正確に記録できるようになり正確性と効率性を確保できた。（東日本）
	最新の被災情報や報道資料，問い合わせが多い事項への回答などをホワイトボードに掲示して，報道機関が随時確認できるようにした。（熊本）
	ヘリから送られる現地の映像を災害対策本部会議室の大型スクリーンにリアルタイムで流すことにより，常に最新の被害状況を把握することができ，捜索・救助における各種方針を決定する上で大変有効であった。（熊本）
4 他の道路管理者や関係機関との連携	自衛隊，建設業界とは平常時から協定や訓練を通じて遺漏なきよう準備していたため，連携して対処できた。（東日本）
	道路管理経験者が陣頭指揮をとったりしており，県との調整がスムーズであった。（熊本）
	地震発生直後から，従来から整備していた「大規模災害情報連絡員名簿」を活用するなど，全庁的に大規模な動員を重ねながら，被災市町村への情報収集連絡員の他，避難所運営，罹災証明発行事務，災害廃棄物処理など，市町村が必要とする災害業務支援に，大量の県職員を派遣した。（熊本）

表中記載の地震　　東日本：平成23年東北地方太平洋沖地震　　熊本：平成28年熊本地震

2－3　道路における被害想定

大規模な地震・津波では，被害が多岐にわたり，被災の様相やそれにどう対応すべきかをイメージすることは容易ではないため，平常時から危機管理計画を事前に定め，地震発生後の様々な計画，対応に備える必要がある。危機管理計画を策定するためには，将来発生が予想される地震（必要に応じて津波）の被害の事前予測，すなわち被害想定を行うことが必要となる。被害想定を行うことにより，施設の補強優先順位，避難路・避難場所，応急復旧計画の立案など被害軽減対策及び復旧戦略などの具体的な検討が可能となる。

（1）地震・津波対策の検討

> 国の中央防災会議や地震調査研究推進本部の成果により想定される大規模地震について，既に策定されている計画で検討されている被害想定を活用することや，各自治体において被害をもたらす可能性のある大規模地震・津波が発生した際の被害を想定し，その結果を様々な計画に活用することが望ましい。

1）地震・津波被害想定手法

道路施設を対象とした地震・津波被害想定手法として橋梁と盛土の地震動・津波波力による被災，ならびに浸水と道路上への漂流物堆積（家屋倒壊による瓦礫，漁船）を評価する手法が提案されている。また，津波浸水マップから想定される津波高さを参考に，管理する道路に堆積する瓦礫の発生量を大まかに把握できる手法が提案されている。**図－2.3.1** に，地震・津波被害想定手法のうち津波波力による道路橋の被災度評価方法を示す。

被害想定の実施が難しい場合には，**図－2.3.2** に示す津波高と被害程度の関係や，付属資料に示す気象庁が発表している震度階級毎の被害概要から被害を想定するような簡易的な手法を活用して検討することができる。

実際には，この他にも橋梁・盛土以外の道路施設や沿道構造物の被災，泥土・流木等の堆積，火災等によって通行障害が発生する可能性がある。このように，現時点では定量的に被害の程度が評価できない事象であっても，被害発生時の影響が大きいものは，地震・津波対策計画の立案に際して考慮すべきである。

また，その被害がどのように波及し，どういった影響を及ぼすのかを整理し，地域に重大な影響をもたらす可能性のある事象を特定した上で，地震・津波対策計画の立案に際して考慮することが望ましい（「公共土木施設の地震・津波被害想定マニュアル（案）」，国土技術政策総合研究所資料，No.485）。

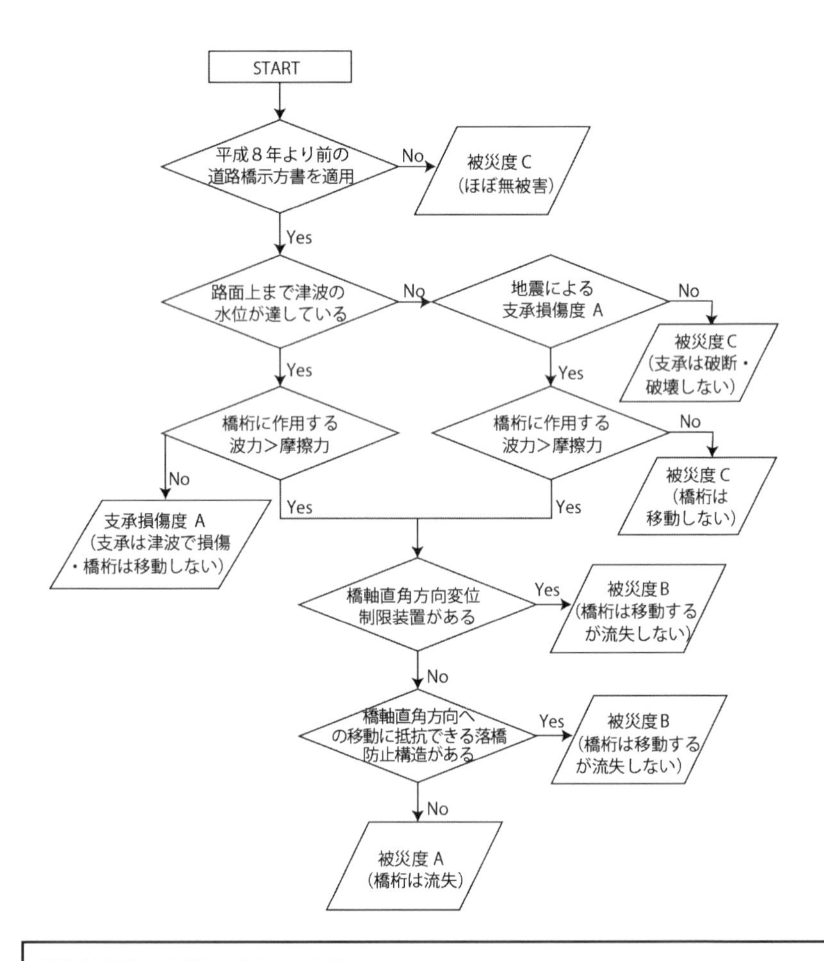

構造被災度の定義は以下のとおりである。

A：大被害・・・耐荷力の低下に著しい影響のある損傷を生じており，落橋等致命的な損傷の可能性がある場合。

B：中被害・・・耐荷力の低下に影響のある損傷であり，余震や活荷重等による被害の進行がなければ，当面の利用が可能な場合。

C：小被害・・・短期間には耐荷力の低下に影響のない場合。

（出典：国土交通省国土技術政策総合研究所資料
「公共土木施設の地震・津波被害想定マニュアル（案）」）

図－2.3.1　道路橋の津波被災度評価フロー

津波強度	0	1	2	3	4	5

津波高（m）	1	2	4	8	16	32

		0〜1	1〜2	2〜3	3〜4	4〜5
津波形態	緩斜面	岸で盛り上がる	沖でも水の壁 第二砕波	先端に砕波を伴うものが増える	第一波でも巻き波砕波を起こす	
	急斜面	速い潮汐	速い潮汐			
音響			前面砕波による連続音（例：海鳴り，暴風雨）			
				浜での巻き波砕波による大音響（遠方では認識されない。例：雷鳴）		
				崖に衝突する大音響（かなり遠くまで聞こえる。例：遠雷，発破）		
木造家屋		部分的破壊	全面破壊			
石造家屋		持ちこたえる		（資料なし）	全面破壊	
鉄筋コンクリートビル		持ちこたえる			（資料なし）	全面破壊
漁船			被害発生	被害率 50%	被害率 100%	
防潮林被害 防潮林効果		被害軽微 被害軽減　漂流物阻止		部分的被害 漂流物阻止	全面的被害 無　効　化	
養殖いかだ		被害発生				
沿岸集落			被害発生	被害率 50%	被害率 100%	

打上高（m）	1	2	4	8	16	32

（出典：首藤伸夫「津波強度と被害」）

図－2.3.2　津波強度による津波形態と被害程度の分類

地震・津波による公共土木施設の被害や浸水想定区間を表示した被害想定マップを作成することにより，地域毎の地理的条件等を考慮した上で，地震・津波対策計画を具体的に道路管理者が連携して検討することができるようになる。**図－ 2.3.3** に，被害想定マップの作成例を示す。

また，防災拠点や公共機関の位置も被害想定マップに表示することにより，ハード対策（施設の整備・補強）だけではなく，ソフト対策（情報提供や初動体制の改善等）による被害軽減対策を検討することができる。**図－ 2.3.4** に，被害想定に基づく地震・津波対策検討フローの例を示す。

2）地震・津波対策を検討する際の留意事項

地震・津波対策を検討する際は，道路管理者を含め地震発生後の対応にあたる関係者の安全確保や参集の可否を検討しておく必要がある。また，津波による被害が予想される地域では，揺れを感じてから津波が到達するまでの時間的余裕を考慮した上で，情報提供手段や避難路を検討しなければならない。

被害想定を実施しても，実際にすべて想定通りの状況になるわけではないため，想定外の事態が発生することも考慮しつつ，柔軟に検討することを忘れてはならないが，被害想定が具体的な検討の出発点となることが期待される。

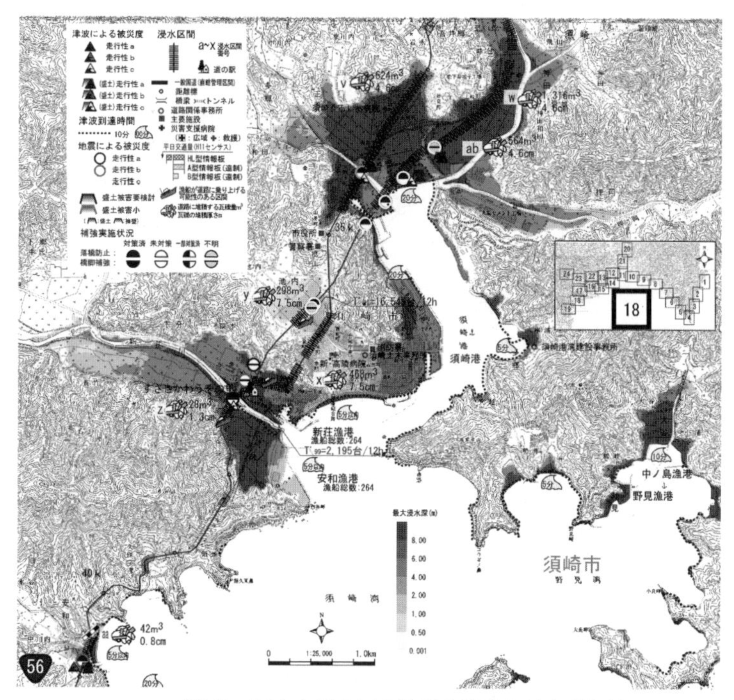

（出典：国土交通省国土技術政策総合研究所資料
「公共土木施設の地震・津波被害想定マニュアル（案）」）

図－2.3.3　被害想定マップの作成例

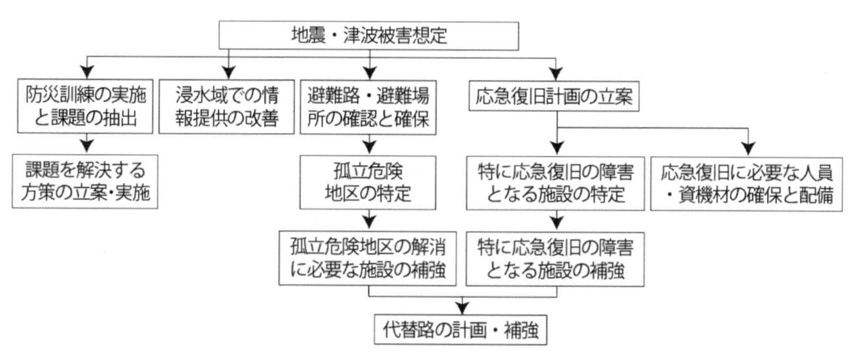

（出典：片岡正次郎，鶴岡舞，長屋和宏，日下部毅明，小路泰広
「道路施設の地震・津波被害想定と対策検討への活用方針」）

図－2.3.4　被害想定に基づく地震・津波対策検討フローの例

２－４　危機管理計画

すべての既存施設に対して必要な耐震性を短期間に確保することは困難であり，また，いかなる規模の地震に対しても施設被害の可能性をゼロとすることは現実的ではない。このことから，地震によって道路施設被害，道路閉塞，通行障害等が発生した場合を想定し，地震発生後の緊急活動を円滑に行うために危機管理計画を事前に定めておくべきである。

地震発生後の迅速・適切な活動に関する危機管理計画の必要性は，関連各法及び計画でも定められている。

（１）危機管理計画

地震によって道路施設被害，道路閉塞，通行障害等が発生した場合を想定し，地震発生後の緊急活動を円滑に行うために事前に危機管理計画を立案しておく必要がある。

１）危機管理計画

危機管理計画とは，想定した地震被害に対して適切な震後対応を行うために必要な平常時及び地震発生後の目標，方針，行動計画であり，防災業務計画や地震時初動マニュアル等を策定する際に反映させる必要がある。特に，大規模地震に対しては，危機管理計画のうち，業務継続計画を策定しておく必要がある。

想定される地震・被害に基づいて危機管理計画を検討する際，地震やそれによって生じる被害は必ずしも想定通りになるとは限らないため，想定する被害のパターンを複数検討する必要がある。過去の事例を見ると，直下型地震の場合では，震源地付近の限定した地域で局所的に大きな被害が発生したケースが多く，海溝型の地震では，非常に広範囲にわたる地域で被害が発生したケースが見られる。このため，地震の特徴も考慮した人員，資機材の配置計画等を検討する必要がある。

また，危機管理計画は，地震発生後に初めてその有効性や問題点が明らかになるため，平常時から計画の有効性や実施の程度に関するフォローアップを行う必要がある。

既往の大規模地震では，想定外の事態により，震後対応の遅れや復旧活動に支障をきたした事例が報告されている。

このように，想定外の事態に対して震後対応が混乱することを防ぐためには,

・被害想定に基づいた被災イメージを持ち，これを活用して様々な角度から震後対応及び事前準備を検討しておくこと。

・訓練によって震後対応のイメージを身につけておくこと。

を継続的に実践し，対応能力を向上させておく必要がある。

地震発生後の混乱による対応の遅れが発生することのないよう，事前に準備しておくべきこと等のチェックリストを作成し，ひとつひとつ確認しながら準備を進めることが重要である。**表－2.4.1** に，事前準備チェックリストの一例を示す。

表－2.4.1　事前準備チェックリスト（一部抜粋）

災害対応の区分	チ　ェ　ッ　ク　項　目	チェック欄 対応済	対応中	未対応
①初動体制	ポケット版の体制表，行動表を作成し，携帯しているか。			
	自組織の職員以外に事務所等に参集する人がいるか把握しているか。			
	自組織の職員以外に参集した人の具体的な作業分担が決められているか。			
	地震時の参集基準は周知されているか。			
	参集時に道路被災状況等確認すべき点についてあらかじめ決めているか。			
	通信手段の種類，連絡すべき相手の名前，連絡先，内容についてリストアップしているか。			
	事務所を移設する場合の移設基準を定めているか。			
	支部長の代行者及び代行順位を定めているか。			
	班編制及び各班の所掌業務を明確に定めているか。			
	参集者が少数の場合を考えて初動時に必要な役割と人員及び優先度を決めているか。			
	対策支部の運営に必要な食料・水・燃料を3日分以上備蓄しているか。備蓄数量，期限の把握，保管場所について明示しているか。			
	体制の長期化に備えて交代要員を含めたローテーションづくりがなされているか。			
	災害時優先電話がどれか識別できるような対策をとっているか。			
	庁舎内へ入れないことを想定して，災害対応に必要な備品類は庁舎外の保管可能な場所においているか。			
	事務所等へ避難してきた住民の対応の仕方について把握しているか。			
②情報収集・共有	道路情報共有システムの通信経路は地震時に機能できるように多重化されているか。			
	道路情報共有システム等システム間のインターフェース形式は統一されているか。			
	道路情報システム等全システムのバックアップ機能が整備されているか。			
	防災業務計画，災害対策支部運営要領の内容が職員に周知されているか。			
	様式の統一化，記載内容の統一化は図られているか。			
	ＣＣＴＶカメラは，夜間の状況把握ができるよう，照明装置と一体となった整備が行われているか。			
	可搬式発電機が必要分用意されているか。			
	庁舎に非常用電源設備が整備されているか(使用可能な機械，時間等を把握しているか)。			
	ＣＣＴＶ，Ku-Sat 等による画像伝送の操作方法を把握しているか。			
	職員誰もがパソコンから災害対応時の情報を見られるシステムになっているか。			
	停電時の情報収集のため必要な機器類(携帯ラジオ・テレビ・電池等)を準備しているか。			
	全職員が共有できる地図を事前に用意しているか。			
	情報連絡手段において，地震時でも機能しうる耐震性，一部機能がダウンしても他で代替しうるリダンダンシー，画像情報や地図情報を交換するための大容量性は確保されているか。			
	交通整理等現場で対応している職員との連絡手段は整備されているか。			
③情報提供	マスメディア担当の窓口を決めているか。			
	マスメディア担当者と日常的に話しているか。			
	他道路管理者の担当窓口を把握しているか。			
	道路の被害状況，復旧状況等の情報提供を行うための仕組みができているか。			
④点検・調査	主要施設の諸元等誰もが閲覧可能な状態になっているか。			
	普段から占用物件の管理者と占用物件に関する震後点検等について決めているか。			
	緊急調査を実施する担当者，担当エリアをあらかじめ定めているか。			
	災害時協力協定業者について，電話が輻輳してつながらない場合の代替連絡手段を確保し，それを互いに周知しているか。			
	点検用の自転車，バイクは配置されているか。			
	衛星携帯，k-cos 等通信機器の操作方法を把握しているか。			
	所管施設の分布や他機関の道路網等所管地域の特性を理解しているか。			
	携帯電話不感地帯はあるか確認し，その範囲を図面等におとしてあるか。			
	点検を行うための共通の基準・要領を定めているか。			
⑤応急復旧	緊急輸送道路確保のための放置車両除去，規制等の具体的手順について関係機関と調整しているか。			
	瓦礫の仮置き場等について関係自治体と事前の調整を行っているか。			
	管内のリース会社等の手持ち機材についてリストアップしているか。			
	復旧対策に必要な資機材をリストアップし数量を把握しているか。			
	資機材備蓄場所から施設までの運搬ルート，手段について検討しているか。			

（出典：国土交通省国土技術政策総合研究所
「道路管理者における地震防災訓練実施の手引き（案）」）

2）業務継続計画（BCP：Business Continuity Plan）

大規模地震発生時には，道路管理者自らも被災し，職員，資機材，情報等利用できる資源に制約がある状況で震後対応を行うこととなる。このため，優先的に実施すべき業務を特定し，業務の執行体制や対応手順，業務の継続に必要な資源等の確保を事前に定めた業務継続計画（BCP）を策定しておく必要がある。また，膨大な応急業務の中から，限られた資源で道路機能を維持または復旧させるために必要な優先業務（非常時優先業務）を特定し，明らかに資源が不足する場合には資源調達も含めた計画とする必要がある。

地震が発生すると，**図－2.4.1**に示すように，普段は実施していない災害対応業務（応急業務）の量が急激に増加し，きわめて膨大なものとなるため，迅速かつ的確に処理しなければならない。

このような状況において，業務継続計画をあらかじめ策定することにより，非常時優先業務を適切かつ迅速に実施することが可能となる。具体的には，業務継続計画を策定することにより，危機管理計画では必ずしも明らかでなかった事態も考慮した非常時優先業務の執行体制や対応手順が明確となり，非常時優先業務の執行に必要な資源の確保が図られることで，地震発生直後の混乱で機能不全になることを避け，早期により多くの業務を実施できるようになる。**図－2.4.2**に，業務継続計画策定に伴う効果の模式図を示す。

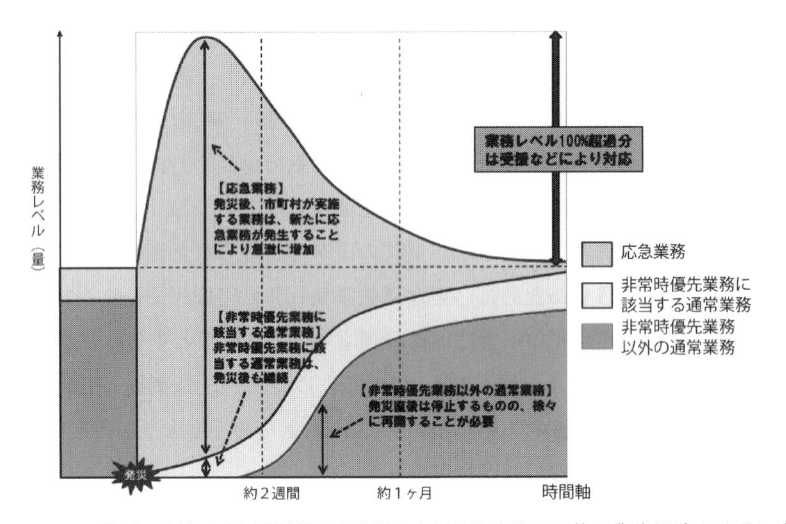

（出典：内閣府「大規模災害発生時における地方公共団体の業務継続の手引き」）

図－2.4.1　発災後の業務レベルの推移

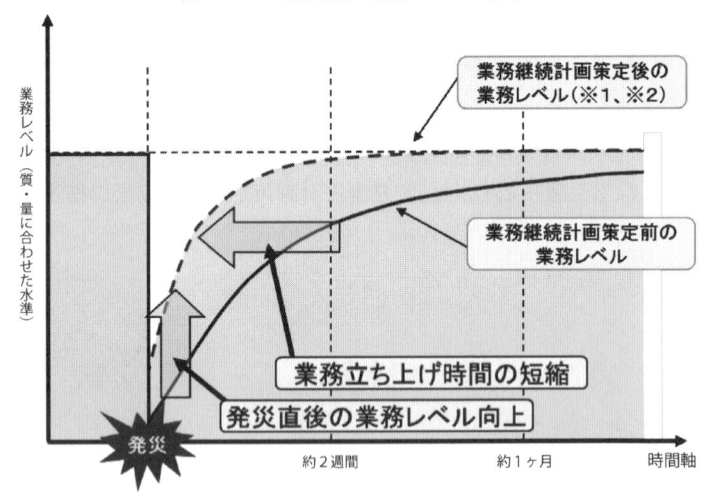

※１　業務継続計画の策定により、資源制約がある状況下においても非被災地からの応援や外部機関の活用に係る業務の実効性を確保することができ、受援計画等と相まって、100% を超える業務レベルも適切かつ迅速に対応することが可能となる。

※２　訓練や不足する資源に対する対策等を通じて計画の実効性等を点検・是正し、レベルアップを図っていくことが求められる。

（出典：内閣府「大規模災害発生時における地方公共団体の業務継続の手引き」）

図－2.4.2　業務継続計画策定に伴う効果の模式図

（2）情報の取り扱い

地震が発生すると，直後の空白期を経て，次第に情報の量が爆発的に増大し，また，時々刻々と変化する。さらに，それらの情報のニーズ，重要性も時間とともに変化する。このため，最新の情報を迅速に収集し，収集した情報を管理，共有，提供する体制の整備が重要である。

1）情報収集・管理

地震発生後の道路管理者の様々な活動には，道路の被災状況や通行可能状況，職員の参集状況等の各種情報が非常に重要であるので，様々な情報収集手法を活用して，速やかな情報収集に努める。 これらの情報は時々刻々と変化するため，情報連絡・更新を取り扱う窓口の一本化により情報の一元管理を徹底するとともに，組織内部で情報共有できるようにすることが重要である。

①情報収集のあり方

i）情報の種類と特性

地震発生後の道路管理者の様々な活動に必要な情報は，地震・津波情報，気象情報，通行可能情報，被災情報，復旧情報，応援支援情報，職員情報及び活動情報等多々ある。これらの情報はそれぞれ異なる特性を有しているので，その特性に即した収集・共有・提供等に努める。

表－2.4.2 に，地震発生後の道路管理者の様々な活動に必要な情報の区分，種類及び種類毎の主な特性を示す。

これらの情報は，道路利用者等にも情報提供していく情報（公表情報）と道路管理者の内部でのみ使用する情報（内部情報）とに分けることができるので，常にこの違いを明確に意識しつつ，外部情報は積極的に提供することが必要である。

表－2.4.3 ～**表－2.4.5** に，地震発生後の情報収集，分析及び連絡の特徴及びそれらに対する留意点を示す。

表－2.4.2　地震発生後の様々な活動に必要な情報の種類と特性

	情報の区分	情　報　の　種　類	情報の主な特性〔　〕は情報源となる機関等
公表情報	地　震　・ 津波情報	地震名称（後から付加される情報） 発生日時（年月日時分） 震源地（○○付近，深さ○○km等） 地震の規模（M○.○） 地震形態（内陸／近海／遠洋） 震度分布（震度○：○○市等） 管内津波情報（津波警報・注意報， 津波観測情報等） 余震関係（余震の見通し，規模等）	地震発生直後の最も基本的な情報。 一度確認された情報は，初期段階を除き更新される可能性は低い。ただし，津波については警報，注意報の更新，津波観測情報等時間経過とともに更新される。 〔主に気象庁〕
	気象情報	気象関係（今後の天候の見通し，雨量予測等） 週間天気予報等	震後対応の優先順位，復旧計画の立案には，天気，雨量予測等により左右される部分もあり，把握しておくべき必要な情報。〔気象庁〕
	通行可能 情　　報	道路通行可能状況 道路通行不可能状況（通行不可の理由） 未確認区間状況 通行規制状況	情報提供すべき最重要情報であり，把握に努める。 〔各道路管理者〕
	被災情報	○被災概要 参集途中収集被災状況(道路施設以外も含む) 被災箇所（距離標○○k，○○地区， 目印となるもの） 被災状況（内容，規模，延長等） 緊急措置状況（通行止め，片側通行規制等） 応援の要否	緊急調査において把握すべき重要な情報。 第一報／第二報の順に細かくなる。 〔参集職員，点検・パトロール実施者， 現場対応者〕 〔各道路管理者〕
		○通行状況 通行禁止又は制限状況 迂回路状況（内部的な情報も含めて）	通行可能情報と合わせて把握する情報。 第一報／第二報の順に細かくなる。 〔各道路管理者〕
		○構造物のデータ 重要構造物状況 道路施設設計諸元(建設年月，適用示方書等) 道路施設点検記録（防災・震災点検結果等） 道路施設補修記録（補修年月，補修概要等）	応急復旧工法の立案並びに被災原因の究明に必要な情報。 (あらかじめ準備，整理しておくべき事項) 〔各道路管理者〕
	復旧情報	○道路に関する状況 緊急輸送道路状況 緊急輸送ルート状況 道路啓開ルート／復旧計画	大地震発生後に特に必要となる情報。 道路種別に関ることなくネットワークとして情報収集する必要がある。 〔各道路管理者，都道府県〕
		○活動状況 復旧用機材の状況 道路啓開状況 応急復旧状況 啓開道路使用状況（時間別状況） 協定会社活動状況 民間業者等活動状況	専ら道路管理者としての作業進捗状況情報。 〔各道路管理者〕
		○関係機関に関する状況 関係機関要請状況 関係機関連絡・調整状況 他管理者活動状況 自衛隊派遣要請状況 自衛隊活動状況	関係機関についての進捗状況。 〔各道路管理者，協定締結機関〕
内部情報	応援支援 情　　報	応援要請状況 応援受入れ状況 応援申込状況（人員数，日数，場所，役割等）	大地震発生時等に生じる被災地以外の管理者の情報。 〔各災害対策本部・支部〕

<table>
<tr><td rowspan="3">内部情報</td><td>職員情報</td><td>○参集に関する状況
連絡・参集手段状況
職員参集状況（人数，参集予定時間等）
参集困難者状況（理由，参集予定時間等）
本勤務地外参集者状況（人数，場所，参集予定時間等）</td><td>大地震発生時等に特に重要なる情報。
大地震発生時等には時間の経過とともに情報内部が変化する。
〔各災害対策本部・支部〕</td></tr>
<tr><td rowspan="2">活動情報</td><td>○防災体制に関する情報
防災責任者指命
体制状況（本部，支部）
体制周知情報
防災体制組織編成状況
庁舎状況</td><td>体制基準となる震度以上の地震もしくは津波注意報以上の津波予報に際して，組織の中で発生する情報。
〔各災害対策本部・支部〕</td></tr>
<tr><td>○組織の活動状況
緊急調査指示・実施・連絡状況
往路調査完了区間
復路調査完了区間
関係機関連絡状況
モニター等活動状況
ヘリコプター状況
災害協定協力会社等稼働状況</td><td>緊急調査等の情報収集の進捗具合に関する情報。
大地震発生時等には特に重要。
〔各災害対策本部・支部〕</td></tr>
</table>

表－2.4.3　地震発生後の情報収集の特徴と留意点

特　徴		留　意　点
1	情報が入りにくい	・受け身で待つだけでなく，能動的に問うことも重要。 ・「情報がない」ことも重要な情報。
2	情報が断片的である	・情報が充足されるのを待つのでなく，断片的な情報から全体状況を推測することが重要。 ・項目数の多い情報では，必須項目を明確にし，その範囲でも動作できるようにする。
3	情報量が多い	・手作業で処理しようとせず，パソコン等の活用により，蓄積することが必要。
4	情報内容の信頼性に疑問があることがある。	・入手した情報は必ず確認が必要。 ・取捨選択ができるようにしておく。
5	平常時には取扱わない種類の情報がある（参集情報等）	・他の情報と同じような手段で情報収集・整理が行えるよう体系的に位置付け戸惑わないようにしておく。
6	情報の収集手段が多種多様である （オンライン，電話・FAX，画像・写真他）	・情報の整理や情報連絡が行いやすいように電子化して一元管理する方向とする。 ・担当者を定め一元管理させる。 ・幹部間で情報を共有させる。
7	情報の内容が頻繁に更新される	・情報源や確認時刻を正確にし，整理番号を付番する等の整理が必要。 ・当該事象が特定できなくても未確認情報として取り扱えるようにしておく（確認後の事象の集約や分割を可能にする） ・情報は共有して分散させないようにする。
8	情報が散逸しがちである	・情報を整理する担当者を決めておく。 ・情報の更新を責任をもって行う。 ・収集した情報は共有化しておく（特に幹部に対して）。
9	情報が面的に把握されにくい	・管轄道路の情報だけでなく，他管理者との情報交換等により他の道路情報も集める。
10	システムが不安定である	・停電時にも動作することができるように，電源のバックアップ及びバッテリー等を準備しておく。 ・地震時にシステムやパソコンを使いこなせるよう，それらに慣れておく。

表－2.4.4　地震発生後の情報分析の特徴と留意点

特徴		留意点
1	早く分析することが求められる	・箇所数や事象別の集計等を行いやすくするため，個々の事象について適切な性格付けをしておくこととする（情報源，被災種別，通行禁止または制限種別等） ・表計算ソフト等の情報処理技術を有効に活用する。
2	まずは概況，追って詳細状況が求められる	・管内の道路に対して，未確認→往路で全容を確認→復路で被害箇所を詳細に確認等の状況（情報確認のレベル）を把握できるようにしておく。
3	緊急輸送道路の通行可能状況の確認等，定形的なチェックが求められる	・重要路線は視覚的に認識できるようにしておく。 ・定形的なチェック内容については作業手順をマニュアル化（またはプログラム化）しておき，簡単にチェックできるようにしておく。
4	情報収集結果及び情報分析結果等については，複数の（多くの）道路管理者間で同時に確認できることが求められる	・対策本部（対策支部）の見通しのよい箇所に，地図ベースの視聴的に把握できる方法で確認できるようにしておく。 ・これらの情報は関係各課及び関係組織内で情報を共有化できるようにしておく。
5	次に何をすべきかの示唆が求められる	・通行可否未確認区間をなくし，緊急輸送道路上の緊急措置／応急復旧に早期に対応し，応援組織の調整等の優先作業を整理し，優先度順に確認できるようにしておく。

表－2.4.5　地震発生後の情報連絡の特徴と留意点

特徴		留意点
1	情報連絡窓口がわからないことがある	・情報連絡系統および窓口等に関しては各地域にあらかじめ確認しておく。 ・窓口担当は日常から交流しておく。
2	情報連絡手段が使えないことがある	・利用しやすい加入電話のみならず，マイクロ回線や携帯無線，防災無線，非常電話等の複数の連絡手段を準備しておき，それらの使い方について熟知しておく。
3	情報連絡内容が多すぎて取捨選択等が難しい	・通行禁止または制限箇所・制限内容等の直接に影響する情報に絞り込んでおく。 ・迂回路検索に必要な情報等は情報量が多くなるので，ネットワークで接続されたシステムで情報交換する。
4	情報連絡のタイミングが難しい	・定時連絡，通行禁止または制限状況の変化時等の連絡タイミングをあらかじめ協議しておく。

②情報収集手法

地震発生直後は，例えば通信機能の不通や錯綜により連絡体制が整わない，体制が混乱し状況把握のための調査が思うように進まない等の支障が発生するなかで，職員自身が参集時に集めてくる情報（管理施設のみならず家屋の被害状況，停電，交通渋滞，人の動きなど）や，地域住民等（道路モニター，情報ボランティア等）から寄せられる情報が特に有効となる。このため，参集時の情報や地域住民等からの情報をどのように集め，活用するかを事前に決めておくことが必要である。

表－2.4.2 に示す情報に対する収集手段としては，以下に示すものが考えられる。

・気象庁が発表する地震・津波情報：ウェブサイト，専用テレメータ，携帯メール，マスメディア等。

・通行可能情報，被災情報：現場からの緊急調査結果の報告，地域住民・道路利用者・ロードセーフティステーション・ROADパートナー等の協力関係者や，警察・消防等からの通報，マスメディア等。

・復旧情報　：現場からの報告。

・応援支援情報：道路管理者や関係機関からの連絡，情報連絡要員（リエゾン）からの報告等。

・職員情報　：原則職員からの報告（携帯メール等）。

・防災体制　：システム・メール等。

情報収集時の主な通信手段に関する種類や留意点は「3-3 防災体制の発令と参集（3）通信手段の確保」を参照されたい。

被災情報の収集や提供を行い，的確な災害対策支援を実施することを目的に，国から被災地方公共団体へ情報連絡要員（リエゾン）を派遣することとなっている。

情報連絡要員（リエゾン）の詳細は，「4-2 状況把握及び復旧の支援（2）緊急災害対策派遣隊（TEC-FORCE）」を参照されたい。

③外部からの情報収集

道路施設被害を広域かつ迅速に把握するためには，職員による調査の他に，タクシー協会，トラック協会，バス協会などの関係団体，道路情報モニター，道路美化ボランティア活動の関係者等からの通報も有効である。ただし，外部からの通報の場合，通報者は必ずしも道路や道路構造物に関する正確な知見を有するとは限らないことや，地震発生後の混乱時には情報の輻輳が生じやすいことから，他の情報と区別し，確認作業を行う等，情報の取り扱いを事前に検討しておく必要がある。

また，SNS（ソーシャルネットワークサービス）を介して情報を収集することも有効であるが，上記同様に正確な知見を有した上での情報ではないことや，地震発生後の混乱時に乗じた嘘や噂の情報が混入している可能性があることにも留意する必要がある。

④情報管理のあり方

地震発生後の情報管理は，混乱を避け各種の情報を効率的に運用するために「情報連絡・更新を取り扱う窓口の一本化による情報の一元管理」が必要である。また，道路の防災上必要な橋梁等構造物の諸元や防災カルテ等のデータに関しては，地震発生後の混乱時に使いやすいようにデータベース化しておくことが望ましい。

各道路管理者は，これらのことに留意し，適切な情報管理に努める。

⑤窓口の一本化による情報の一元管理

情報連絡・更新を取り扱う窓口を一本化し，すべての情報がそこに集中するような形態を維持する必要がある。情報の一元管理を徹底するためには，次のような工夫が必要である。

- ・窓口に集まる情報が一元管理しやすいように，情報の書式や様式を統一する。
- ・地震発生直後の混乱期には，24 時間体制で情報の管理を行うことになるため，窓口で作業する職員に関しては正確な情報が確実に引き継ぎできる交代体制を構築する。

2）情報共有

一元管理した情報は時系列で整理し，組織の内部で共有化を図ることが重要である。

情報の共有化を図るためには，次のような形態を維持する必要がある。

・一元管理した情報は，本部・支部・支所間の情報連絡により，組織全体に周知徹底できるようにしておく。

・一元管理した情報には，外部情報と内部情報とがあることを共通認識化しておく。

特に初動期には，次々と新たな情報が入ってきて情報が混乱することが予想され，そのような状態でどの情報が最新の情報か，かつ正しい情報かわかるように工夫する必要がある。例として，初期にはパソコン等に入力する時間がないため，入ってきた情報をホワイトボード等に随時記載していく対応が挙げられる。この対応を実施するためには，災害対策室等にはホワイトボード等手書きですぐに書き込みが可能なように準備をしておく必要がある。管内図や路線図を事前に作成しておき，ホワイトボード等に掲示の上，調査等が完了し通行が可能と判断された箇所から線を引き，合わせて被害箇所とその状況を記載することで，何も印がついていない区間が未確認区間と認識できるなど，マップを利用することで全容の理解と共有化を図ることが考えられる。

さらにその上で，パソコン等への入力が可能になった時点あるいは入力するための人員が揃ってきた時点で，パソコン等により時系列で情報を整理し，すべての職員が随時確認できるよう，情報共有システムやネットワーク上の共有フォルダ等を活用することで情報共有を図ると効果的である。

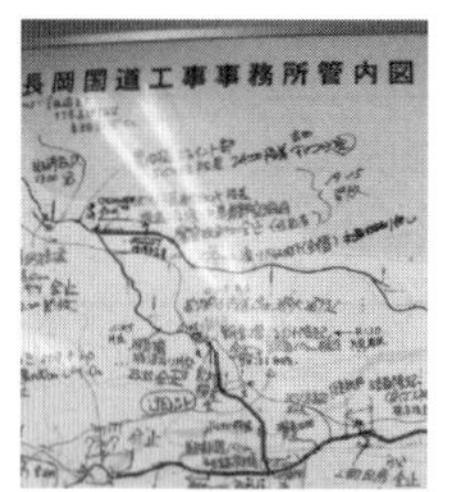

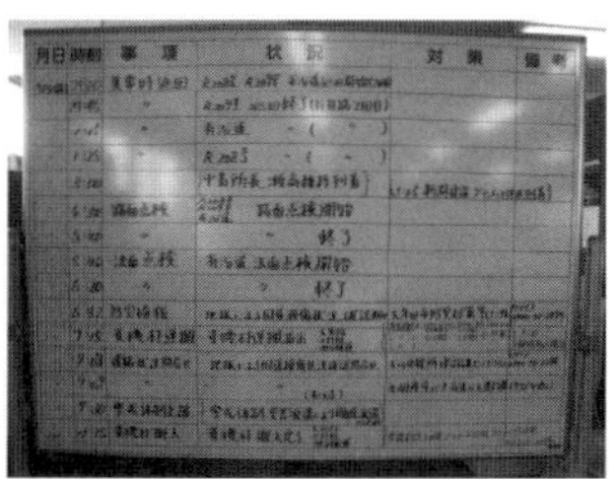

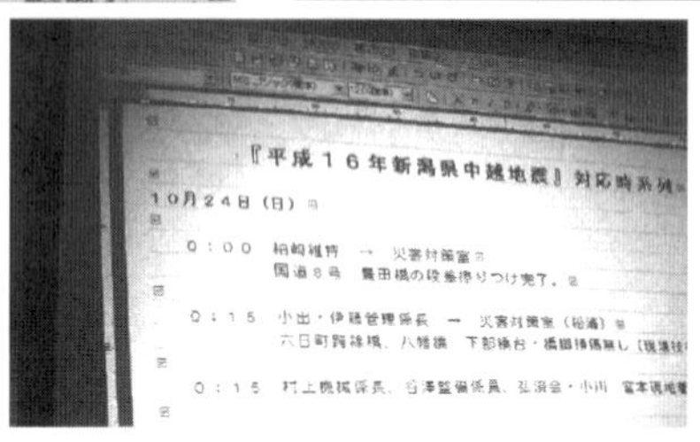

写真－2.4.1　ホワイトボードへの記入，パソコンへの入力により情報を共有

以下に，情報共有にあたり留意すべき事項を示す。

・災害対策室等に災害対応職員が参集できず，執務室等で対応している場合，最低限必要な情報を庁内放送したり，パソコン等により時系列で情報を入力し，掲示板などを活用して閲覧可能とするなど，組織内で確実に情報共有できる体制を整備しておく。

・現場，支所から情報を収集したにもかかわらず，最前線である支所への情報提供がない場合が多い。これらの職員は，一番道路利用者に近い位置におり道路利用者からの問合せが多く寄せられるため，最低限必要な情報を携帯電話等にメール配信する。

・ＦＡＸに関して，受信した情報にタイムラグが発生する場合があり，いつの情報か時間管理を徹底するほか，発信する情報の送信に時間がかかる場合は，メール等の他の手段を考える等留意する。

・文章よりも被災状況等を示す映像・画像の方が状況を把握し，共有するのに効果的であり，映像・画像の情報収集に努める。

・ホワイトボード等に情報を記載する場合，更新時刻等を明確にしておく。

3）情報提供・広報

被災地域での道路の通行止め・通行規制情報，通行可能情報，被災情報及び復旧見込み等に関して，道路利用者及び地域住民等に向けて，積極的かつ定期的に情報提供・広報を行う。情報の提供は，道路情報板等を活用するほか，ホームページやＳＮＳを活用した情報提供，マスメディア等に向けて広報する等の手段によるものとし，広報のための窓口を一元化させておくことが重要である。

①情報提供・広報のあり方

一元管理し組織内で共有化した情報のうち公表情報は，道路利用者等に情報提供を行うとともにマスメディア等に対して積極的に広報を行っていくことが重要である。特にテレビ・ラジオ等は，災害時に道路利用者が情報を得やすいため，これらを活用してニーズの高い情報を提供することは効果的である。

表－ 2.4.6 に，震災時の情報提供の主な特徴を示す。

表－ 2.4.6　震災時の情報提供の主な特徴

特　徴		留　意　点
1	「○○に行きたいがどこが通れるか」が大量に問われる	・被災箇所／通行禁止または制限状況とともに通行可能状況の提供が重要。 ・自分たちの管轄道路だけではなく，他の道路管理者の管轄道路の概略情報も情報交換によって得ておく必要がある。 ・道路利用者のニーズに対応した情報提供を心掛ける。
2	未確認情報があり情報提供の是非が判断しづらい	・未確認情報は，これを直接情報提供するのではなく，情報を確認するように心掛ける。
3	マスメディアへの対応に時間を取られる	・問われてから準備するのではなく，常に発表できるように準備しておく。 ・窓口の一本化を図る。

道路利用者からは，国道，県道などの道路管理者の区別なく問い合わせがくる。広報のための窓口の職員のみならず，現場で規制等にあたる職員にも被害の全体概要などの情報を共有しておく必要がある。

人的被害を伴うような場合（土砂崩れに車両が巻き込まれるなど）は，速やかに記者発表もしくは記者会見を実施し入手した情報を公表するようにし，その後は状況が変わるたびに追加情報を提供するなど公表に努める。

正確な情報を提供していくためには，広報のための窓口を一本化し，担当者を決めておく必要がある。

一般的に，情報はできるだけ迅速に発信することが望ましいが，大規模災害になるとなかなか難しい面がある。そのため，情報発信のタイミングは，被災状況等がある程度把握できた時期を目安とすることが望ましい。

海外や日本に滞在する外国人に対し，被害や対応状況が正しく理解されるよう，英語等の外国語による広報も同時に行うことが望ましい。

②情報提供・広報手段

以下に，考えられる情報提供・広報手段を示す。

i）道路情報板等

道路情報板等は，道路走行中のドライバーにとって有効な広報手段である。ただし，道路情報板は表示できる文字数が限られているため，適切なわかりやすい表示を心掛けることや，光ケーブルの切断等により機能しなくなることもあるため，光ケーブルのネットワーク化など災害時でも機能が発揮できるよう対策をしておく必要がある。事前に考えられる状況を想定し，状況に応じた表示内容を数パターンずつ決めておくとよい。

道路情報板は，情報発信に迅速性が求められることから，国土交通省では「道路情報板ガイダンスシステム」を構築している（**図－2.4.3**）。

道路情報板以外にも看板の設置，道の駅からの情報発信等があげられている。看板は，どの程度先まで規制しているのかを表示したカウントダウン看板を設置することで，道路利用者の不安・不満を和らげる効果が期待される（**写真－2.4.2**）。

ii）インターネット

インターネットを利用した情報提供は，道路利用者に対して道路の通行止め・通行規制・通行可能箇所等の情報を発信するのに有効であるため，各道路管理者や関係機関と調整した上でホームページやＳＮＳを活用した情報提供方法を構築することが望ましい。

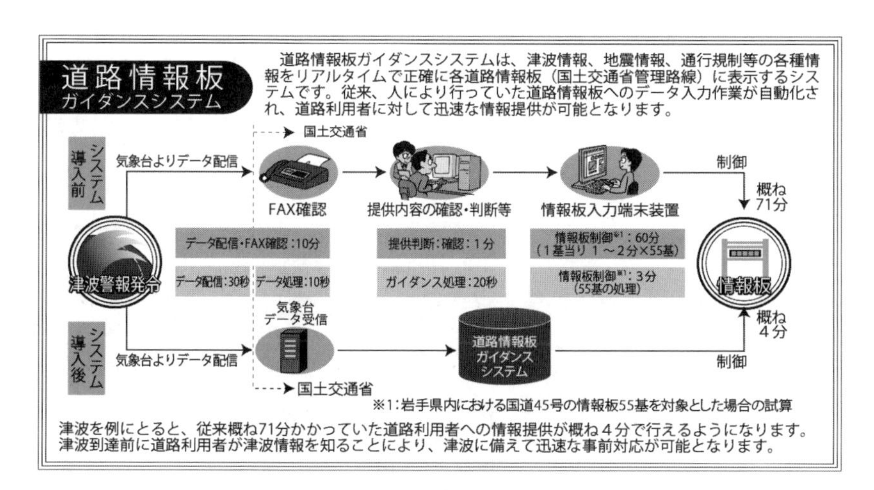

図－2.4.3　道路情報板ガイダンスシステムの効果

写真－2.4.2　規制距離，規制状況の案内板

図－2.4.4 に，九州地方整備局が熊本地震の際に作成した「九州通れるマップ」を示す。このマップは国土交通省九州記者会・九州建設専門記者クラブに向けて情報を公開し，さらにホームページ上で最新の道路情報に更新し，情報提供することで，多くの人に利用された。

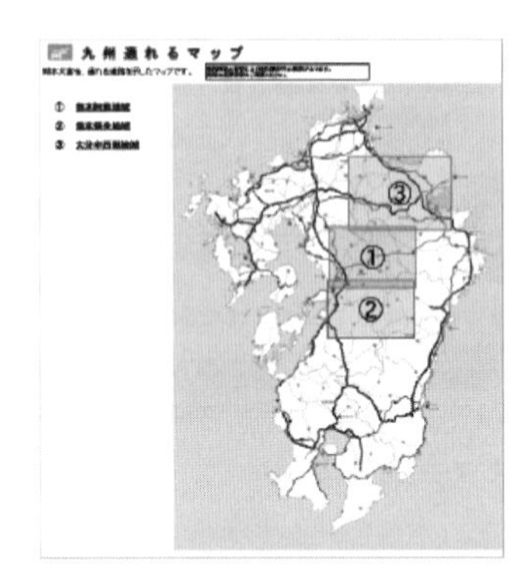

（出典：国土交通省九州地方整備局「九州通れるマップ」）

図－2.4.4　九州通れるマップ（ホームページ上での情報提供）

iii）マスメディア

一度に多くの人に情報を提供する手段として有効である。情報提供の手段としては，記者発表等がある。また，テレビ・ラジオ等を活用した生中継等の手段もある。道の駅にＦＭ局等を設置し，道路情報や生活情報を発信することも有効である。マスメディアに対しては，新しい情報を入手した際のほか，新しい情報が入らなくても，報道の時間や記事を書く時間などのタイミングを見ながら時間を決めて広報するよう心掛ける。

マスメディアによる報道は，一度に多くの人に情報が提供されるため，情報の正確性に注意する必要があるほか，情報発信の際に送り手と受け手の言葉の意味のとらえ方の違いから，誤った情報が流れることがある。そのため，常日頃からマスメディア関係者と言葉の意味に対して相互理解しておくことが重要である。また，これらの情報を受ける道路利用者に対しても，発信された情報がわかりやすく，正しく理解されるとともに，必要とするニーズにあう情報となるよう，災害時にはわかりやすい用語を使用し，できるだけ図，写真等を使いビジュアルに情報を提供することを心掛ける。

一方で，大きな被害等が発生した場合は，記者会見を実施することも考慮する必要がある。

以下に，記者会見実施にあたっての留意事項を示す。

・記者会見を開くタイミングとしては，報道機関からの要望があった場合，被害状況がある程度把握できた場合を目安とし，発表資料を簡潔にまとめて作成する。

・記者会見では，重要事項のみを発表し，なるべく早く質問の時間に移ることを心掛ける。

・障害が発生したとき，その障害がいつ復旧するのか聞かれることも多い。復旧の見通しに関する情報を準備しておくとともに，復旧時期が未定の場合は何がネックになっているのか答えることができるよう準備しておく。

ⅳ）防災行政無線

被災地内の地域住民，道路利用者に対して情報提供する際に有効な手段である。被災地内は通行止め，渋滞などにより交通が混乱していると考えられるため，これらの混乱の解消を目的に防災行政無線を活用して，道路の被災状況，復旧状況などを地域住民，道路利用者へ広く情報提供を行うことが有効である。

ⅴ）その他の情報提供手段

防災情報をメール等で配信するシステム，メールマガジン，チラシの配布等がある。また，コンビニエンスストアやガソリンスタンドなど道路利用者がよく立ち寄る場所を，情報発信基地として活用することや，コミュニティＦＭ，ケーブルテレビ等を活用して，地域単位のきめ細やかな情報を提供することも考えられる。

（3）応援協力体制

災害対応のどの部分で人員・資機材等の不足が発生するか予測し，不足する部分に対して関係する災害協定協力会社等と協力体制を構築しておくことが重要である。

広域的な被害をもたらすような大規模地震発生時には，道路管理者は自組織のみで災害対応を行うのは難しい。そのため，人員不足や対応すべき事項の過多，資機材等の不足等により，対応や復旧が遅れたり滞ったりすることが予想される。そのような事態を発生させないために，自組織以外からの協力体制を事前に構築しておくことが重要である。

協力体制の構築に関しては，まず，緊急調査，応急復旧活動等現場で必要な協力内容を精査する。その上で，事前の協定等により，協力要請や契約に関する手続き等を定め，防災訓練で出動要請時の連絡方法，人員や資機材の調達・運搬体制等を確認したりするなど，普段からの連携が必要である。

表－2.4.7 に主要な協定先・内容を，**写真－2.4.3** に災害協定に基づく活動状況を示す。

写真－2.4.3　災害時協定に基づく活動

表－2.4.7　主要な防災関係協定締結先

締結先分類	締結先	協定分類	協定内容（例）
放送局	各テレビ局	情報提供	CCTVカメラ，ヘリコプターによる画像情報の提供
業団体	(社)日本建設業連合会	応急対策	災害時における所管施設の災害応急対策業務（資機材の提供等）
	(社)全国建設業協会	応急対策	災害時における所管施設（資機材の提供等）
	(社)建設コンサルタンツ協会	応急対策	災害時における所管施設の災害応急対策業務（復旧のための設計等）
	(社)全国測量設計業協会連合会	応急対策	災害時における所管施設の災害応急対策業務（復旧のための緊急測量等）
	(社)建設電気技術協会	応急対策	災害時における所管施設の災害応急対策業務（電気通信インフラの被災状況調査）
	(社)日本建設機械施工協会	応急対策	災害時における所管施設の災害応急対策業務（復旧のための機械の提供等）
	(社)日本橋梁建設協会	応急対策	災害時における所管施設の災害応急対策業務（橋梁の点検，復旧における人員，資材の提供等）
	(社)全国地質調査業協会連合会	応急対策	災害時における所管施設の災害応急対策業務（復旧のための緊急地質調査等）
	(社)日本道路建設業協会	応急対策	災害時における所管施設の災害応急対策業務（復旧のための人員，資機材の提供）
	(社)プレストレスト・コンクリート建設業協会	応急対策	災害時における所管施設の災害応急対策業務（資材の提供等）
	(社)全国コンクリート製品協会	応急対策	災害時における所管施設の災害応急対策業務（資材の提供等）
	(社) 日本自動車連盟	道路啓開	災害時における道路啓開活動業務
	全日本高速道路レッカー事業協同組合	道路啓開	災害時における道路啓開活動業務
	全国石油業共済協同組合連合会	応急対策	災害時における所管施設の災害応急対策業務（燃料の提供等）
学会	(社)土木学会	相互協力	災害時における調査の相互協力
	(社)地盤工学会	相互協力	災害時における調査の相互協力

（4）資機材等の調達体制

緊急調査，通行規制等の緊急措置及び応急復旧に必要な資機材は，備蓄基地等の整備を図り備蓄しておくことが望ましい。 照明車，衛星通信車等の災害対策用機械の保有情報を道路管理者が共有し，これらを有効に活用して迅速な対応を実施することが重要である。

1）資機材の備蓄，調達

緊急調査，緊急措置及び応急復旧に必要な資機材は，将来発生が予測される地震の被害想定を基に必要な資機材をリストアップし，備蓄基地等の整備を図り備蓄しておくことが望ましい。なお，冬期に地震が発生すると，積雪や凍結している場合もあるので，地域の状況に応じて，必要な資機材をリストアップする必要がある。**図－2.4.5**に，備蓄資機材の算定方法（例）を示す。

活用頻度が高い資機材は，被災が想定される場所の近くに備蓄することが理想的であるが，備蓄基地等が被災して資機材を利用できない場合もあるため，分散して備蓄することなど考慮する必要がある。

必要な資機材をすべて備蓄することが困難な場合，地震により被害が発生した際，不足する資機材を他の道路管理者や災害協定協力会社等から調達することが想定される。そのため，他の道路管理者や災害協定協力会社等がどのような資機材を保有しており，それをどこに備蓄しているか一つのマップに示して道路管理者が共有できる体制を整備しておくことが重要である。**図－2.4.6**に，資機材，備蓄位置，備蓄量マップ（例）を示す。

建設会社等では経費削減等の理由により資機材等を保有せずリースを活用する傾向にある。このため，災害協定協力会社等が保有していない資機材を調達する際，重複して同じリース会社から調達することを避けるため，不足する資機材をどの災害協定協力会社等が調達するか事前に決めておくなど調達体制を整備しておくことが重要である。**表－2.4.8**に，資機材等の調達運搬主担当会社の一覧表（例）を示す。

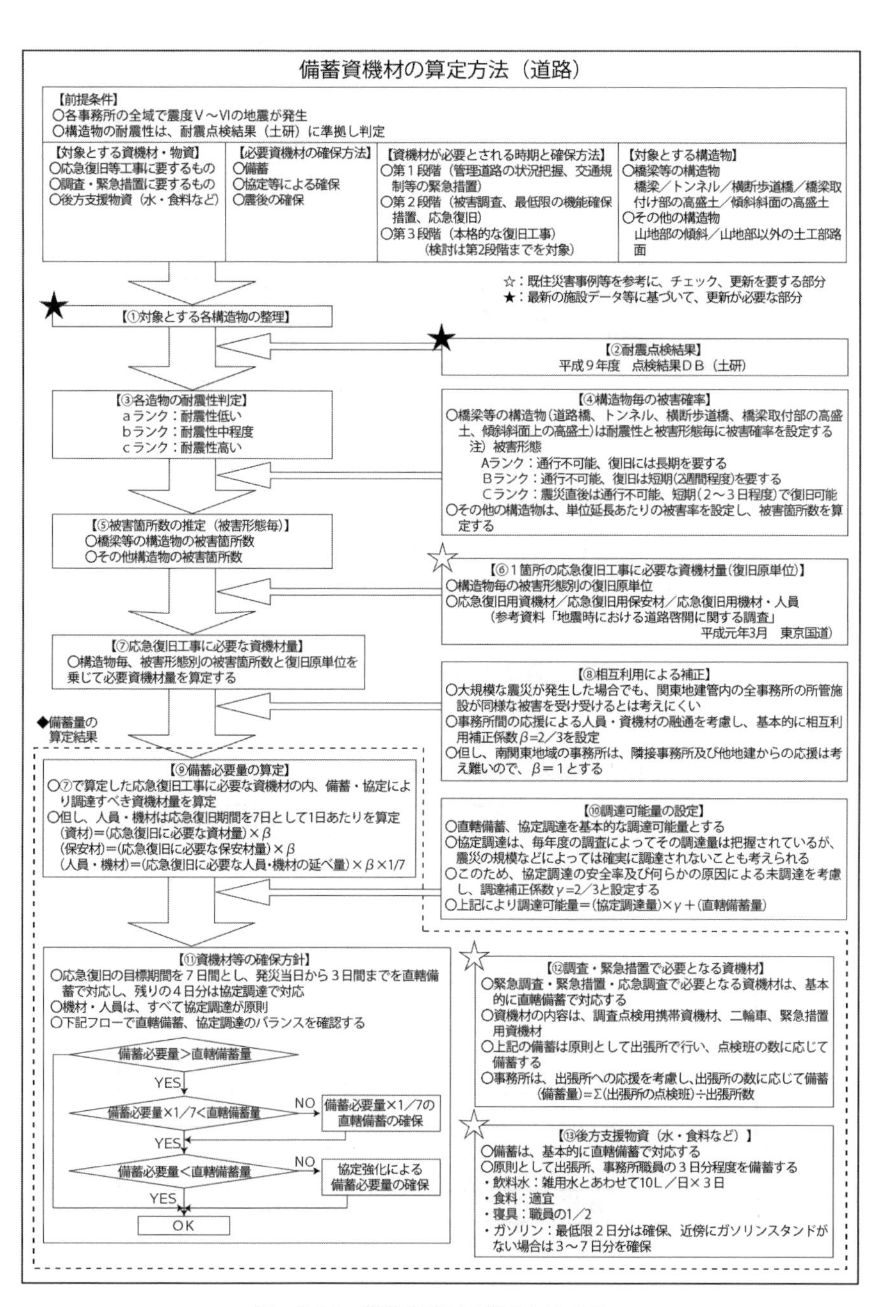

図－2.4.5　備蓄資機材の算定方法（例）

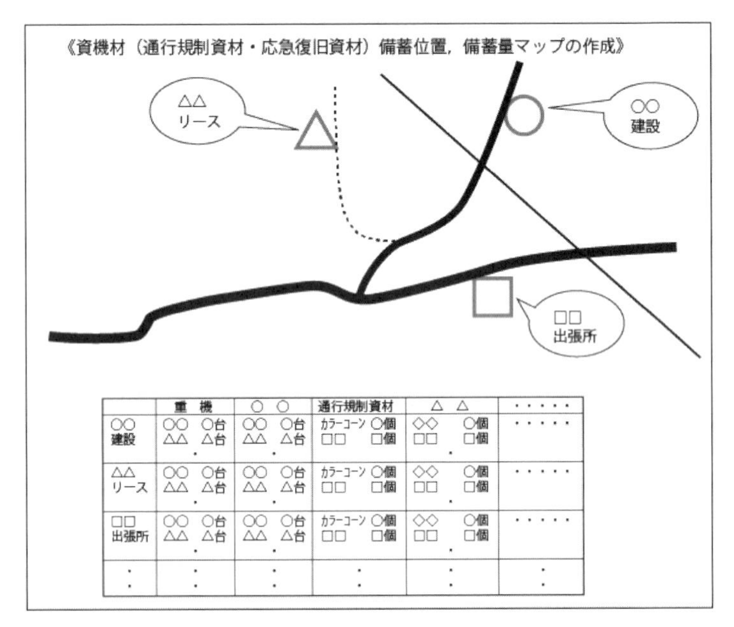

	重　機	○　○	通行規制資材	△　△	・・・・・
○○ 建設	○○　○台 △△　△台 ・	○○　○台 △△　△台 ・	カラーコーン ○個 □□　□個	◇◇　○個 □□　□個 ・	・・・・・
△△ リース	○○　○台 △△　△台 ・	○○　○台 △△　△台 ・	カラーコーン ○個 □□　□個	◇◇　○個 □□　□個 ・	・・・・・
□□ 出張所	○○　○台 △△　△台 ・	○○　○台 △△　△台 ・	カラーコーン ○個 □□　□個	◇◇　○個 □□　□個 ・	・・・・・
：	：	：	：	：	：

図－2.4.6　資機材，備蓄位置，備蓄量マップの例

表－2.4.8　資機材等の調達・運搬主担当会社の一覧表（例）

分類	品名	調達・運搬主担当会社
仮設備	仮設トイレ	A社・B社
	仮設ハウス	C社
	大型テント	B社
機械・器具	バックホウ	C社
	散水車	B社
	タンクローリー（燃料）	E社
	発動発電機	B社
	照明器具	C社
建設資材	ブルーシート	D社・E社・F社
	土のう袋	B社・F社
	カラーコーン・バー	C社
	吸着マット	A社・D社

資機材を備蓄する際には，以下に示す必要資機材の種類，必要とする時期，対象とする構造物，資機材確保の方策，資機材の運搬ルートを考慮して**表－2.4.9** のようなリストを**図－ 2.4.6** のような資機材の備蓄情報マップと併せておく必要がある。

①必要資機材の種類（**表－ 2.4.9**）

・水・食料等，後方支援的な物資

・調査・緊急措置で必要となる資機材

・応急復旧等，工事に必要な資機材

②資機材が必要となる時期と確保の方策

・震災復旧の第１段階（管理道路の状況把握，通行規制等の緊急措置）

・震災復旧の第２段階（被害調査，最低限の機能確保措置，応急復旧）

・震災復旧の第３段階（本格的な復旧工事）

③対象とする構造物

・橋梁等の構造物（橋梁，トンネル　等）

・その他構造物（山地部の斜面，山地部以外の土工部路面　等）

④資機材確保の方策

・道路管理者として備蓄しておくもの

・災害協定協力会社等で事前に確保しているもの

・地震発生後に確保するもの

⑤資機材の運搬ルートの検討

・震災時に資機材等が備蓄されている各拠点より効率的な運搬ができるよう，平常時より運搬ルートを検討する。

表－2.4.9　震災時に必要と考えられる資機材等の例

		資　機　材		道路管理者としての備蓄			協定による確保	震後の調達
				○○出張所	○○基地	…		
震災復旧の第１段階	調査	点検具	双眼鏡					
			巻尺					
			ポール					
			懐中電灯・電池					
			投光機					
			発電機					
		記録用	カメラ・デジタルカメラ					
			黒板・チョーク					
			紙・鉛筆					
			電子野帳・電子手帳					
		地図等	管内図					
			道路台帳					
		移動用	二輪車					
	緊急措置	通行規制用	バリケード					
			安全ロープ					
			規制標識					
			案内標識					
			立て看板					
			保安灯					
			回転灯					
		措置用	常温アスファルト					
			防水シート					
		工具	スコップ					
			ノコギリ					
			ナタ					
震災復旧の第２段階	応急復旧	保安材	針金					
			単管パイプ					
			バリケード					
			ロープ					
			保安灯					
			投光機					
			発電機					
			立て看板					
			セイフティーコーン					
		資材	土砂					
			砕石					
			土のう					
			Ｈ鋼					
			覆工板					
			鋼板					
			鋼矢板					
			ビニールシート					
			アスファルト合材					
			矢板					
			ボルト					
			ネット					
			鉄パイプ					
			タイロット					
		機材	ダンプ・トラック					
			トラクターシャベル					
			ブルドーザ					
			油圧シャベル					
			ローラー					
			クレーン					
			杭打機					
			チェーンブロック					
			ジャッキ					
			溶接用具					
体制支援物資			飲料水					
			食料					
			寝具					
			ガソリン					
			発電機					

2）燃料の確保

燃料は，地震発生後に確保することが最も困難となる物資である。東日本大震災において，サービスステーション（SS）の停電や給油待ち渋滞の発生，在庫切れ等により供給に支障が生じたことから，緊急車両に対し優先給油を行うため自家発電設備や大型タンク等を備えた「中核ＳＳ」の整備が，資源エネルギー庁で進められている（**図－2.4.7**）。

また，熊本地震において，災害時における燃料供給拠点としてのＳＳの役割が再認識されたことを踏まえ，自家発電機を備え，災害時にも地域の燃料供給拠点となる「住民拠点ＳＳ」の整備が進められている。住民拠点ＳＳでは，緊急車両に対し優先供給は行われないが，燃料確保の拠点として把握しておくことは有効である。

以下に，中核ＳＳで優先供給を受けることができる緊急車両の定義を示す。

①「緊急通行車両確認標章」をフロントガラスに掲出している車両（**図－2.4.8**）

災害対策基本法等に基づき，都道府県公安委員会が必要と判断した車両に標章が発行される。具体的には，行政機関や電力・ガス・電話会社の車両，医師・医療機関の車両，建設用重機等の道路啓開作業用車両に加え，タンクローリー，路線バス・高速バス，物資輸送のための大型貨物自動車といった車両も，状況に応じて災害復旧活動に必要となる車両として対象となり得る。

②パトカー・消防車・救急車等，赤色灯がついていて，かつ，サイレンを鳴らしながら走行する車両（道路交通法に基づく緊急自動車）

③自衛隊車両

一般車両とは異なる６桁のナンバープレートをつけている車両

中核ＳＳで優先給油を受ける際，②及び③以外の車両は「緊急通行車両確認標章」の掲出が必要であるため，道路管理者が保有する車両や災害協定協力会社等が保有する車両に対して迅速に標章を交付できるよう，事前届出制度を活用すると有効である。

中核ＳＳの位置は，緊急車両への優先供給を実施する役割を担うため非公表となっている。

震災発生時には，中核ＳＳから給油の可否情報が都道府県石油商業組合を通じ，都道府県に提供，緊急車両を有する防災関係機関に情報が共有される。道路管理者は燃料を確保するため，事前に中核ＳＳの位置の確認や，情報共有方法を調整することが重要である。

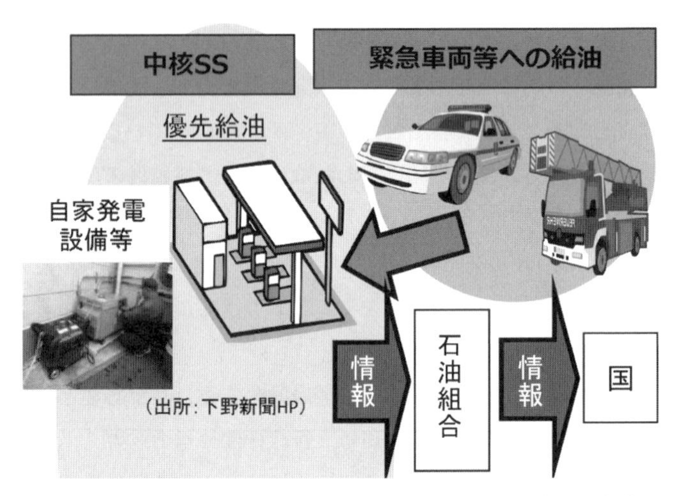

（出典：資源エネルギー庁石油流通課「災害時の燃料供給体制の維持のために」）

図－ 2.4.7　中核 SS

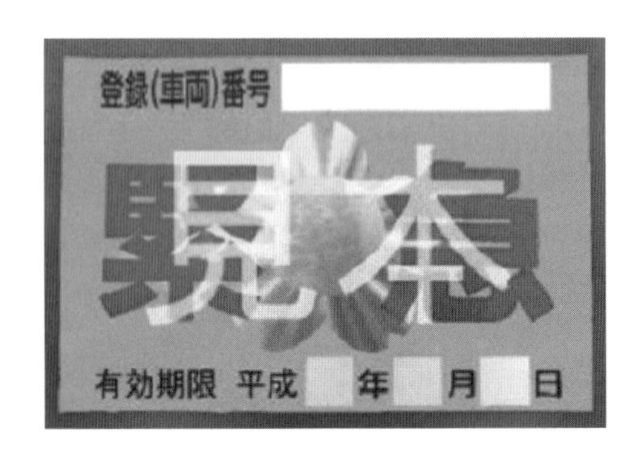

図－ 2.4.8　緊急通行車両確認標章

3）災害対策用機械等の活用

災害対策用機械は，主に災害発生時の災害復旧活動で活躍し，その機能は，指揮をとる対策本部となるもの，災害現場で復旧作業を行うもの，災害現場の情報を伝えるもの，被災箇所等の早期発見のための調査を行うものなどに分けることができる。

災害対策用機械は，適材・適所に配置されて効果を発揮するものであり，地震発生後の運用のルール化，運用管理を明確にしておくことが重要である。道路管理者間で貸与する場合もあるので，他の道路管理者の保有する災害対策用機械の情報を把握することや，事前に貸与に関する手続きを定めておくことも必要である。

人材不足の問題からオペレーターの配備ができず，災害対策用機械の稼働ができないということがないよう，配備計画を事前に策定することが必要である。

被災地方自治体等へ災害対策用機械を派遣する際，災害対策用機械の派遣調整，出動の命令系統に関して，地震発生後に窓口がはっきりしていなかったため対応に遅れが生じた事例もある。このため，派遣調整，指揮命令系統などの対応が迅速に実施できるよう組織体制を明確にしておく必要がある。

写真－2.4.4～16 に，主な災害対策用機械の概要を示す。これらを有効に活用し被災情報の共有，被害拡大の防止，迅速な復旧の実施に努めることが必要である。

①対策本部車

災害が発生した時，または発生の恐れがある時に出動し，現場の指揮及び現場状況を迅速に把握し，応急復旧等の対策を検討するための現地対策本部として使用する。

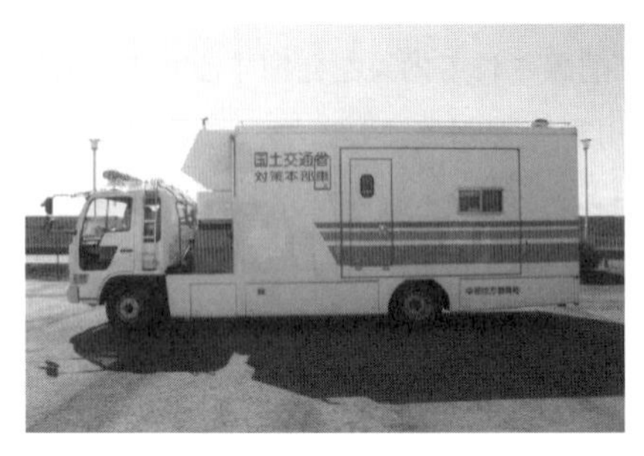

写真－2.4.4　対策本部車

②待機支援車

災害現地での休憩，仮眠，宿泊施設として，災害復旧活動に従事する人たちを支援する。車内には，燃焼式トイレ，厨房設備，衣類乾燥機，収納式２段ベッドなどが装備されている。

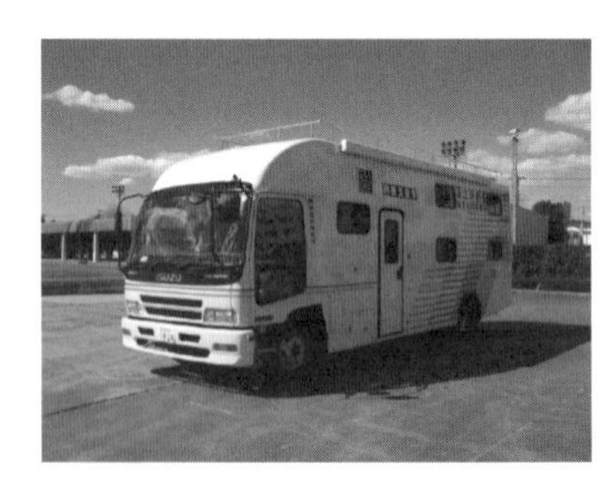

写真－2.4.5　待機支援車

③情報収集車

災害現場で調査，情報収集活動を行う。カメラを装備しておりビデオ撮影により被災箇所の現地映像を録画し災害規模や早期復旧の資料として活用できる。

写真－2.4.6　情報収集車

④衛星通信車

災害時に地上回線が不通となった場合や，他の通信機が確保できない場合に，災害現場と災害対策本部等との通信を行うために，通信衛星を利用し，回線設定を行い，被災状況把握や復旧作業を円滑に行うための情報連絡や被災地映像を配信する。

写真－2.4.7　衛星通信車

⑤照明車

災害現場，作業現場内の照明，土のう製造機等の電源供給及び排水機場や水門等の非常用電源，または監視モニターによる災害現場の監視・記録保存等に使用する。

写真－2.4.8　照明車

⑥排水ポンプ車

排水作業を行う機械で，地震の場合，津波による道路の冠水時の排水作業，河道閉塞による道路の浸水時の排水作業等に使用する。

写真－2.4.9　排水ポンプ車

⑦散水車

路面清掃車の前で，砂埃がたたないように水を撒いたり，清掃後の道路を洗い流す。冬期は凍結抑制剤を散布する際にも使用する。

写真－ 2.4.10　散水車

⑧路面清掃車

道路の機能確保，沿道環境の保全を目的として，路面に堆積した塵埃除去を効率的に行う。

写真－ 2.4.11　路面清掃車

⑨無人化施工機械

二次災害の危険性のある災害箇所の復旧活動を実施するため，遠隔による機械の操縦を行う。無人化施工機械としては，バックホウ，ブルドーザー，クローラーダンプ車，クレーン車等がある。

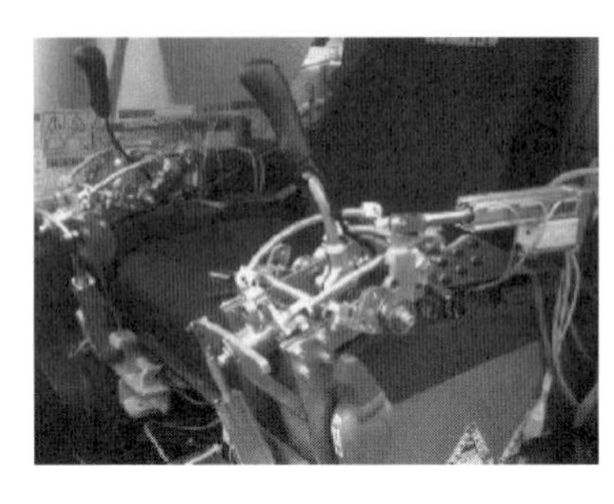

写真－ 2.4.12　無人化施工機械

⑩応急組立橋

地震被害で橋梁が使用できなくなった時，道路崩壊等により交通が遮断され，交通確保のために橋梁が必要になった時など，早期に交通路を確保するための仮橋として使用する。応急組立橋には，トラスガーダ形式及びワーレントレス形式等がある。

写真－ 2.4.13　仮設組立橋

⑪橋梁点検車

地震発生後に管理する橋梁等の構造物を点検して，安全かどうか，異常及び損傷がないか確認するために使用する。目視点検するために橋梁等の下から近接できない場合に，橋梁上からアクセスするものである。

写真－2.4.14　橋梁点検車

⑫無人航空機（UAV：Unmanned Aerial Vehicle)

ＧＮＳＳとカメラを搭載した無人航空機をリモート操作することにより，安全かつ迅速に被災，復旧状況を把握できる。

写真－2.4.15　無人航空機（UAV）

⑬災害対策用ヘリ（災対ヘリ）

災害発生初動時に，広域的・機能的に災害情報の収集を行う。

上空から状況の変化を監視し，地上班と連携して二次災害の防止や円滑な情報の収集に努める。

写真－ 2.4.16　災害対策用ヘリ

（5）道路防災拠点

> 道路沿いにある広い敷地を持つ施設は，道路防災拠点として機能させるため，防災設備設置等のハード面の強化と，危機管理計画等における位置付けの明確化等によるソフト面の整備が必要である。

道の駅や除雪ステーションなど道路沿いにある広い敷地を持つ施設は，地震発生後には資機材の集積，道路交通や災害の情報発信拠点，復旧の前線基地などの防災拠点として活用することができる。

1）「道の駅」，「除雪ステーション」等の活用

①「道の駅」，「除雪ステーション」等の役割

近年発生した大規模地震では，「道の駅」が緊急避難対応や災害復旧対応等の場として活用されており，防災拠点として重要な役割を果たしている（**写真－ 2.4.17 ～ 2.4.22**）。役割は地震発生後に緊急避難対応の施設から，災害復旧対応の施設として活用されていく。これらの役割を達成するためには，必要性等を鑑みた上で，断水時でも利用可能な防災用トイレ・トイレ用貯水槽，飲料水貯水槽・防災井戸，非常用電源装置（非常用発電機・太陽光発電機），非常時の通信に対応できる設備の常設，情報提供装置，備蓄品等を収納する防災倉庫等を準備，整備しておくことが望ましい（**図－ 2.4.9**）。

ⅰ）緊急避難対応時の役割

・災害発生時の一時的な避難場所。

・被災者支援の拠点（炊き出し，物資販売等）。

・被災情報，道路通行規制情報等の情報の発信基地。

ⅱ）災害復旧時の役割

・緊急車両，物資輸送車両の中継基地。

・災害用資機材，備蓄品の格納，保管。

・災害復旧支援車両の前戦基地。

・自衛隊の活動拠点（復旧支援，前線基地）。

写真－2.4.17　一時的な避難場所として機能する道の駅「あそ望の郷くぎの」

写真－2.4.18　車中泊する場所として機能する道の駅「竜北」

写真－2.4.19　被災者支援の拠点として機能する道の駅「大津」（左）と
入浴支援を実施した道の駅「きくすい」（右）

写真－2.4.20　緊急車両や物資輸送車両の中継基地として機能する道の駅「旭志」

写真－2.4.21　自衛隊やDMATの中継基地として機能する道の駅「小国」

写真ー 2.4.22　自衛隊の前線基地・ヘリポートとして機能する道の駅「あそ望の郷くぎの」

○非常用電源装置

○防災備蓄倉庫

○飲料水貯水槽

サイクルステーション

農産物販売所・休憩所

○情報提供装置

〈屋　外〉　〈屋　内〉

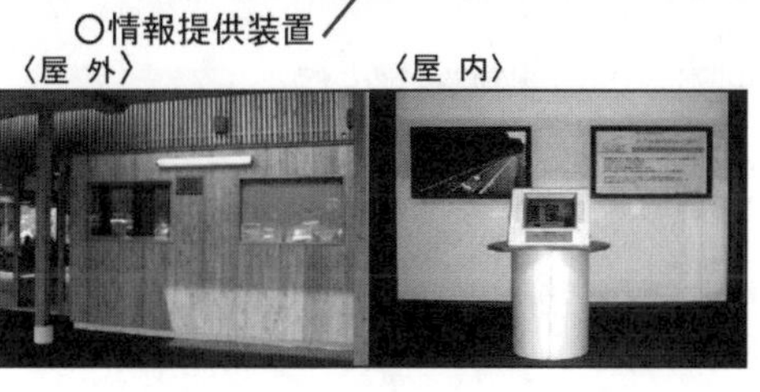

○防災用トイレ

図ー 2.4.9　防災機能を備えた道の駅「美濃にわか茶屋」

②連携協定

道路防災拠点として機能するためには，危機管理計画等で施設の位置付けを明確にし，必要となる施設の整備や，施設の活用に関すること，連携する内容を施設管理者と協定等で締結しておくことが必要であり，平常時から施設管理者を含めた連絡会議や訓練の取り組みが重要である（図－2.4.10）。

「道の駅」防災利用に関する基本協定書（例）

国土交通省近畿地方整備局（以下「甲」という。）、和歌山県（以下「乙」という。）及び紀南地域市町村（田辺市、新宮市、みなべ町、日高川町、白浜町、上富田町、すさみ町、那智勝浦町、太地町、古座川町、北山村、串本町。以下「丙」という。）は、当該地域における「道の駅」について、防災（災害復旧、救助・救援活動を含む）に関する利用について、以下のとおり協定を締結する。

（目的）
第１条　この協定は、和歌山県紀南地域内における「道の駅」の防災利用の推進に関し、基本的な事項について定めることにより、今後発生が予想される南海トラフの巨大地震・津波又は紀伊半島大水害に代表される台風による豪雨・出水による大規模災害をはじめとする災害発生時において、迅速かつ的確な応急対策等を実施するため、関係機関が協働し、効率的でかつ迅速な防災活動と啓発に努めることを目的とする。

（防災利用の内容）
第２条　丙は、災害発生時において、その管理する「道の駅」の施設を防災活動への利用に努めるものとする。
（１）道路に関する通行情報、被災情報の提供
（２）道路啓開に必要な活動拠点及び資機材等の運搬に係る中継場所の提供
（３）住民が避難・休憩するための施設の提供、救援物資の提供・保管、その他防災活動を支援するための業務
２　甲及び乙は、丙の行う前項に規定する業務が効率的かつ迅速に行えるよう支援するものとする。

（防災活動への平素からの取り組み）
第３条　甲、乙及び丙は「津波防災の日」（毎年１１月５日）における防災啓発活動をはじめ、平素から地域住民と協働して「道の駅」の防災活動が効率的かつ迅速に行えるよう努めるものとする。

（その他）
第４条　本協定に関する手続き及び活動費用等については、別途定めるものとする。

（協定の変更）
第５条　この協定は、変更の必要が生じた場合には甲乙丙が協議して決定するものとする。

この協定を証するため、本書１４通を作成し、甲乙丙記名押印の上各自１通保有する。

平成２７年　　月　　日

図－2.4.10　「道の駅」防災利用に関する基本協定書（例）

その他，道路防災拠点として幅広く機能させるため，多くの関係者と連携していくことが有効である。ＦＭラジオ局等が，道路情報や道の駅の利用者からの情報，地域住民からの生活関連情報等を基に，緊急災害情報の放送を行い道路利用者及び地域住民への迅速な避難・救援等の支援に寄与したという事例がある。このような事例を踏まえ，災害時には，道の駅にＦＭラジオ局等がサテライトスタジオを設置し，緊急災害放送を実施するための協定を道路管理者と結んでいる例もある（**図－ 2.4.11**）。

災害時における道の駅を活用した緊急災害放送に関する協定書(例)

国土交通省○○地方整備局○○事務所長○○　○○（以下「甲」という）と□□町長　□□　□□（以下「乙」という）および株式会社エフエム△△取締役放送局長　△△　△△（以下「丙」という）は，災害時，道の駅「○○」における緊急災害情報の放送に関し，次のとおり協定する。

（総則）

第１条　○○地震では，道の駅が防災拠点として重要な役割を果たしたことやＦＭ局等がニーズに応じたタイムリーな情報源であったことがアンケート等により明らかになり，ＦＭ局と連携した道の駅の防災拠点化を図るために協定を締結するものである。

本協定は，地震災害や風水害等異常な自然災害および予期できない災害等が発生した場合において，乙が有する道の駅「○○」で入手する道路利用者からの道路情報や地域住民からの生活関連情報等のリアルタイムな情報を基に，丙が緊急災害情報の放送を行い周知させることにより，道路利用者および地域住民への迅速な避難・救援等の支援に寄与することを目的とする。

（緊急災害情報放送の実施）

第２条　緊急災害情報の放送は，甲および乙より緊急災害放送の要請があった場合または，甲，乙および丙で協議の上，緊急災害情報放送が必要と判断した場合に実施する。

２　緊急災害放送の時間帯および緊急災害放送の期間は，甲，乙および丙の協議により定めるものとする。

（緊急災害情報放送の実施場所）

第３条　放送場所は，道の駅「○○」を基本とするが，本施設が被災した場合や被災エリアの状況等によっては，甲，乙および丙の協議の上，放送実施場所を変更することができる。

（細目協定の締結）

第４条　甲，乙および丙は，道の駅を活用した緊急災害情報訓練および費用負担について，別途細目協定を締結し，履行するものとする。

（有効期限）

第５条　この協定の期間は，平成○年○月○日から平成○年○月○日までとする。

２　前項に規定する期間終了の１箇月前までに，甲，乙および丙いずからも申し出のない時は，引き続き同一条件をもって本協定を継続するものとする。

また，有効期限以降，甲，乙および丙のいずれかの申し出により本協定は，廃止することができる。

なお，申し出の時期は廃止する期日の１箇月以前とする。

（その他）

第６条　本協定に定めのない事項，又は本協定に疑義が生じたときは，その都度，甲，乙および丙が協議してこれを定めるものとする。

本協定書は３通作成し，甲，乙および丙が各１通を保有する。

平成○年○月○日

甲　国土交通省　○○地方整備局　○○事務所長　○○　○○
乙　□□町　町長　□□　□□
丙　株式会社　エフエム△△　取締役放送局長　△△　△△

災害時における道の駅を活用した緊急災害放送に関する細目協定書

国土交通省○○地方整備局○○事務所長　○○　○○（以下「甲」という）と□□町　町長　□□　□□（以下「乙」という）および株式会社エフエム△△取締役放送局長　△△　△△（以下「丙」という）とが，平成○年○月○日付で締結した災害時における道の駅を活用した緊急災害放送に関する基本協定第４条に基づき，緊急災害情報放送訓練および費用負担について，次のとおり協定する。

（緊急災害情報放送訓練）

第１条　丙は，甲，乙の要請により，半年に１回以上，道の駅を活用した緊急放送訓練を実施し，災害時における迅速かつ的確な緊急放送ができる体制を確認するものとする。

（費用負担等）

第２条　費用負担については，原則次のとおりとする。

２　丙は，緊急災害情報放送に要する費用を甲，乙に請求しない。
但し，長期間に及ぶ場合は別途協議するものとする。

３　緊急災害情報放送の訓練について，丙は，訓練の要請者（甲，もしくは乙）に必要額を甲に請求することができる。

４　道の駅での緊急災害情報放送に必要な，道の駅の電源等の既存施設については無償で使用することができるものとする。

本協定書は３通作成し，甲乙丙が各１通を保有する。

平成○年○月○日

甲　国土交通省　○○地方整備局　○○事務所長　○○　○○
乙　□□町　町長　□□　□□
丙　株式会社 エフエム△△　取締役放送局長 △△　△△

図－ 2.4.11　災害時における道の駅を活用した緊急災害放送に関する協定書（例）

（6）津波に対する備え

各地域で想定されている津波に関する情報等を踏まえながら，管理する道路での津波被害を想定し，ハード・ソフト両面からの総合的な地震・津波防災対策を推進する必要がある。

2011年3月11日に三陸沖を震源とした東北地方太平洋沖地震による東日本大震災が発生し，この地震による大津波が東日本一帯に甚大な被害を及ぼした。

東日本大震災のような被害を出さないためにも対策を講じる必要があり，国・地方公共団体・関係事業者等の各主体がそれぞれの立場で，構造物の耐震化やハザードマップの整備等，ハード・ソフト両面からの総合的な地震・津波防災対策を推進する必要がある。

海底下で発生する震源の浅い大規模地震に対しては，地震そのものによる道路等の被害のみならず津波による道路等の被害も考慮しなければならない。

津波は，地震発生後すぐに襲来する近地津波と襲来までに時間を要する遠地津波の２つに大別できる。また，同じ地震によって発生する津波でも場所によって到達時間に差が生じる。津波は繰り返し襲来し，必ずしも第１波が一番大きな波になるとは限らず，後から来る波の方が大きくなる場合もある。

道路管理者に必要な津波に対する備えは，道路利用者の安全確保が適切に行えるよう，管理する道路での津波被害を想定し，津波特性に応じて行動がとれるように津波が発生した際のタイムライン（**図－ 2.4.12**）や対応マニュアルを作成し，災害対応機関それぞれの役割分担や対応行動に関して事前に検討しておく必要がある。

気象庁によると，東日本大震災による国内の津波観測点で記録された津波の高さの最高値は，福島県相馬市で 9.3m 以上（地震発生から１時間５分後）であるが，津波により観測施設が損壊したところではこれ以上の津波が到達した可能性もあるとされている。この大津波による人的被害は死者が約 20,000 人，行方不明者が約 2,600 人である。現在，中央防災会議では科学的に想定される最大クラスの南海トラフ地震が発生した際の被害想定を実施しており，関東地方から九州地方にかけての太平洋沿岸の広い地域に 10m を超える大津波の襲来が想定されている。

津波災害を想定した道路管理者タイムライン（例）

■：すべての地震で実施　■：近地地震②、遠地地震で実施　赤文字：遠地地震では実施の必要無

津波の状況：地震（津波）発生 → 津波の接近 → 津波襲来
近地地震①【数十分程度】　近地地震②【数時間程度】　遠地地震【十数時間程度】
❶ ❷ 0hr ❸

	国土交通省				交通管理者	他の道路管理者			道路利用者
	事務所（災害対策支部）	出張所	本局（災害対策本部）	協力業者		NEXCO	県	市	
❶	**初動** ・参集　・安否確認　・庁舎点検 ・災害対策支部の設置・運営 ・本局等への支部立上報告 ・リソース確認　・業者等との体制構築 ・通信手段の確認 ・パトロール、施設点検	・参集 ・安否確認　・庁舎点検 ・業者等との体制構築 ・連絡手段の確認 ・パトロール、施設点検	・災害対策本部の設置・運営	・初動体制構築 ・連絡手段の確認					
	地震被害及び津波の情報収集 ・気象庁等からの情報収集（地震・津波情報の把握、被害情報の収集） ・本局及び関係機関等の情報収集	・気象庁等からの情報収集（地震・津波情報の把握、被害情報の収集） ・所内の情報共有	・気象庁・事務所等からの情報収集（地震・津波情報の把握、被害情報収集）	・出張所との情報共有	警察との津波情報の共有	道路管理者との津波情報の共有			
	情報発信 ・報道内容の調整 ・道路利用者に対する広報（道路情報板、HP、Lアラート等） ・道路利用者に対する広報（マスコミ、SNS、FMラジオ、道の駅等）	—	・報道対応 ・報道内容の調整 ・道路利用者に対する津波情報発信 ・広報			道路管理者との調整（通行規制情報、迂回路設定）			・道路情報板、HP、ラジオ局等の利用 道路利用者へのわかりやすく迅速な情報発信
❷	**通行規制・迂回路設定** ・通行規制の判断 ・通行規制の実施　・規制要員の配置 ・対外協議　・迂回路設定　・避難受入れ	・通行規制の実施 ・規制要員の配置	・通行規制状況の把握	・通行規制の実施 ・規制要員の配置	警察との通行規制の連携				・道路情報板等の利用 道路利用者への通行規制の情報伝達・誘導
0hr ❸	**被害の情報収集** ・CCTV等の映像確認 ・ヘリテレ画像の確認 ・ロードサポーターからの情報提供	・CCTV等の映像確認	・ヘリテレ画像の取得・配信 ・情報共有システム利用	・出張所との情報共有	警察との被害情報の共有	道路管理者との被害情報共有			
	点検 ・点検出動の判断 ・実施体制・実施範囲の設定 ・余震時の判断	・点検の実施 ・連絡手段の確認	・点検結果の把握	・点検の実施 ・連絡手段の確認					
	点検結果に基づく迂回路再設定 ・迂回路の再設定 ・報道内容調整	—	・報道対応			道路管理者との調整（迂回路設定、道路利用状況）			・HP、ラジオ局、防災無線等の利用 道路利用者への迂回路の情報伝達・誘導
	緊急復旧 ・道路啓開計画の立案 ・道路啓開の体制・順序・方法の調整（瓦礫処分、業者確保） ・リエゾン派遣　・対外協議	・道路啓開の実施（瓦礫処分、業者確保） ・対外協議	・道路啓開の把握・調整	・道路啓開の実施		道路管理者・自衛隊等との調整（役割分担、情報伝達）			
	交通開放 ・安全確認、通行規制解除の判断 ・体制の解除 ・地方公共団体への指示・支援	・地方公共団体への指示・支援	・通行規制解除状況の把握 ・体制の解除			道路管理者との調整（交通開放の見通し、隣接区間の交通開放の順序）			

（出典：長屋和宏・片岡正次郎・松本幸司「大規模津波を想定した道路管理に関する検討」）

図－2.4.12　津波災害を想定した道路管理者タイムライン（例）

1）近地津波に関する留意事項

日本の近海で発生する近地津波では，地域によっては地震発生後数分から数十分という短時間で襲来する。一方，短時間で人員を集めて通行規制を実施することは困難であるため，まずは道路利用者に迅速に情報を提供し，浸水域からの避難や，浸水域への車両の進入防止を促し減災を図ることが求められる（**写真－2.4.23**）。合わせて，道路管理者は津波警報等により通行規制を実施する必要があるが，津波の情報を収集し安全を確保できる状況での行動が必要である。短時間で襲来する津波では，浸水域を避けて規制実施場所へ移動することも留意する。浸水区域が想定を超えて広域にわたることを考慮することや，津波情報によって道路管理者や通行規制を実施する者が避難を優先することに留意しなければならない。

写真－2.4.23　津波情報板による情報提供

2）遠地津波に関する留意事項

2010年チリ地震のような遠地地震では，地震の揺れを感じないことが多いため，津波の危険性を感じない道路利用者等が多いことから，道路管理者はまず津波警報等の周知を徹底する。

遠地津波では，津波の到達まで時間があるため，通行規制の実施が必要な場合は，地方公共団体が行う避難指示・避難勧告の状況等を勘案し，通行規制に先だって記者発表等により通行規制を実施する旨の周知を図る。

遠地津波では，津波収束まで長時間を要することが多く，通行規制が長時間に及ぶこともあり，道路利用者にその旨を理解してもらうよう周知を徹底する。

2010年チリ地震は2月27日15時34分（日本時間）に地震が発生し，日本の主な観測点での第一波観測時刻は，根室市花咲港の2月28日13時47分であった。また，第一波から最大波到着までの時間の最長は，福島県いわき市小名浜の5時間27分であった。

3）通行規制区間の設定

津波警報等が発表された際に道路管理者は，津波により浸水する危険性がある区間において，道路利用者へ迅速な情報提供や，警察と協議の上，通行止め等の措置を講じ，被害軽減に努める必要がある。そのためには，管理区間のどの区間がどの程度の津波の高さにより浸水の危険性があるのか，事前に想定しておく必要がある。津波の浸水想定区間を設定するには，都道府県が実施している津波シミュレーションや市町村が公表している津波ハザードマップ等を参考にする方法や，簡易的なものとして道路の路面高あるいは等高線から想定する方法，過去の津波被害実績から想定する方法がある。なお，設定する際は潮の満ち引きに伴う水位差を考慮する必要があり，一般的には安全側として朔望平均満潮位を考慮した上で，津波による浸水想定区間を設定する。

津波の浸水想定区間を予測した後は，津波警報等が発表された際の通行規制区間を設定する。通行規制区間の起点及び終点は，津波の影響のない路線へ迂回できる交差点や大型車両がUターン可能な広い敷地を持つ場所を選定する。通行規制区間を設定した際は，警察や地方公共団体等関係機関と連携して，地域住民や道路利用者に対し当該区間が津波警報等の発表時に通行止め等となる旨の周知を図る。

4）通行規制実施にあたっての留意事項

気象庁より津波警報等が発表された際には，道路管理者は事前に設定した通行規制区間に対し，警察と協議の上，通行規制を実施する（**写真－2.4.24**）。通行規制を実施する際は，津波により浸水する危険性がある区間への道路利用者等の進入を防止することを第一義とし，津波の危険性がある区間から避難してくる地域住民や道路利用者の避難行動を妨げないよう留意する。また，以下の機関との連携も必要である。

- 地方公共団体：避難指示・避難勧告と通行規制の連携及び通行規制の実施を周知するための広報の連携
- 警察　　　　：道路情報板等への表示内容や通行規制の連携

写真－2.4.24　津波想定区間への通行規制

5）地域住民，道路利用者への津波に関する日常的な周知

道路管理者は，道路利用者等に対して，日頃より津波による通行規制区間の周知を図ることが重要である。平常時から標識等を用いて，通行規制区間の起終点を認識してもらうことや，津波の浸水想定区域内であることを認識してもらうことで，道路利用者の避難行動を円滑にすることにつながる。

2－5　地震防災訓練

地震発生後に，危機管理計画や地震時対応マニュアルを確認しながら災害対応を行うのは現実的ではない。目的に応じて適切な地震防災訓練手法を選定し，普段から地震対応の知識を身につけておくほか，訓練を通じて危機管理計画に対する課題を発見することが重要である。

（1）地震防災訓練のあり方

様々な状況に対する訓練を実施し，地震対応の知識を身につけるとともに，地震発生後に使用する機械，システム類の操作方法を習熟するほか，訓練を通じて対応等の課題を発見し，危機管理計画を見直していくことが重要である。

訓練は，地震発生後の迅速な対応を行うためにきわめて有効であり，通信途絶，参集困難，指揮者不在等の様々な条件を想定した実戦的なものとしていくことが必要である。

災害時には，多くの場面で臨機応変の対応が求められる。このため，体制・組織にも柔軟的な対応が要求されることが少なくない。訓練時に，当初のシナリオにない事態への対応方法を考慮することが重要である。

また，維持業者や災害協定協力会社等，外部からの応援者にも，訓練等に積極的に参加してもらい，実際に出動し，どのような障害，課題があるか確認する場を設けることが重要である。近年では，他の道路管理者や関係機関との連携が非常に重要視されている。災害時の相互応援協定を締結するなど，１組織として対応するより多くの関係機関が連携することで被害の拡大防止，早期の復旧に繋がることが期待される。このため，関係機関を含めた訓練を実施し，相互にどのように対応すべきかを確認するのが重要であり，そのような訓練が実施されてきている。

さらに，ＰＤＣＡサイクルの考えに基づき，訓練で認識された課題等は早期に解決するとともに，再度訓練で確認する必要がある。

訓練実施にあたっては，訓練に参加せず第三者の立場から訓練内容を評価する職員を設けて，その職員が訓練内容を視察，評価することにより，訓練に参加している職員には見えてこない課題等が抽出できることも考えられる。そのため，訓練内容を評価，チェックするチェックリストを作成して，訓練に対する必要な対応が実施できたかどうかを評価する必要がある（**図－ 2.5.1**）。

また，使用機器類の操作の習熟（災害時にのみ使用するものは動作確認の実施）のほか，テレビ，パソコン，電話機などが非常用電源に接続されているか等，細部にわたって確認することも重要である。

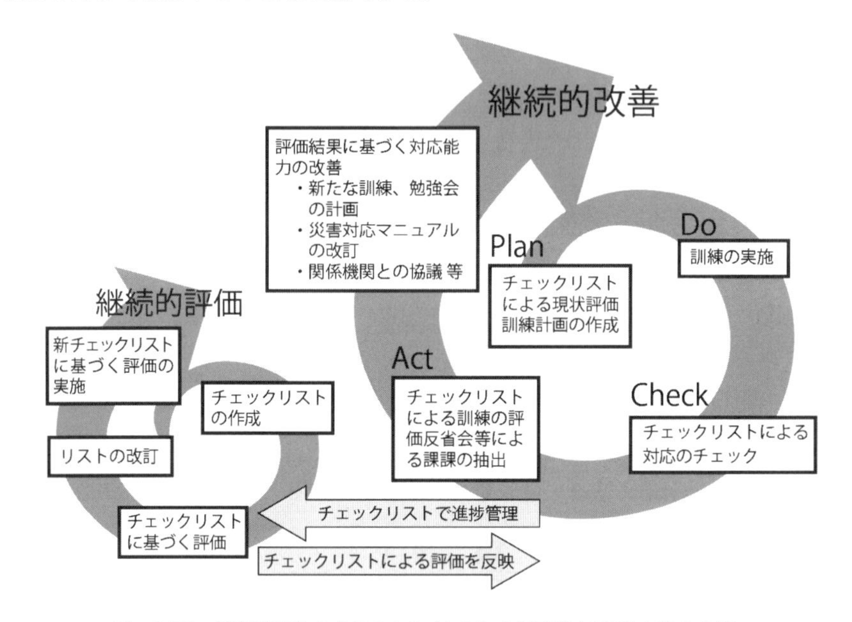

図－ 2.5.1　訓練を通したＰＤＣＡサイクルによる震後対応能力向上方策

（２）地震防災訓練の種類及び留意事項

訓練には，種々の手法（実動訓練，図上訓練，ロールプレイング訓練等）があり，目的に応じて適宜選択の上，実施する。

表－ 2.5.1 に，主な訓練手法の特徴及び留意事項等を示す。

1）実動訓練

実動訓練は，職員や維持業者，災害協定協力会社等並びに警察，消防，自衛隊等関係機関が現地に出動して機器の操作や施設の点検などを行う等，実際の災害対応の流れに沿って行動しながら訓練を実施する手法である。

写真－ 2.5.1 に，関東地方整備局で実施された実動訓練状況を示す。

表－2.5.1　主な訓練形式毎の長所，短所

訓練形式	訓練内容	長　所	短　所
実動訓練	現地に出動し災害対応の流れに沿って機器の操作や施設点検を実施する訓練	・機器・システムの操作や参集などの訓練に適している。 ・活動しながら災害対応の流れを身につけることが可能	・規模が大きくなりすぎるとイベント的な色合いが濃くなり，災害対応能力向上に反映しづらい。 ・実時間を想定した訓練の場合，後半になるほど間延びしてしまう。
図上訓練	地図と透明シートを用い様々な情報を地図に書き込みながら，状況判断や対応策を検討する机上訓練	・コストが軽微である。 ・少数の職員で実施することができる（対応班単位等）。 ・地図を利用することで災害対応の弱点などを空間的に把握できる。 ・地図に情報を書き込むことによって足りない情報が見えてくる。 ・一つの地図を囲んで訓練を実施するため必要な情報が共有できる。	・多数の職員が参加することが難しい。（多くても10名くらいまでの参加にとどまる。班を複数にすれば多数の参加が可能） ・災害対応の流れや相関性を把握することが難しい。
ロールプレイング訓練	コントローラーとプレーヤーに分かれ，付与される災害状況を収集・分析・判断し，対策方針を検討するなどの災害対処活動を図上で行う訓練	・組織間の連携強化や体制の検証などに適している。 ・実対応に近い臨場感を感じながら訓練が可能	・準備などのコストがかかる。 ・状況付与カードの作成に労力を要する。 ・２部屋以上の場所が必要。

（出典：国土交通省国土技術政策総合研究所
「道路管理者における地震防災訓練実施の手引き（案）」）

写真－2.5.1　段差解消や放置車両移動等の道路啓開訓練

以下に，実動訓練の特徴を示す。

・活動しながら災害対応の流れを身につけることが可能。

・ほぼ実対応に沿って訓練を実施するため，支障となりやすい場面の確認が可能。

・実際に実施しなければならない対応内容を一つ一つ確認することが可能。

①訓練の参加者

参加者は，主に自組織内の職員で実施されるが，他道路管理者，維持業者，災害協定協力会社等並びに警察，消防，自衛隊等関係機関も訓練に加わるとより効果的である。

②訓練の流れ（**図－2.5.2**）

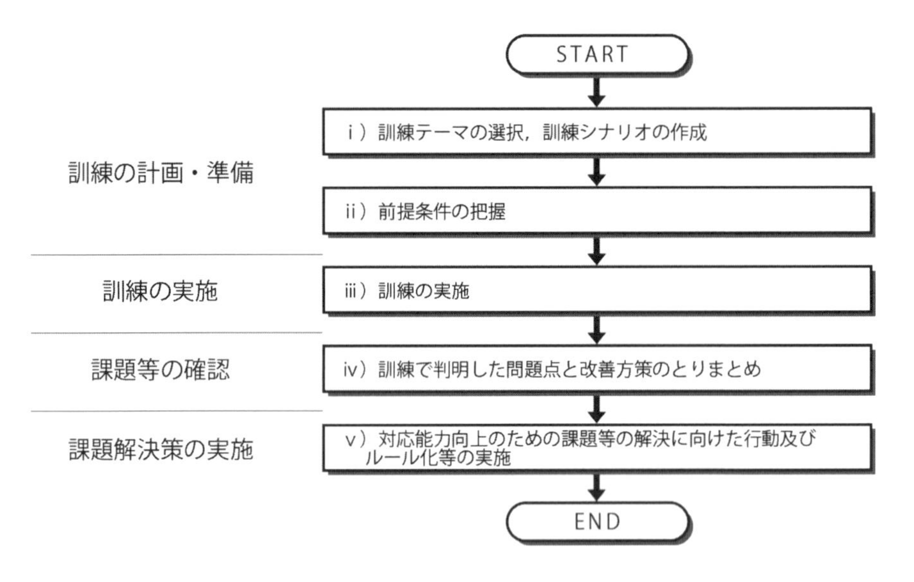

図－2.5.2　実動訓練の訓練フロー

ⅰ）訓練テーマの選定，訓練シナリオの作成

どこに重点をおいた訓練にするか訓練テーマを決め，訓練テーマに沿った訓練シナリオを作成する。

ⅱ）前提条件の把握

訓練にあたって設定する前提条件を把握する。前提条件の中には，実施しようとする対応に対して発生する支障を盛り込み，その支障を解決する方策を考え対応するよう条件を定める。

ⅲ）訓練の実施

設定された前提条件の中，事前に策定したルールに従い災害対応を実施する。

ⅳ）訓練で判明した問題点と改善方策の取りまとめ

事前に策定したルールがうまく機能したか，職員の行動に問題はなかったかなど訓練を通して得られた問題点や課題を取りまとめる。

ⅴ）課題等の解決に向けた行動及びルール化等の実施

訓練を通して得られた問題点や課題は，それらの解決方策を考え，必要に応じてルール化，マニュアルに反映したりする。また，状況に応じて再度訓練を実施し，解決方策の妥当性を確認する。

③訓練の留意事項

・できるだけ多くの職員（多方面の職員）が訓練に参加できるようシナリオ作成に考慮する。
・大規模災害時には技術系職員が不足することが予想されるため，事務系職員に技術系職員の役割を与えるなど工夫して実施することが望ましい。
・実動訓練では，災害対応の流れを把握することを主目的とするが，必要に応じて状況付与をするなど工夫して実施すると効果が増大する。
・可能な限り悪条件を想定した対応を心掛けるとともに，システムや機器を実際に稼働させて利用方法をマスターすることを心掛けて実施する。

2）図上訓練

図上訓練は，一般にDIG（Disaster〈災害〉, Imagination〈想像〉, Game〈ゲーム〉）と呼ばれ，地域で大きな災害が発生した場合を想定し，地図と透明シートを用い様々な情報を地図に書き込みながら，状況判断や対応策を検討する机上訓練である。

以下に，図上訓練の特徴を示す。

・参加者が大きな地図を囲み，議論を交わしながら進行する。

・地図に書き込むことで，管内の災害の弱点が明らかになる。

・管内の防災対策が再確認できる。

・事前の準備及び費用が少なくてすみ，地図と文房具を用意するだけで実施できる。

・本部・支部・支所内の災害対応上の問題点（どの場面で障害があるか，関係機関との調整が済んでいない等）を抽出する上で最適である。

写真－2.5.2　図上訓練

①訓練の参加者

参加者は，進行役，訓練実施者，スタッフ・補助に分かれる。

以下に，それぞれの役割を示す。

・進行役　：全体の企画を行い，訓練の状況付与や議題の提供，調整などを行うとともに訓練の進行をつかさどる。

・訓練実施者　：進行役から付与された状況や議題に沿って，情報を地図に書き込みながら討議を行う。

・スタッフ・補助：進行役の補助として，状況付与の補助や討議内容の記録を行う。

②準備する備品

・災害対応マップ　：危険箇所や重要箇所，管理施設等を１枚の地図に示したマップ（管内図，市販の市内地図，国土地理院発行の地形図等）。

・透明シート　　　：災害対応マップの上にかぶせ，書き込みをするためのもの。

・事務用品・文具類：油性ペン，付箋紙等。

・被害想定データ　：訓練の目的，参加者により，訓練対象の災害，テーマを定めシナリオを作成する。

③会場の設備

・テーブル　　　　：災害対応マップを広げ議論できる大きさのもの。

・ホワイトボード　：各グループで付与された情報等を逐次書き込む。

・プロジェクター　：進行役からの状況説明に活用。

④訓練の流れ（図－2.5.3）

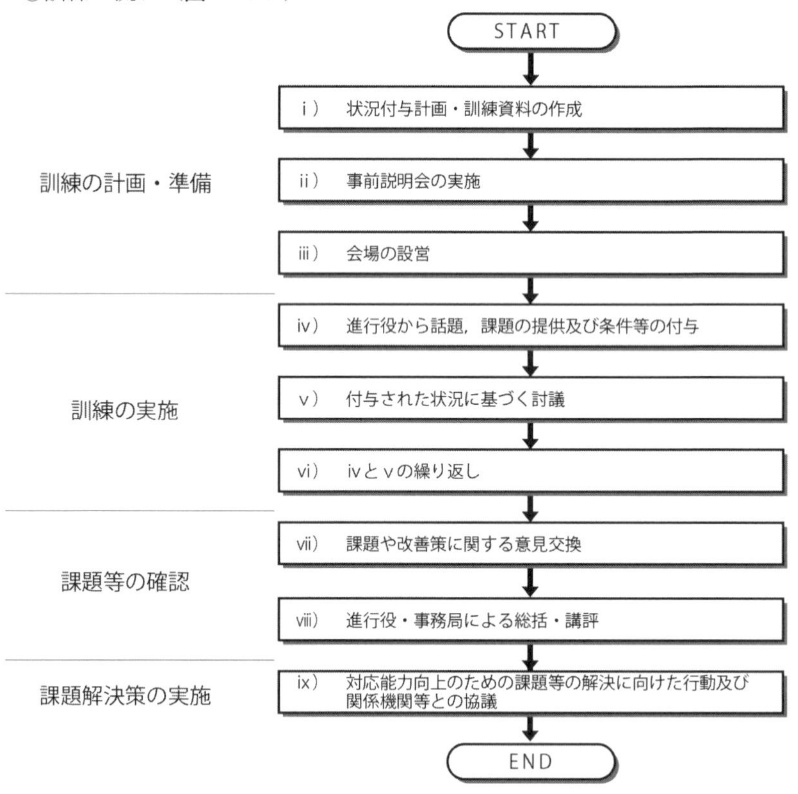

図－2.5.3　図上訓練の訓練フロー

ⅰ）状況付与計画・訓練資料の作成

訓練テーマを決め，訓練テーマに沿った状況付与計画を立案し訓練に必要な資料を作成する。

ⅱ）事前説明会の実施

訓練の進め方，注意事項を訓練実施者に説明する。

ⅲ）会場の設営

訓練を実施するための，会場の準備を行う。

ⅳ）進行役から話題，課題の提供及び条件等の付与

進行役（スタッフを含む）から訓練テーマに沿った状況を順次付与する。

v）付与された状況に基づく討議

付与された状況を逐次地図やホワイトボード等に書き込み，グループ内で情報を共有するとともに意見交換を行い，他の道路管理者や関係機関との連携・災害対応に関してグループ内で行動計画，課題や改善策をまとめる。

vi） iv) とv) の繰り返し

テーマが続く限り iv) とv) を繰り返し実施する。

vii）課題や改善策に関する意見交換

訓練の中で発生した課題や今後の対応は，参加者の中で意見交換を実施する。

viii）進行役・事務局による総括・講評

成果の報告や参加者取り組み等の総括・講評を実施する。

ix）課題等の解決に向けた行動及び関係機関等との協議

対応能力向上のため訓練等で発生した課題は速やかに解決を図るとともに，必要に応じてマニュアルに反映するなどの対応を図る。また，調査して把握しておくべき事項，ルール化すべき事項，関係機関等と協議して決めなければならない事項，関係機関等と共有しておく必要のある事項について対応する。

⑤訓練の留意事項

・進行役，スタッフ以外の訓練実施者には訓練内容は伏せておく。
・図上訓練の効果を最大限にするには，訓練時間を２～３時間程度に設定する。
・全員が積極的に訓練に参加するには１グループ 10 名が最大であり，10 名を超える場合は班分けを実施する（5～8名程度が最適）。
・訓練の流れの中で発生する突発的な状況付与を適切に行うため，進行役は現場に精通した職員が実施する。
・テーマに関する回答が一つとは限らないこともあり，無理にまとめない。

⑥教材を活用した図上訓練

以上の一般的な図上訓練に関してやや異なるが，参考となる方法として，国土技術政策総合研究所が開発した災害対策検討支援ツールキットの活用について紹介する。このツールキットは，地図を活用しながら施設被害，機能障害，社会的影響を訓練参加者が抽出し，その対処の検討を支援するものである（**図－2.5.4**）。手順書や用紙・書式，参考となる事例集など，検討に必要な道具（ツール）が準備されている。想定外の事象や豪雨など地震以外の影響を検討することも念頭に置いたツールとなっており，地震や風水害等の災害を想定し，発生するインフラ被害を地図上に列記した上で，以下の手順で実施して危機管理計画に対し総合的に訓練を行うものもある。

ⅰ）インフラ被害によって発生する社会，経済活動への影響を整理する「災害シナリオの構築」

ⅱ）インフラ被害のリスクを「起こりやすさ」と「人命，経済に与える影響の深刻さ」から評価する「リスク評価」

ⅲ）個々の被害に対する対策を検討する「対策検討」

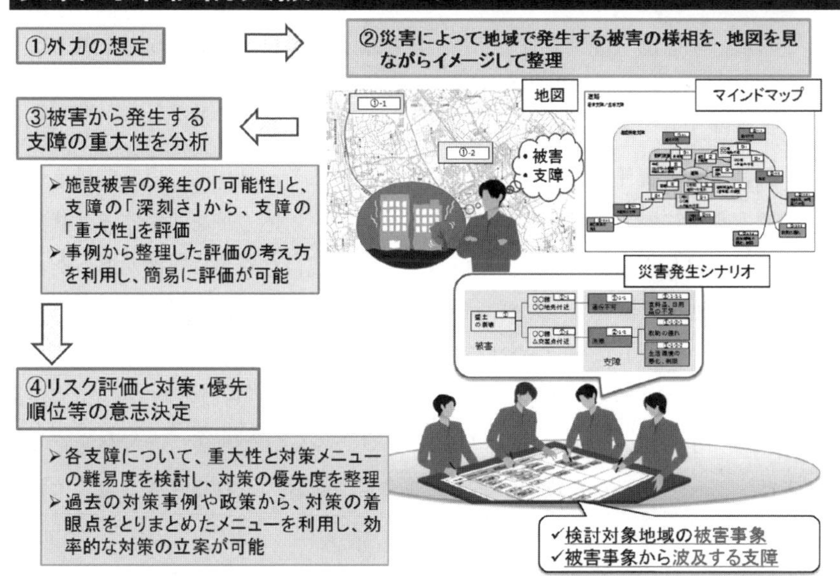

（出典：神田忠司・稲澤太志・松本幸司
「大規模災害時の災害対策検討支援ツールキットの作成」）

図－2.5.4　災害対策検討支援ツールキット

3）ロールプレイング訓練

ロールプレイング訓練は，実際の災害時に近い場面を設定して，災害対策本部を構成するそれぞれの立場（役）で演習者（プレイヤー）が災害時を模擬体験し，様々な方法で付与される災害状況を収集・分析・判断するとともに，対策方針を検討するなどの災害対処活動を図上で行う訓練である。以下に，ロールプレイング訓練の特徴を示す。

・訓練を仕掛ける側の統監部（コントローラー）は訓練のシナリオを知っているが，演習者（プレーヤー）は訓練のシナリオを知らされていない。
・演習者（プレーヤー）は，統監部（コントローラー）が演ずる関係機関等からの情報を収集，整理，分析し，状況判断の上，なすべき行動を決定，指示し，報告を受けるという一連の動きを訓練する。

①訓練の参加者

参加者は，統監部（コントローラー），演習者（プレーヤー）に分かれる。さらに，統監部（コントローラー）は統監責任者と状況付与班に分かれる。以下に，それぞれの役割を示す。

・統監部（コントローラー）〔統監責任者〕

訓練全体の責任者であり，訓練全般を統括する。具体的には，訓練進行上の問題点等に関する報告，相談があった際に，対応方針を決定する，状況が計画通り付与されているかチェックする，状況付与班から質問があった場合に，訓練進捗状況をもとに判断し回答する，などである。

・統監部（コントローラー）〔状況付与班〕

事前に計画された状況付与カードに基づき，「決められた時刻」に，「決められた相手」に，「決められた方法」で，「決められた内容」の付与を行う。また，プレーヤーから質問があった場合は，訓練の流れを考慮した上で適切に回答する。

・演習者（プレーヤー）

状況付与班から付与される災害状況等に基づき，対応を判断・実行する。

②会場の設備，準備する備品（表－2.5.2）

表－2.5.2　ロールプレイング訓練における必要備品一覧

	備品・資料	用　途
統監部 (コントローラー)	全体の状況付与計画一覧表 (A1サイズ)	室内に掲示し，状況付与の実施状況を把握
	電話機	演習者との連絡・やり取り
	担当者別状況付与項目一覧表・状況付与カード	各職員が担当する役割の状況付与を確認
	記録用紙	演習者とのやり取りの記録
	管内図等各図面	状況の把握
演習者 (プレーヤー)	電話機	統監部との連絡・やり取り
	ホワイトボード	収集した情報の共有
	パソコン	収集した情報の記録及び広報資料のの作成
	記録用紙	各自の行動や情報伝達内容の記録
	管内図等各図面	状況の把握，情報の書き込み

③訓練の流れ（図－2.5.5）

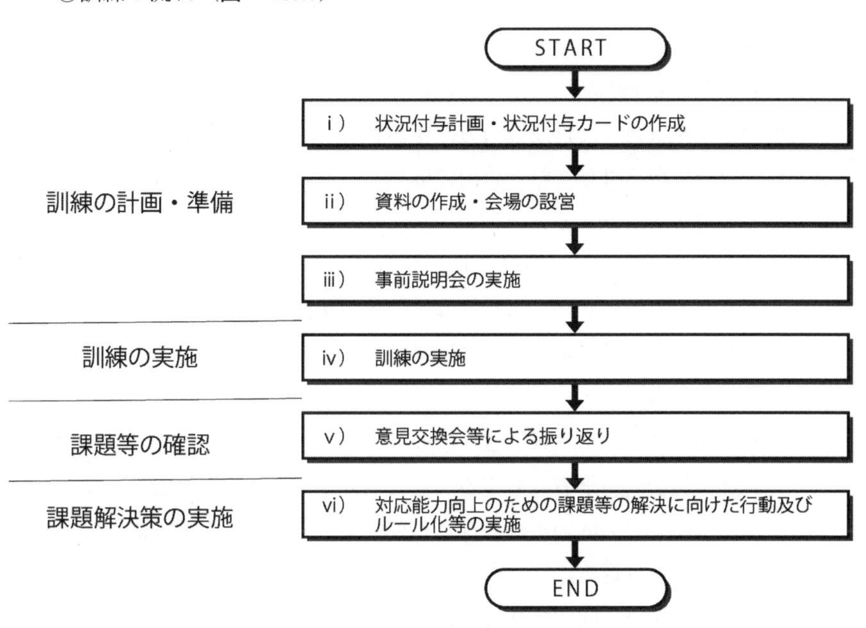

図－2.5.5　ロールプレイング訓練の訓練フロー

ⅰ）状況付与計画・状況付与カードの作成

訓練シナリオに基づき，状況付与の役割毎に状況付与項目を設定した状況付与計画を作成する。さらに，各状況付与項目に対して状況付与カードを作成する。

ⅱ）資料の作成・会場の設営

訓練会場は，統監部（コントローラー）と演習者（プレーヤー）に対してそれぞれ別々に設置する。これは，各部での内容のやりとりが双方に伝わることを防ぐためである。

ⅲ）事前説明会の実施

訓練実施前に事前説明会を実施する。

以下に，説明会での主な議題を示す。

・ロールプレイング形式訓練の概要説明。

・訓練実施上のルール。

・訓練を行う上での前提条件（訓練開始時に把握している障害等）。

ⅳ）訓練の実施

状況付与計画に基づき，統監部（コントローラー）が演習者（プレーヤー）に状況付与を行う。一方，演習者（プレーヤー）は統監部（コントローラー）から付与された状況に応じて情報の整理，関係機関等との調整などの対応を実施する。

状況付与の内容は，訓練の進捗状況に応じて統監責任者が適宜調整する。また，訓練の状況によっては，一部の状況付与担当者に連絡が集中する場合がある。そのような場合は必要に応じて，状況付与班の役割を見直すことが訓練する上で効果的である。

ⅴ）意見交換会等による振り返り

訓練実施後，参加者に対する意見交換会やアンケートなどにより，訓練を運営する上での問題点ならびに本部・支部・支所等の災害対応に対する問題などを振り返る。

ⅵ）課題等の解決に向けた行動及びルール化等の実施

訓練の中で，対応方針等に課題が発生した場合，課題解決のため対応のルール化を定めるほか，関係機関等と協議しなければ決められない事項等は速やかに関係機関等と協議する場を設け，課題内容が風化しないうちに対応を決めマニュアル等に反映する。

④訓練の留意事項

・状況付与班として様々な状況を付与する立場の職員は，現場に精通している人が実施すると流れがスムーズである。

・統監部（コントローラー）と演習者（プレーヤー）に分かれる。統監部（コントローラー）は，可能な限り一人一役を理想とする。やむを得ず人数が不足する場合には，演習者（プレーヤー）からの問い合わせや問い合わせに対する回答，状況付与数を勘案してバランスがとれるよう留意して役割分担を実施する。

・演習者（プレーヤー）は，大規模地震を想定して参集できる人数が限られた状態で実施することで実対応に近い訓練ができることから，最小限の人数で実施することが望ましい。

・訓練を実施する際には，対応途中の事象が完結できるよう最後の状況付与があってから30分程度はその後の対応として時間を設定する必要がある。

・災害対応能力向上を目的とする場合，効果を上げるためにはテーマを絞って，2～3時間で実施することが望ましい。

4）研修・講習会等

訓練により発生した課題を克服する際，異動等により職員の構成に変化が生じた際，新しい機械やシステムを導入した際等には，地震発生後にスムーズな対応が可能となるように，テーマを設けて研修・講習会を実施することも必要である。特に，訓練等により明らかになった支部等内の災害対応上の課題を克服する手法の一つとして，研修・講習会が位置付けられる。

表－2.5.3に，主な研修・講習会の概要を示す。

研修・講習会の実施にあたっては，参加した職員全員が理解，習得し，内容を共有することに留意するとともに，本部・支部・支所内でそれらの内容が共有されるよう留意する。

表－2.5.3　主な研修・講習会の概要

研修・講習会	概　　　要
非常参集	非常参集の基本的な流れや携行品について習得する。
非常電源の使用方法	非常電源の設置場所や操作方法など使用までの一連の流れについて習得する。
各システムの使用方法	災害時に使用する各々のシステムについて，情報の入力方法や閲覧方法について習得する。
情報伝達機器の利用方法	衛星携帯電話等災害時の情報伝達機器について利用方法を習得する。
道路利用者からの問い合わせ対応	他の道路管理者の施設における被災状況の把握方法や被災時の道路利用者からの問い合わせへの対応方法について習得する。
災害対策機器の利用方法	応急復旧に係る災害対策機器について，保管場所や利用方法等を習得する。
災害協定協力会社等との連携	点検調査や応急復旧作業について，災害協定協力会社等への作業の依頼方法等について習得する。
防災エキスパートとの役割分担	防災エキスパートに対する出動依頼，受け入れ体制，役割分担等について習得する。
災害時の記録方法	災害時に必要とする写真等の撮影方法について習得する。
関係機関との連携	関係機関を招いて必要な連携内容についてお互いの同意を図る。

5）その他の訓練

上記以外の訓練としては，実動訓練，図上訓練，ロールプレイング訓練のうち，２つの訓練を組み合わせた複合型の訓練や，以下に示す災害エスノグラフィーと呼ばれる訓練もある。

①災害エスノグラフィー（防災訓練の一種）

災害という異文化を，その場に居合わせなかった人々が共有できる形に翻訳し災害現場に居合わせた人々の視点から災害像を描く

・災害現場に居合わせた人々自身の言葉で教えてもらう。

・災害現場に居合わせた人々の視点から災害像を描く。

・災害現場の人々の体験を体系化し，災害という異文化を明らかにする。

・災害現場にある暗黙知（経験や勘に基づく知識のことで，言葉などで表現することが難しいもの）を明らかにする。

・傍観者の視点を捨てる，無意識のうちに持つ災害に関するステレオタイプを捨て追体験する。

2－6　地域住民等への防災知識の普及

> 大規模地震時の対応は，行政だけでは限界があり，自助・共助・公助が融合し，被害の軽減や早期復旧に取り組んでいく必要がある。

大規模地震による被害を最小限に抑えるためには，平常時より災害に対する備えを心がけ，発災時には自ら身の安全を守るとともに，地域住民及び企業が連携してお互いに助け合う自助・共助の取組を行政による公助と連携して，被害軽減につながる備えを充実強化する必要がある。そのためには，防災関係機関と連携して，地域住民や企業に対し，大規模地震に関する正確な知識，道路交通が麻痺する恐れがあるため発災後の自動車利用の自粛等についての普及啓発を実施して，防災意識の向上を図ることが重要である。具体的には以下に示すような方法が有効であり，この他にも，住民参加型の防災訓練や学校教育における防災教育，防災セミナー等を実施することも考えられる（図－2.6.1）。

なお，防災知識の普及を図る際には，高齢者，障害者，外国人，児童等要配慮者に十分配慮する必要がある。

・マスメディア（テレビ・ラジオ・新聞等），インターネット等の活用。

・防災に関する図書，ビデオ，パンフレット等の作成・発行。

・ポスター，横断幕等の掲示。

・防災の日，防災週間，津波防災の日等の各種行事。

・地震防災ハザードマップ，防災マップ等の配布。

・防災に関する講演会，シンポジウム，キャンペーン運動。

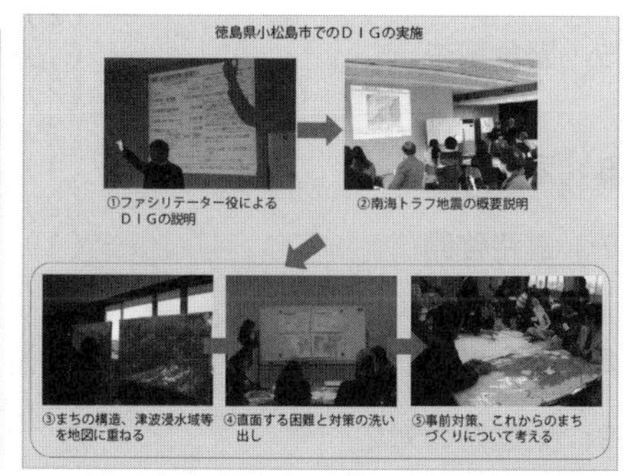

図－2.6.1　災害図上訓練ＤＩＧによる地域防災力の向上（四国地方整備局）

第３章　地震発生後の対応

地震が発生した際に，道路管理者はさまざまな対応を行うことが必要となるが，特に大規模地震発生直後の初動期には多くの対応が集中する。本章では，地震の発生後から応急復旧の着手に至る震後対応の初動期を対象として，道路管理者が執るべき行動の内容等を示すとともに，平常時より準備すべき内容や留意すべき事項を示す。

本章は，第１章 **図－ 1.4.1** の地震発生後の対応であり，構成は，**図－ 3.1** に示すとおりである。

本章では，まず防災体制に関する事項を示した後，地震・津波発生情報の収集，防災体制の発令と参集，人員配置，緊急調査，緊急措置，道路啓開，応急復旧，余震時の対応の順に，行動すべき内容，留意事項を示す。

第３章の構成

３－１	防災体制	―（１）防災体制の構築
		―（２）防災体制の緩和
３－２	地震・津波発生情報の収集	―（１）情報の把握内容
		―（２）情報の収集方法
３－３	防災体制の発令と参集	―（１）防災体制の周知
		―（２）参集
		―（３）通信手段の確保
３－４	人員配置	―（１）防災組織
		―（２）交代制
３－５	緊急調査	―（１）緊急調査の実施
		―（２）リモートセンシングによる調査
		―（３）調査結果の報告
３－６	緊急措置	―（１）通行規制
		―（２）必要に応じた措置
３－７	道路啓開	―（１）道路啓開計画
		―（２）道路啓開活動
		―（３）迂回路の設定
３－８	応急復旧	―（１）応急復旧計画
		―（２）応急復旧の実施
３－９	余震時の対応	

図－ 3.1　第３章の構成

3－1　防災体制

（1）防災体制の構築

> 地震規模に応じて防災責任者は速やかに防災体制を発令し，災害対策本部（支部）を設置する。このためには，防災体制を発令する基準を事前に設定し，震度等に応じて防災体制が速やかに構築されることが重要である。

地震発生後，防災責任者は震度階級，津波警報等の状況に応じて防災体制を発令し，災害対策本部（支部）を設置して初動体制を構築し，職員は速やかに地震・津波発生情報等を収集する。

防災体制を構築するためには，**表－3.1.1**に示すような防災体制の種類に応じた基準を明確にし，危機管理計画に定められた職員が災害対策本部（支部）に速やかに参集できるよう平常時から徹底することが必要である。

表－3.1.1　防災体制の種類，発令基準の例

注意体制	管内で震度4が観測，もしくは津波注意報が発表された場合
警戒体制	管内で震度5弱または5強が観測，もしくは津波警報が発表された場合
非常体制	管内で震度6弱以上が観測，もしくは大津波警報が発表された場合，または重大な被害が発生または発生の恐れがある場合

特に，勤務時間外に地震が発生した場合に，職員が事前に定められた基準に応じて参集を行うことを平常時から徹底することが重要である。平常時から徹底するためには，危機管理計画等に定められた参集方法を携帯できるような名刺サイズのポケットマニュアルを職員に配付することが考えられる。防災体制の発令，参集の考え方や留意点は，「3-3 防災体制の発令と参集」を参照されたい。

地震発生直後は，必ずしも必要な人員が揃うとは限らず，参集できた少数の職員で対応しなければならない事態や，指揮者が不在である場合も考えられる。このような場合の防災体制構築の考え方や留意点は，「3-4 人員配置」を参照されたい。

さらに，時間とともに人員が揃う状況では，その時々の認識を統一していくためにも，災害対策本部（支部）内で定期的にミーティング等を行い，情報の共有を図るよう留意する（**写真－ 3.1.1**）。

写真－ 3.1.1　ミーティングによる情報共有
（上：平成２３年東北地方太平洋沖地震，下：平成２８年熊本地震）

①災害対策本部（支部）設置のための平常時からの留意事項

・支部等における事務機器（パソコン・コピー機など）の準備，水，食糧の備蓄がなされていることが必要。

・停電時の非常用電源設備に関して，どの程度の時間の稼働が可能か把握するとともに，どの電源に接続されているか，パソコン・電話の充電器等に電源が行き渡っているかを日頃から確認する。

（2）防災体制の緩和

防災体制の緩和を踏まえた体制の種類を設定しておくことも有効である。

防災体制の緩和に関して，その都度，種々の状況を見ながら判断することになる。応急復旧が行き渡った段階で非常体制→警戒体制へ緩和，被災状況や余震の発生の程度を見ながら警戒体制→注意体制へ緩和する等，各組織である程度目安となる基準を決めておくと判断しやすいものとなる。また，そのような基準は，対応している職員が，今の体制がどのくらい継続するかを理解することにも役立つ。調査の結果，被害がほとんど発見されなかった場合や，混乱が収束して平常時の体制で対応可能となった場合などに，防災体制を解除することになるが，その際の基準を明確にしておくことも必要である。

なお，大規模地震による影響は広範囲に及ぶ可能性が高いため，防災体制の発令や緩和，解除の考え方は国，地方公共団体や関係機関等との間で適切な整合を図ることが考えられる。

多くの避難者が避難所にいる場合や，余震が発生している場合には防災体制緩和の判断が困難であり，体制と対応が合わないこともあるので，防災体制の中を細分化するなど，体制と対応が合うようにしておくことも考えられる。例えば，非常体制に対して，「非常体制（対外支援）」などと防災体制を細分化することも一つの案である。その際に，「非常体制（対外支援）」の場合は，「必要な業務を実施する要員のみで防災体制を構築し，他の職員は通常業務に移行する」など内容を明確にし，それを職員や関係機関等に周知しておくことが重要である。

３－２　地震・津波発生情報の収集

地震が発生した際には，速やかに地震・津波発生情報を収集し，震後対応ができる状況の構築に努める。特に，防災担当職員は，携帯メール等により自動的に地震・津波発生情報の収集ができるようにしておくことが有効である。

地震が発生した際には，迅速な災害対応ができるように，震度分布，津波情報等を速やかに収集し，震後対応ができる状況の構築に努める。特に，勤務時間外に地震が発生した場合には，まずはテレビ・ラジオ・インターネット等を用いて速やかに地震・津波発生情報を収集するよう職員に周知徹底しておく。

職員は，地震発生時に津波の襲来が予測される等により避難勧告，避難指示が発令された場合の行動に関して，気象庁が発表する情報を認識し，地域のハザードマップから検討しておくことが必要である。

（１）情報の把握内容

災害対策本部（支部）では，地震の「規模」「震源地」「地震の形態（直下型地震か海溝型地震か）」「震度分布」及び「大津波警報・津波警報・津波注意報」等の各情報を把握し，被災エリアがどのような地域（大都市域／都市域／平地部／中山間地／山地部／沿岸部等）であるかを確認する。

なお，把握した情報は，地震の形態，地域等に応じてどのような被害が発生するかを想定し，地震発生後の緊急調査を効果的に進めることに役立てるのが良い。例えば「マグニチュード７級以上の直下型地震で，震源の深さが10km より浅い場合には，地表地震断層が生じて道路に段差等が発生する可能性がある。」などといった想定を，事前の訓練等によってできるようにしておくことが望ましい。

（２）情報の収集方法

まずは，テレビ・ラジオ・インターネット等を用いて，速やかに地震・津波発生情報を収集する。勤務時間外に地震が発生した場合，停電により情報収集ができなくなることに配慮し，携帯用ラジオ，携帯電話のテレビ機能，カーラジオ，カーテレビなど情報の収集方法を想定しておく。

地震・津波発生情報を収集する際，災害対策本部（支部）に携わる者は，遠隔の支部（支所）で地震が発生した場合，災害対策本部（支部）地域では地震の揺れを感じない場合があるため，各部署及び部内の防災担当職員間で情報の補完を行える防災体制を構築する。このため，防災担当職員は，携帯メールにより自動的に地震・津波発生情報の収集ができるようにしておく。

気象庁では，携帯電話事業者と連携して災害・避難情報等を特定のエリア内の対応端末（スマートフォン・携帯電話）に一斉にメール配信する「緊急速報メール」のサービスを提供しており，情報収集手法として有効である（**図－ 3.2.1**）。ただし，このような地震・津波発生情報配信サービスも，地震規模により情報配信に障害が発生し情報受信までにタイムラグが生じる場合があるため，可能な限り多くの情報源を確保しておくことが望ましい。

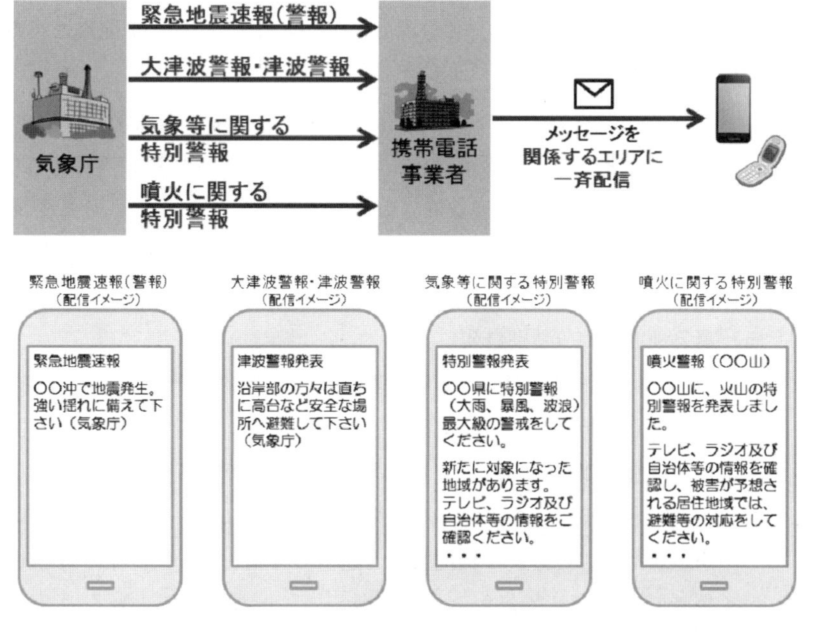

（出典：気象庁「緊急速報メールの配信について」）

図－ 3.2.1　緊急速報メール配信の流れ（上）と配信イメージ（下）

気象庁の発表する地震の震度情報は，全国約4,400箇所に配置されている震度計で観測された情報であるが，震度計が震源地に近い場合，停電等により震度情報が入手できない地点があることも考えられる。このような場合でも，周辺の震度分布から震度を推定し，必要に応じて速やかな対応を心掛け，情報の収集に時間を浪費することなく，異常事態である可能性を考慮して行動する必要がある。

1）気象庁が発表している情報

①緊急地震速報（**図－3.2.2**）

ⅰ）緊急地震速報（予報）

いずれかの地震観測点において，P波またはS波の振幅が１００ガル（１m/s^2）以上となった場合または地震計で観測された地震波を解析した結果，震源・マグニチュード・各地の予測震度が求まり，そのマグニチュードが3.5以上，または最大予測震度が３以上である場合に発表される速報。地震の発生時刻，発生場所（震源）の推定値等の情報が，地震を検知してから数秒～１分程度の間に数回（5～10回）発表される。

ⅱ）緊急地震速報（警報）

地震波が２点以上の地震観測点で観測され，最大震度が５弱以上と予想された場合に発表する速報。地震が発生した場所や，震度４以上の揺れが予想された地域名称などを発表する。また，緊急地震速報を発表した後の解析により，震度３以下と予想されていた地域が震度５弱以上と予想された場合に，続報を発表する。

ⅲ）緊急地震速報（特別警報）

緊急地震速報（警報）のうち，震度６弱以上が予想される場合を特別警報（地震動特別警報）に位置付ける。ただし，特別警報の対象となる最大震度６弱以上をもたらすような巨大な地震では，震度６弱以上の揺れが予想される地域を予測する技術が，現状では即時性・正確性に改善の余地があること，及び特別警報と通常の警報を一般の皆様に対してごく短時間に区別して伝えることが難しいことなどから，緊急地震速報（警報）においては，特別警報を通常の警報と区別せず発表する。

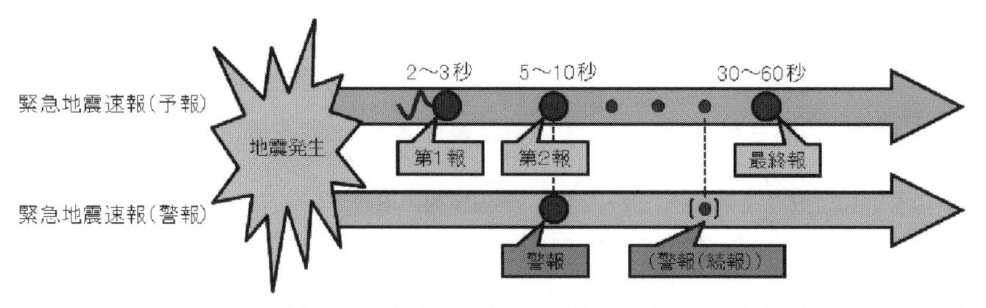

（出典：気象庁「緊急地震速報（警報）及び（予報）について」）

図－ 3.2.2　緊急地震速報発表のタイミング

②津波警報・注意報

地震発生後，津波による災害の発生が予想される場合に，沿岸で予想される津波高さを求め，地震が発生してから約３分（日本近海で発生し，緊急地震速報の技術によって精度のよい震源位置やマグニチュードが迅速に求められる一部の地震については最速２分以内）を目標に，大津波警報，津波警報または津波注意報を津波予報区単位で発表している。**表－ 3.2.1** に津波警報・注意報の種類と津波の予測高さを示す。

表－ 3.2.1　津波警報・注意報の種類

種　類	発表基準	発表される津波の高さ	
		数値での発表 （津波の高さ予想の区分）	巨大地震の場合の発表
大津波警報	予想される津波の高さが高いところで 3m を超える場合。	10m 超 （10m＜予想高さ）	巨大
		10m （5m＜予想高さ≦ 10m）	
		5m 超 （3m＜予想高さ≦ 5m）	
津波警報	予想される津波の高さが高いところで 1m を越え、3m 以下の場合。	3m 超 （1m＜予想高さ≦ 3m）	高い
津波注意報	予想される津波の高さが高いところで 0.2m 以上、1m 以下の場合であって、津波による災害の恐れがある場合。	1m 超 （0.2m＜予想高さ≦ 1m）	（表記しない）

③津波情報

津波警報・注意報を発表した場合，津波の到達予想時間や予想される津波の高さなどを発表している。**表－ 3.2.2** に津波情報の種類を示す。

表－ 3.2.2　津波情報の種類

種　類	内　容
津波到達予想時刻・予想される津波の高さに関する情報	各津波予報区の津波の到達時刻※や予想される津波の高さ（発表内容は津波警報・注意報で種類の表に記載）を発表 ※この情報で発表される到達予想時刻は、各津波予報区で最も早く津波が到達する時刻。場所によっては、この時刻よりも 1 時間以上遅れて津波が襲ってくることもあります。
各地の満潮時刻・津波到達予想時刻に関する情報	主な地点の満潮時刻・津波の到達予想時刻を発表します。
津波観測に関する情報	沿岸で観測した津波の時刻や高さを発表します。
沖合の津波観測に関する情報	沖合で観測した津波の時刻や高さ、及び沖合の観測値から推定される沿岸での津波の到達時刻や高さを津波予報区単位で発表します。

④津波予報

地震発生後，津波による災害が起こる恐れがない場合には，津波予報を発表している。**表－ 3.2.3** に津波予報の種類を示す。

表－ 3.2.3　津波予報の種類

発表される場合	内　容
津波が予想されないとき	津波の心配なしの旨を地震情報に含めて発表
0.2m 未満の海面変動が予想されたとき	高いところでも 0.2m 未満の海面変動のため被害の心配はなく、特段の防災対応の必要がない旨を発表
津波注意報解除後も海面変動が継続するとき	津波に伴う海面変動が観測されており、今後も継続する可能性が高いため、海に入っての作業や釣り、海水浴などに際しては十分な留意が必要である旨を発表

⑤遠地地震に関する情報

国外でマグニチュード 7.0 以上の大地震が発生した場合，日本への津波の影響に関する情報を含む「遠地地震の地震情報」を地震発生から概ね 30 分以内を目途として発表している。

3－3　防災体制の発令と参集

（1）防災体制の周知

> 防災責任者は震度階級あるいは津波警報等の状況に応じて防災体制の発令を行うとともに，勤務時間外の発令となることも考慮した上で速やかに防災体制を職員に周知する手段を構築しておく。

防災責任者は震度階級あるいは津波情報の状況に応じて防災体制を発令し，災害対策本部（支部）を設置して初動体制を構築する。

防災体制が発令された場合には，速やかにこの状況を職員に周知する。周知方法としては，勤務時間内であれば庁内放送を活用して職員に周知するのが望ましい。勤務時間外の場合は，携帯電話を所持している職員に一斉メールを送るなどして周知する。また，関係機関等へは電話連絡を基本とし，回線の輻輳等により繋がらない場合はホットライン，災害時優先電話等を用い連絡する。

防災体制の発令を迅速に行い職員が速やかに防災体制に入り活動するためには，事前に防災体制の基準を明確にし，組織全体に周知しておく必要がある。

（2）参　集

> 勤務時間外に地震が発生した際には，職員は危機管理計画で定められている基準に応じて参集する。参集では，連絡手段，携行品，交通手段に注意し，被災情報を収集することを参集者が認識していることが必要である。また，安否確認は災害対応を行う上で重要な作業である。

夜間や休日等に地震が発生した場合には，事前に参集対象となっている職員が参集することになるが，地震の規模が大きくなる程，通信回線障害等により連絡がとれないことが予想されるため，自主的に参集基準に従い参集できるようにしておく必要がある。**図－3.3.1** に，職員参集判断の概略的な流れの例を示す。

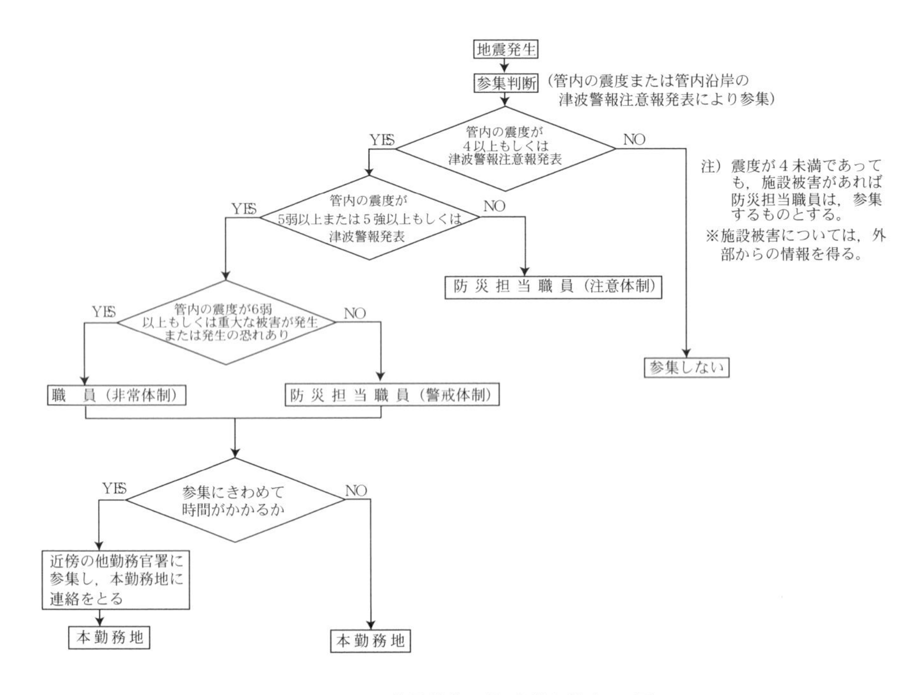

図－3.3.1　職員参集の概略的な流れの例

地震時の防災体制に関しては，職員の召集・参集方法や，調査や緊急措置に関する各種の事項が規定されている必要がある。ここでは，防災体制確立のために特に重要となる職員の召集・参集に関して，事前の計画で留意すべき事項を示す。

①召集手段

地震発生後の職員の召集に関しては，通信回線障害の恐れがあることに留意し，通信手段を複数用意しておく必要がある。なお，当該地震・津波が参集基準に該当するかどうかを個人で判断し参集する体制が整っていれば，参集していない職員のみに召集の連絡をすればよいため，対応の効率化に結びつく。また，単身赴任や旅行等で地震発生地点から遠方にいる場合や外出している場合など，地震発生そのものを知らない場合や地震の揺れに気付かない場合，あるいは気付いてもテレビ等からの情報を得ることができない職員に対しても，地震による防災体制が発令されたことが分かるような仕組みづくりをしておく必要がある。その一例として，震度階級により自動的に携帯メールで知らせるシステムを構築しているところもある。

②参集職員の体制

参集する職員は，災害状況から適切な携行品等の準備及び参集経路・手段の選択を行った上で，本勤務地に参集するのが原則となるが，本勤務地への参集にきわめて時間がかかる場合，最寄りの災害対策支部（支所）等に参集することも考えられる。この場合，本勤務地に自分の状況を報告し指示を受けることになるが，基本的にはその後本勤務地に向かうことが最適と考えられる。

しかしながら，最寄りの支部（支所）等に以前在籍していた等で管理エリアの状況に詳しく，初動時の対応で活動した例もあることから，状況に応じて判断できる体制を整備しておくことが重要である。最寄りの支部（支所）等に参集する職員が事前に決められている場合は，参集した際の役割を与えておくなどし，訓練等にも参加するような対応としておく。ただし，本勤務地でも職員が不足することが考えられるため，その場合，双方で調整を図っておくことが重要である。

また，支所等の人員不足が懸念される場合は，参集計画で事前に支所等に参集する支部等職員を決めておくなど，現場の実状あるいは災害対応を考慮した参集体制を構築しておく必要がある。

大規模地震の場合には，参集職員がきわめて少ない事態が想定されるため，勤務地に近い職員で初期の参集者及び役割を事前に決めておき，当初計画していた災害対策本部（支部）体制がある程度整うまで，初期の参集者で初動体制を継続する必要がある。このため，大規模地震発生時に当該支部（支所）にどのくらいの職員が参集するのかを事前に予測し把握しておくと，初動時の役割分担等の目安となり，人員が不足する部局へのバックアップ体制を構築でき，効果的な初動体制を整えることができる。

③夜間・休日の体制

夜間や休日に災害が発生した場合も，上記と同様に職員の参集が問題としてあげられる。これに対して，夜間・休日用の非常参集体制・災害対応業務分担を，最寄りの支部（支所）周辺に居住する職員のみを対象として，勤務時間中の体制とは別に構築している例も見られる。本勤務地以外の者が，最初の参集者になることも想定されるため，庁舎の出入口に電子キーを設置している所では，夜間・休日に地震が発生した場合の入室方法を周知しておく必要や，庁舎点検に関して事前に訓練することも必要である。

④参集時の移動手段

職員の参集に関しては，参集の際の移動手段に留意する必要がある。交通機関の障害や地震発生後の交通状況の悪化等によって参集が不可能となることや，参集に要する時間が増加することが考えられる。

参集途上では周辺の被災状況等を確認し，必要に応じて写真を撮るなどした上で，参集後に報告することが必要となるため，参集は，原則として徒歩もしくは二輪車（自転車，バイク）を使用する。

交通状況を確認して鉄道など公共交通機関が動いていれば利用することも可能である。

大都市において，通勤時間帯に大規模地震が発生した場合は，公共交通機関は運休・遅延等の運行障害の状況に陥る。地震の被害規模が大きい程，運休・遅延等の時間は長引くため，参集のための交通機関を事前に想定しておく必要がある。

自家用車は，交通渋滞や通行規制等を考慮して利用する。交通の不便な箇所，遠方からの参集などの場合は，状況に応じて自家用車あるいはタクシーを使用することはやむを得ない。自家用車を使用する場合，徒歩に切り替える状況となることも考えられるため，駐車可能な場所を事前に把握しておくことが重要である。

⑤庁舎等の被災状況把握

参集時には，庁舎点検班による庁舎点検が終了するまで庁舎内には入らないようにし，勤務時間中の場合は，一旦庁舎外の安全な場所に出て安全が確認されてから庁舎内に入るようにする。**図－3.3.2** に庁舎等設備状況把握の概略的な流れを，**写真－3.3.1** に支部（支所）の被災状況を示す。被災により庁舎への立ち入りが不可能な場合，本来の施設とほぼ同等の機能を有している代替施設を使用することになる。そのため，災害対策本部が入る庁舎が耐震補強されていない場合は，立ち入りが不可能な場合に使用すると想定される代替施設を耐震補強しておく必要がある。代替施設を使用する場合は，関係機関等へ周知することが重要である。

津波の襲来が予測される等により当該市町村の避難勧告，避難指示が発令された場合，庁舎内で災害対応を継続することが不可能となることも考えられる。一時避難や代替施設使用など，対処方法を事前に決めておくことが必要である。

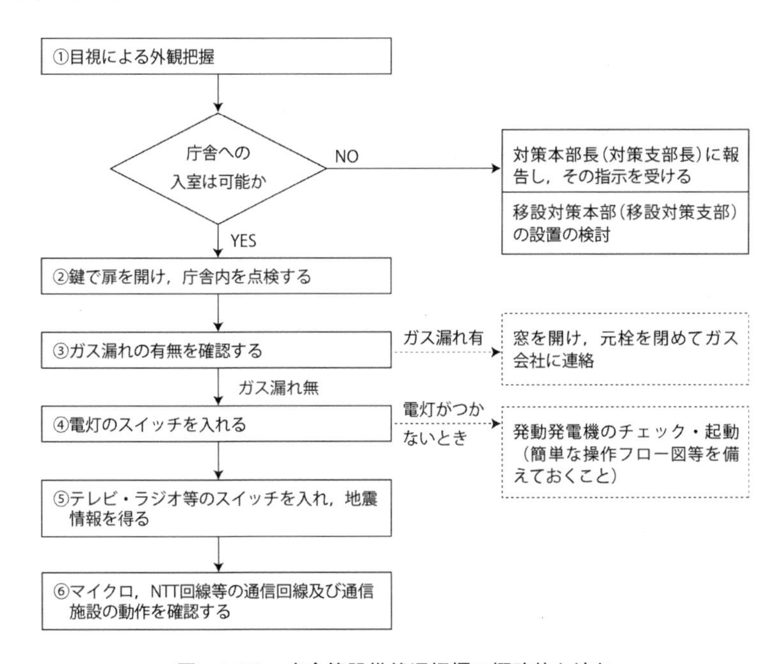

図－3.3.2　庁舎等設備状況把握の概略的な流れ

写真ー 3.3.1　執務室，庁舎の被害状況

⑥携行品

参集時には動きやすく素肌を防護できる服装で，**表－ 3.3.1** に示すような携行品を準備する。その後の自身の対応（現場での対応など）を考慮し，必要となる携行品のうち自身で準備できるものは極力準備をする。また，防災体制の長期化が見込まれる場合には，必要に応じて着替え類及び洗面道具等を準備する。

なお，準備する携行品には地域性や参集する交通手段により違いもあるので，それらにも十分に配慮する。

表－3.3.1　携行品の一例（参集時）

分　　類	携　　行　　品
携帯品等	身分証明書（現場対応には必須），時計，筆記用具, 震後行動実戦マニュアル（各部署毎に作成したポケット版）， リュックサック，現金（10円硬貨），水筒
衣料品等	手袋，帽子，手ぬぐい，ちり紙，雨具
電化製品等	携帯電話，携帯ラジオ（携帯テレビ）， デジタルカメラ（参集時の状況を撮影）， 懐中電灯，電池、携帯電話用のバッテリー
工具・修理用品等	ハサミ，カッター，ペンチ，金づち（木づち）， 瞬間パンク修理剤（自転車等利用の場合）
宿泊用品等	着替え（体制の長期化が見込まれる場合）， 洗面用具（体制の長期化が見込まれる場合）， 寝袋，毛布
食品・薬品等	非常食，水，常備薬（けが等の治療薬を含む）

⑦周辺の被災情報収集（30分ルール）

大規模地震が発生した場合には，初動期に被害程度の大要を把握することで，以降の災害対策業務をより効果的に行うことが可能となるため，収集した情報は速やかに防災責任者に報告する事が重要である。

各職員は，参集の際には参集経路上の状況を分かる範囲で情報収集し，参集後取りまとめて防災責任者に報告する。情報収集項目としては，周辺の被災状況，交通の流れ，停電の有無，家屋の被害状況等に関して，目で見てわかる範囲で収集する。災害により混乱している条件下で，気持ちも高ぶっているため，見た内容を間違えたり忘れたりしないよう，必要に応じてメモをとったり写真を撮ったりする。

なお，被害状況収集は，上記にも記載されているように，参集経路上の被害状況から全体の被害状況をおおまかに推測することが目的であるため，管理道路ではないから情報収集を行わないということがないよう留意する。

国土交通省では，発災から30分以内（30分ルール）に地震被害の全体像が概ね推定できる程度の初期被害情報（停電・渋滞・倒壊・火災などの家屋の被害等）を把握することとしており，参集途上の情報収集も有効となることを認識する。

⑧安否確認

安否確認は，勤務時間外では職員の参集の可否を確認するとともに，職員の家族の状況を把握するために重要であり，勤務時間内においては職員の家族の安全を確認することで，災害対応に携わる職員の士気及び職務に集中できるという点で重要である。

勤務時間外の職員及び家族の安否確認は，職員から所属長へ連絡することを基本とする。所属長は所属する課内等の職員の安否状況を，安否確認担当者に速やかに伝えることを心掛ける。その上で，安否確認の取れない職員に対して，安否確認担当者は使用可能な通信機器を使用し，安否の確認を行う。また，安否確認が取れない職員に対しては，担当者が住居に出向いて安否を確認することも考えられる。なお，災害時優先電話は情報収集等災害対応に特化すべきであり，安否確認により災害時優先電話が使用できないことのないよう留意する。

一方，勤務時間内に地震が発生した場合の家族の安否確認は，安否確認担当者が実施する。

安否確認をスムーズに行うためには，例えば，電話での連絡が不可能な時の代替手段を危機管理計画に優先順位をつけて記載しておく，あるいは災害伝言ダイヤルを活用する（被災職員は自身，家族の状況と今後の参集の可否を録音し，安否確認担当者は順次，伝言ダイヤルを再生し安否の確認を行っていく）など対応を工夫し実施方針を明確にしておくことが重要である。

なお，近年では多くの機関で安否確認システムを活用した安否情報の一括管理が行われている。**図－3.3.3** に，安否確認システムの入力画面の例を示す。このようなシステムが広く普及されつつあるが，不具合によりシステムが使用できないことを想定した上で，基本的な安否確認方法を事前に訓練しておくことも重要である。

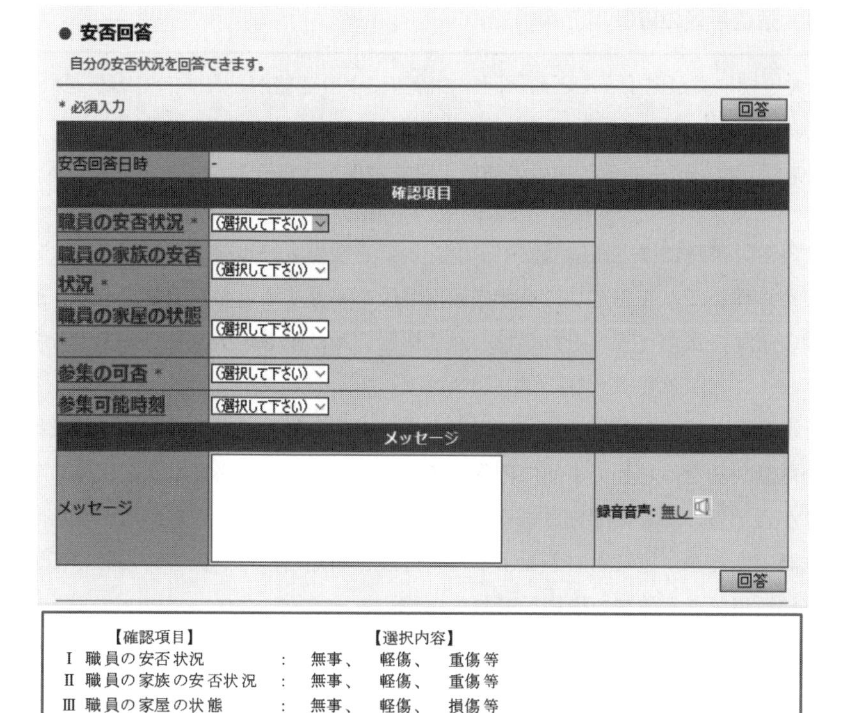

【確認項目】		【選択内容】
Ⅰ 職員の安否状況	:	無事、 軽傷、 重傷等
Ⅱ 職員の家族の安否状況	:	無事、 軽傷、 重傷等
Ⅲ 職員の家屋の状態	:	無事、 軽傷、 損傷等
Ⅳ 参集の可否	:	可、 否
Ⅴ 参集可能時刻	:	参集完了、1 時間以内、3 時間以内、3 時間超、参集不可

図ー 3.3.3　安否確認システムの入力画面（例）

（3）通信手段の確保

大規模地震が発生すると通信回線の障害により連絡がとれず，対応が遅れるといったケースが見られることから，通信機器の特徴を考慮しながら無線，公衆電話，携帯メール等，複数の通信手段を確保し，優先順位を決めておく。

大規模災害時には，通信基盤がダウンして通常のメールなどが利用できないことがあり得ることを想定し，複数の通信手段を確保することが重要である。通信手段の確保にあたって，それぞれの通信機器のメリット・デメリットを十分把握しておくことが重要である。（表－3.3.2）。

災害対策本部（支部）では，利用できる災害時優先電話台数の限度まで災害時優先電話契約を締結して事前に確保しておく。その際に，必要な状況に応じて回線数が各部署に均等に配分されるよう考慮する。さらに，どの電話機が災害時優先電話であるかが誰でもわかるような対応及び周知を図り，災害時において緊急連絡に活用できる体制を構築しておく。

また，現地にいる職員は，災害対策本部・支部等からの情報が一番入りにくい状況下にあるため，携帯電話など複数の通信手段を確保しておく必要がある。その際に，車両から携帯電話等の充電ができる装置を配備しておくと有効である。

複数の通信手段を確保するとともに，例として「緊急的な現地からの報告は携帯電話を基本とするが，つながらない場合は携帯メールで報告する」など，状況に応じた通信手段の順位を決定しておくと有効である。

なお，通信相手が比較的近くにいる場合は，最後の手段として連絡担当者が徒歩もしくは自転車等で連絡及び情報収集，提供を行うことも考慮しておく必要がある。

表ー 3.3.2　通信手段の種類及び特徴

通信機器	特徴	写真
固定電話	・最も一般的な通信手段である。しかし，初動時には輻輳等によりつながりにくい ・電気式電話機の場合，停電になると使用できなくなるので，非常回線に接続するなど対応が必要である ・災害時優先電話の登録をすると，発信時につながりやすくなる ・電話は被災地から発信する方が輻輳しにくい	
公衆電話	・公衆電話は災害時には電話の中ではつながりやすいといわれているが，年々設置台数が減少しており，どこに設置されているかあらかじめマップ等に記載しておくと便利である ・庁舎等に設置されている場合は，NTTと緊急時に無料で使用できる契約を結ぶことも有効である ・停電時にはカード等が使用できなくなるため，10円玉を用意しておくことも必要である	
FAX	・送信時間の確認が可能，文字情報としては信頼性が高い ・回線の混雑により送信に時間を要することがある ・白黒により更新状況が把握しづらい（更新内容に下線を引くなど工夫が必要），写真は判別しにくい ・最低限，送信用と受信用に分ける必要がある（送信用に災害時優先電話を設定することも有効）	
携帯電話 携帯メール	・ほとんどの職員が所持していると思われ，固定電話同様，最も汎用性が高い ・固定電話同様，初動時には輻輳等によりつながりにくい ・山間部など不感地帯があり，あらかじめマップ等で確認しておくことが必要である（充電が切れると使用できなくなるため，手動の充電装置を準備しておくと便利，また，可能な限り災害時優先電話の契約を結んでおくことが重要である） ・現場からの画像送信にも効果的である ・携帯電話での通話と比較すると携帯メールは比較的通じる（一斉メール等は有効）	
無線	・現地との連絡手段として有効であり，同時に複数の職員が聞くことができる ・無線においても通信ができない地帯があり，携帯電話同様あらかじめマップ等に記載して確認しておく必要がある	

都道府県防災行政無線	・都道府県と市町村，防災関係機関等との間を結ぶ通信網で，防災情報の収集・伝達を行うネットワークである	—
災害時優先電話	・固定電話，携帯電話等で発生する輻輳の影響を受けない。 ・あくまで電話を「優先」扱いするものであって，必ずつながることを保証するものではない。 ・優先電話からの「発信」は優先扱いされるが，技術的な点から優先電話への「着信」については通常電話と同じ扱いとなる	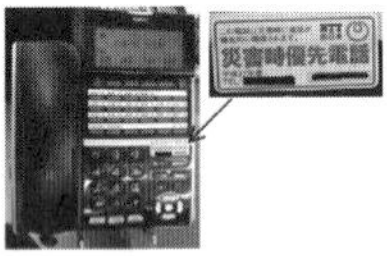
衛星携帯電話	・重量があり持ち運びに不向きなものもある ・バッテリーの持続性に問題がある ・携帯電話の不感地帯での使用が可能	
IP電話	・固定電話，携帯電話等と比較して，輻輳等による影響が少ない ・固定電話形式のIP電話は大前提としてインターネットがつながる必要があることから，停電している状況では使用できない。	—
マイクロ	・国土交通省内での連絡には非常に有効である ・国土交通省以外では，県等一部機関に設置されているが，国土交通省以外との通話は不可能である	
K-LAMBDA（K-λ）（デジタル陸上移動通信システム）	・国土交通省の自営移動通信システム ・災害時の最後の通信手段として利用するため機能は最小限 ・小型軽量のハンディ型，車載型の無線装置から，専用波が届くエリアの事務所，出張所，無線装置間で通話が可能	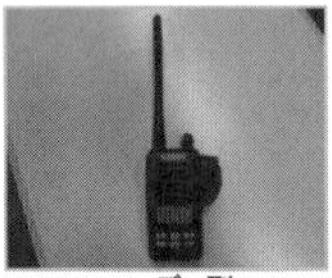 ハンディ型 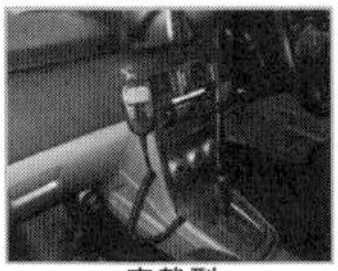 車載型

3－4　人員配置

（1）防災組織

> 各職員は，防災体制に入った場合，危機管理計画に記載された役割に従って行動する。勤務時間外に地震が発生するなどで職員が不足する場合には，その時点で優先的に行動させたい部署や優先度・緊急度の高い対応から順に，参集した職員を配置するなど工夫が必要である。

初動体制がスムーズに稼働するためには，初動時に最低限必要な役割を明確にするとともに，個人個人に複数の役割が与えられることに留意する必要がある。

防災組織の例を**表－ 3.4.1 ～ 3.4.2** に示す。各職員は，大規模地震発生等により防災体制に入った場合，危機管理計画に記載された役割に従って行動する。ただし，大規模地震が勤務時間外に発生するなどで職員が不足する場合には，参集した職員から順に，優先順位の高い対応から配置する。

対応の優先順位は業務継続計画（BCP）で定めておくことが重要である。各班の初動時行動チェックリストを事前に作成しておき，業務実施の手順を明確にしておくことが有効である。

1）組織体制

初動時には，適切に指揮を行うべき幹部要員が不在となる可能性が高いため，事前に幹部代行順位を複数決定しておき，指揮者不在の状態が発生しないよう留意する。

発災直後からの記録は，的確な指揮や対外的な情報発信のため，災害対応の反省・教訓を引き出すために重要であり，専任の記録班をおくことも有効である。

災害の様相はその都度違うので，危機管理計画に定めた体制が必ずしも計画通りに機能するとは限らない。東日本大震災では，マスメディアを通じての情報発信が重要かつ長期的になることが予想されたため，初動時に情報連絡班を補強した。このように，災害の状況と班編制を見比べて強化すべき部署には，計画の定めにかかわらず臨機応変に体制を指示することが重要である。

防災組織は，国の場合の防災体制を**表－ 3.4.1** に，県の災害対策本部の防災体制を**表－ 3.4.2** に示すとおり，機関によって防災体制の構成が異なる。第４章に示す連携体制の構築を行う上でも，関係機関等の組織体制を把握しておくことが必要である。

①参集職員が少ない場合の防災組織

参集した職員数が少なく，事前に計画された防災組織を編成すると，防災組織全体が十分に機能しない等の場合は，その時点で優先的に行動させたい部署及び優先度・緊急度の高い業務内容に，参集した職員を配置し，参集職員数の増加を待って事前に計画された防災組織に移行する等の調整を行う。優先順位の高い対応としては**表－ 3.4.3** に示すものがあげられる。

また，大規模地震や勤務時間外での地震発生により参集職員が少なくなってしまう問題に対して，「3-3 防災体制の発令と参集（2）参集」を参照した上で初動時の職員の参集に向けた対策を検討しておく必要がある。

表－3.4.1　国の防災対策本部の体制（例）

班名称	主な所掌内容
①指令・支部 【支部長付・各班との連絡調整に関する班】	○各班の情報統括 ○所内広報の実施 ○支部の各種指令（支部長指令等）の発令 ○支部と本局，関係機関との連絡・調整 ○各班との業務の調整・連絡 ○他事務所，関係機関への応援・協力の要請 ○広報，問い合わせ・通報への対応 ○防災エキスパートの出動依頼等
②総務班 【職員の安否確認・庁舎の点検，物資の手配等に関する班】	○食料，仮眠・休憩設備に関すること ○職員及びその家族の安否確認 ○庁舎，宿舎の点検 ○救急医療乗務に関すること ○職員の人事（参集）に関すること ○物資，資機材の調達，郵送，配給 ○経理事務
③情報連絡班 【情報収集・情報提供に関する班】	○本部関係課等との連絡調整 ○道路の被害状況の把握 ○関係機関の被害状況の把握 ○収集した情報の記録・整理 ○情報提供に関すること ○交通規制，迂回路に関すること ○占用関係の状況把握，連絡調整
④対策班 【通行規制等緊急措置の実施・応急復旧対策に関する班】	○点検，パトロールによる被害箇所の状況把握，調査及び災害報告書の作成 ○災害対策，復旧用資材，対策工法の立案 ○被害概算の算出 ○応急復旧に関する調整，工事に関すること ○交通障害の排除に関すること ○応急復旧に係る協定業者の人員，資材の確保等 ○災害対策車，建設機械等の調達，配置 ○発災後の電気，通信の確保，電送機器の保守管理 ○用地確保に関すること
⑤出張所 【管理区間の点検・応急復旧に関する班】	○庶務，厚生，経理 ○点検巡視，被災状況の把握 ○指令の受理，情報の報告等 ○災害対策，応急復旧の施工計画の立案 ○現場の通行規制，迂回路に伴う関係機関との連絡調整 ○工事現場の状況把握 ○災害箇所の応急復旧に関する調査，対策措置の報告
⑥応援班 【他班への応援等に関する班】（当初より組織をなすものではない）	○状況に応じて各班への応援 ○他事務所，ボランティア，防災エキスパートの受け入れの調整等 ○近隣の被災状況（管理施設以外）の把握

表ー 3.4.2　県の災害対策本部の防災体制（例）

グループ名 （構成所属）	グループの役割
統括グループ ［知事公室 危機管理防災課 災害対策班］	①状況変化を踏まえた今後の対応案の検討に関すること ②本部設置、体制変更及び廃止の通知等に関すること ③各種警報、土砂災害警戒情報等に関する気象台との連絡に関する事 ④警察及び自衛隊からの以下の情報収集に関すること ・人的被害（死者、行方不明者、重軽傷者） ・住家被害、孤立地区発生状況 ・土砂災害、道路被害の状況 ⑤情報連絡会議（警戒本部設置時）の開催時間、危機管理監指示事項に関すること ⑥災対本部会議（災対本部設置時）の開催時間、知事指示事項に関すること ⑦「活動調整会議」に関すること ⑧自衛隊への派遣（撤退）要請等に関すること ⑨被災市町村への情報連絡員（LO）派遣に関すること ⑩被害現場からの各種支援要請の調整等に関すること ⑪被害派遣等従事車両証明書に関すること ⑫り災証明書発行に関する市町村支援に関すること ⑬被害額（消防庁報告様式）の取りまとめ等に関すること ⑭本部室内の活動記録（写真撮影）に関すること ⑮自衛隊との各書の締結に関すること ⑯上記以外に他部局やグループに属さない事項への対応に関すること
情報グループ ［知事公室 危機管理防災課 地域防災推進課 防災企画室 総務部 消防保安課 保安班	①以下の被害情報の集客・取りまとめに関すること（地域振興局等から入手） ・人的被害（死者、行方不明者、重軽症者） ・住家被害、孤立地区発生状況 ・土砂災害、道路被害の状況 ・市町村の被害対策本部等の設置状況 ・避難準備情報（高齢者等避難開始）等の発令状況 ・避難所開設数及び避難者数 ・公共交通機関の運行状況 ②市町村の行政機能の状況把握に関すること（庁舎被害等） ③本部設置（廃止）時の庁内各課、地域振興局及び関係機関への連絡に関すること ④市町村の避難情報に係るLアラートの代理入力等に関すること ⑤警戒体制以上における振興局等への定時報告の指示、情報収集の取りまとめに関すること ⑥情報連絡員（LO）からの状況報告の取りまとめに関すること ⑦対応記録等の時系列整理に関すること
総務部 市町村課］	①市町村の被害情報等の把握に関すること ②情報グループの業務支援に関すること ③他の都道府県等からの応援職員（市町村へ派遣）の総合調整等に関すること
執務グループ ［知事公室 危機管理防災課 危機管理班］	①災害本部会議の資料作成、進行管理、議事録作成等に関すること ②支援物資に関する要請等について、支援物資・輸送班（健康福祉政策課）への伝達・調整 ③関係機関等のLOの増員を受けた、本部室以外の執務スペース確保に関すること ④本部室各グループ（防災二課のみ）への応援職員の補充等の人員管理に関すること ⑤上記以外の本部室の維持・管理に関すること
通信グループ ［知事公室 危機管理防災課 情報通信班］	①本部室の情報通信システムの機能確保に関すること ②防災行政無線に関すること ③防災情報ネットワークに関すること ④防災行政無線等の運用に関する市町村支援に関すること ⑤国、関係機関等及び職員間の通信確保に関すること ⑥災対本部会議の映像記録に関すること
消防グループ ［総務部 消防保安課 消防班］	①各消防本部から以下の情報収集に関すること ・人的被害（死者、行方不明者、重軽症者） ・住家被害、孤立地区発生状況 ・土砂災害、道路被害の状況 ②各消防本部間の相互応援調整に関すること ③緊急消防援助隊の受け入れに関すること ④消防応援活動調整本部の運営に関すること ⑤防災消防へりの運航管理に関すること
広報班 ［知事公室 広報グループ］	①報道機関への各種情報提供に関すること ②法王機関への各種情報提供に関すること ③災対本部会議等の本部長とマスメディアの取材に関すること

表－3.4.3　優先的に実施すべき対応内容（例）

名　　称	対　　応
○本部の場合	
体制統括者	組織の最高責任者として，全体状況を把握し，的確な指示を与える
問い合わせ等対応者	マスメディア，住民，関係機関からの問い合わせに対応
連絡対応者	関係機関等と連絡し，情報交換を行う ※問い合わせ等対応者及び連絡対応者は同一者もしくは連携を密にする
情報収集対応者	支部からの連絡，その他の方法により情報を収集し整理するとともに，情報共有手段を構築する
○支部の場合	
体制統括者	支部の最高責任者として，全体状況を把握し，的確な指示を与える
問い合わせ等対応者	マスメディア，住民，関係機関からの問い合わせに対応
連絡対応者	関係機関等と連絡し，情報交換を行う ※問い合わせ等対応者及び連絡対応者は同一者もしくは連携を密にする
情報収集対応者	支所からの連絡，その他の方法により情報を収集し整理するとともに，情報共有手段を構築する
○支所の場合	
支所統括者	支所内の指揮をとる責任者で，的確な指示を与える
調査等対応者	調査等に出動し，現地状況を把握し支所へ報告する
状況管理対応者	現場からの情報を整理するとともに，支部との連絡を担う

②指揮における留意事項

以下に，防災組織の指揮に際しての留意事項を示す。

・参集職員を掌握し，職員の意識を共有し，士気を鼓舞し，落ち着いて対応するように一呼吸おくなど，職員の能力が最大限に発揮されるように組織の雰囲気を整えること。

・上部機関との連絡を密にし，支部（支所）からの情報にも感度を高くして，報告・連絡・相談の情報共有を密に図ること

・対応の優先順位や注意事項を的確に把握し，正確に報告する。

・指揮者が現場に出てしまうと全体の判断が停滞する可能性があるため，一定箇所にとどまり，指揮に専念すること。

・各担当の職員に業務量の片寄りがないように，適時業務の配分，人員の配置を行うこと。

・地震発生直後には24時間体制で作業することもあるので，職員の健康管理に留意すること。

・現場にいる職員にも通行確保状況や道路被災状況等を周知し，すべての職員に，情報が共有できるよう連絡を取らせること。

・平成23年の東日本大震災では，一定時間（概ね1時間程度）を過ぎると前線部隊が動き出してしまうだけでなく，指揮者に一斉に情報が入り始めるため指示を出す余裕がなくなってしまうことがあった。よって，最初の1時間で初動体制を確立し，必要な指揮命令を発する必要があることに留意する。

③組織内の支援体制

大規模地震が発生した場合などには，被災地に近づく程，震災対策活動にあたる職員が不足することも考えられるため，災害対策本部からの支援，または災害対策本部経由で大きな被災を受けていない他の支部等からの支援を要請することもある。このため，支援を要請する立場からは，支援内容（現地調査・通行規制要員・積算補助等）を事前に明確にするとともに交代に伴う引継ぎを実施する仕組みを確立させておくことが必要であり，支援を出す立場からは，支援者の選定にあたってできる限り現地に精通した職員を選ぶことを心掛ける。

また，衣・食・住等は支援者自らが準備し，行動においては支援先の責任者の指示に従う。

2）組織外からの支援，協力体制

大規模地震が発生した場合などには，震災対策活動にあたる職員が不足することが考えられるため，以下に示すような組織外からの協力体制を事前に構築しておくことが重要である。特に現場に精通している維持業者は迅速な対応が期待できる。その他にも，専門家，防災エキスパートなどがあげられる。このような支援，協力体制が効力を発揮するためには役割分担を明確にしておくとともに，組織毎に実施事項や報告内容のばらつきが生じないための対策が必要である。例として被害程度の判断に関しては，被害形態毎に被害程度を例示したイラストを作成するといった対策が考えられる。

また，連絡がとれない時などは，自主的に判断して活動が実施できるようにしておくことが重要である。

①維持業者等による協力

限られた職員により多数の施設の被害に対処することが必要となる初動期においては，できるだけ迅速かつ円滑に道路啓開を進める必要があるため，所管施設の知見やその地域の地理・地形に詳しい維持業者等による協力はきわめて有効である。

各種の機関，団体と災害時の協定を締結している場合，協力内容の明確化，双方理解の上での周知が重要であり，訓練等で確認しておく必要がある。

②専門家による協力

専門家とは，国土交通省国土技術政策総合研究所，国立研究開発法人土木研究所，学識経験者，コンサルタント会社などが考えられる。

専門家の適切なアドバイスは，施設被害の程度，被害の拡大，二次災害の可能性，復旧工法等を判断する上で有効である。このため，必要に応じて地震発生後に専門家の支援を速やかに得られるよう名簿を整備しておく。

この場合，各専門家の専門分野を明確にし，登録内容に記載するとともに，災害時には目的に応じた専門家を指名できるように関係を築いておくことが必要である。

③防災エキスパートによる協力

防災エキスパートは，地震や風水害などが発生した時に，職員が河川や道路など公共土木施設の被災情報を迅速に収集することをサポートし，公共機関等（国・地方公共団体・高速道路会社）の災害対応を支援するボランティアをいう。防災エキスパートに登録されている人は，主にその機関のＯＢであり，現場経験や地域に精通している人も多く即戦力として期待できる。

以下に，防災エキスパートの具体的な活動内容を示す。

・経験を活かした，施設復旧等の災害対策全般に関するアドバイス。

・得意とする専門分野に関するアドバイス。

・施設被害調査の補完，調査方法等のアドバイス。

・一般被害調査の補完。

・地名，地域詳細，土地柄等に関するアドバイス。

・危険箇所の監視等。

・交通誘導，施設利用者への説明等。

・電話，訪問者の問い合わせ，要望等の取り次ぎ。

・現地情報の収集・整理等。

・カメラ映像，テレビ報道等の監視。

・施設操作員，関連事業者，工事現場等との連絡など。

（2）交代制

被災規模が大きく，防災体制の長期化が予想される場合は，早い段階で交代制を築く必要がある。

非常体制の場合は，初動時には全員が参集し防災体制に入るので，長期化が予想される場合は早い段階で交代制を築く必要がある。交代制への移行には，対応が長期に及ぶことが想定された時点など移行のタイミングを事前に決めておくことも重要である。

①交代制を実施する上での留意点

・交代制にあたっては，指揮，命令者等が均等に配置されるよう配慮し，必ず引継ぎのための重複時間を設けるものとする。

・交代の時間を設定する際は，通勤時の交通手段や職員の生活のリズム等を考慮する。

・防災責任者は，職員の健康管理に留意し，職員が夜間に災害対応，昼間に通常業務を行うといったことがないように通常業務の方針を明確にする。

・職員の参集状況及び被災状況の全容が把握できた段階で，交代要員を考慮した班編成表を作成し，長期戦に備えた災害体制を確立する。

・順次職員が入れ替わったり他機関の職員が出入りするなどして人が輻輳するため，各班が識別できる名札の着用を徹底し，班長や副班長などは腕章やビブス等で識別を行い，指揮命令系統及び班員が明確になるよう工夫する。なお，名札には名前等のほか，血液型等を記載している事例もある。

3－5　緊急調査

> 道路管理者が地震発生後の対応において求められることは，交通機能の回復及び確保であることから，道路の被災状況及び通行の可否を早急に把握する必要がある。このため被災状況に応じた調査方法，適切な調査区間の割り当てや，自動的な調査の開始，臨機応変な対応，連絡体制の確保，適切な携帯品が必要となる。

緊急調査は，地震発生後，速やかに重要な箇所を中心に道路構造物の被害の概要を把握するとともに，重大な二次災害につながる可能性のある被害を発見するために行う調査であり，地震発生後速やかに実施する。緊急調査の実施担当者は，基準以上の地震を確認したら速やかに出動する。

緊急調査では，全体の状況把握を最優先とするため，往路では致命的な事象でない限りは先に進んで全体概況を把握することを優先し，復路では被災箇所の詳細な把握等を図る。

緊急調査の状況は，原則として事前に定めた定点または定時毎に防災責任者へ報告する。

（1）緊急調査の実施

> 地震発生後，可能な限り早い段階で，通行可否の判断や二次災害の防止等を含む緊急措置を行うために，限られた時間内で効率的に被害の状況を把握するとともに，円滑な交通を確保するために交通状況等を把握し，防災責任者へ報告する。

早急に緊急調査を実施するためには，適切な調査体制を確保する必要がある。

調査体制は，維持業者・災害協定協力会社等の協力を仰ぎ，調査の所要時間，維持業者の基地などを考慮し，可能な限り区間を細分化して調査区間を設定しておくことが望ましい。また，道路管理者・維持業者・災害協定協力会社等間で調査区間や調査方法を十分に協議，周知し，関係者全員が認識を統一することが重要である。

調査開始の指示がない場合でも，基準以上の地震が発生した際には，自動的に調査を開始できる体制を事前に整えておくことが重要である。

調査が開始された後は，確実に連絡がとれる手段を確保するようにするためにも，調査にあたる維持業者・災害協定協力会社等へ移動無線を貸与するなど工夫する。

都道府県及び市町村では管理する道路延長も長く，被災の状況によって緊急調査に時間がかかる場合や，市町村では住民の避難対応等に多くの職員が割かれた場合，緊急調査の対応が遅れることも想定される。緊急調査では担当する区間の把握に併せ，隣接する他の道路管理者の管理道路の状況も把握することが有効となり，国と地方公共団体で互いに緊急調査の実施状況，調査結果を共有し，フォローする必要がある。

大規模地震時には，すべて計画通りに対応することは困難であり，臨機応変な対応が必要となる。計画とは異なった対応を実施する際には，非効率的な対応により手戻りや対応の遅れ，停滞等が発生しないよう十分な管理体制が必要である。

また，被災箇所が多数にのぼり調査が進まない場合は，隣接区間の緊急調査の実施担当者が対応するなど，状況に応じた体制がすぐに取れるよう指揮命令系統を明確にするとともに，確実に連絡がとれる体制を整備しておくことが重要である。

緊急調査の際には，その後の緊急措置の実施を考慮し，**表－3.5.1**に示す携行品を準備し携行する。

表－3.5.1　緊急調査に必要な携行品

身につけるもの	○ヘルメット ○無線機（ＶＨＦ） ○通信機器 ○救急セット　　　　　　　　など
調査・撮影・記録用	○メモ・筆記具・野帳・調査票 ○自転車（折りたたみ式） ○カメラ類（デジカメ等）・バッテリー ○懐中電灯・乾電池 ○カラースプレー ○管内図・台帳 ○双眼鏡 ○巻き尺・ポール ○黒板・チョーク　　　　　　など
通行規制用品	○バリケード ○安全ロープ ○規制，案内標識 ○立て看板 ○セーフティコーン ○規制用旗 ○発電機　　　　　　　　　　など

1）緊急調査の実施方法

災害直後から，避難・救助をはじめ，物資供給等の応急活動のために，緊急車両の通行を確保すべき重要な路線を，確実に確保する必要がある。そのため，緊急調査を実施し，通行の可否に関する情報を迅速かつ確実に把握する必要がある。

①往路復路毎の実施方法

往路では，パトロールカー車内からの目視によって自動車の通行に支障をきたす異常を調査した上で，速やかに防災責任者へと報告し，復路では，道路を構成する橋梁，盛土，斜面などの変状や異常をパトロールカー車内からの目視または必要に応じて徒歩によって確認することが，一刻も早い道路状況の把握に有効である。

また，緊急調査とともに二次災害を防止するための処置も必要となる。災害時における一般道路の管理は，鉄道や高速道路の交通インフラ，ガス，電気，通信などのライフラインの管理とは，運行や供給サービスの停止を管理者自らが行えない点で大きく異なる。

例えば，鉄道では，基準以上の震度を観測すると直ちに列車の運行が停止され，線路などの点検を行い，安全が確認された後に運行が再開される。このため，管理者が把握できていないところでの二次災害の発生は，基本的には生じ得ない。

一方，一般道路は，雨量を指標とする事前通行規制区間などはあるものの，地震発生を以て直ちに一般利用者の通行を規制することはできないため，一刻も早い道路状況の把握，結果の共有，情報の提供が求められる。

上記より，地震発生時における道路の緊急調査は，基準以上の震度を観測した地域のすべての路線に関する交通渋滞，瓦礫等の障害，被害箇所等を早急にパトロールカーで調査することが基本となる。

このようなことから，巡回実施要領を整え，適宜更新して実施方法を見直す必要がある。**図－3.5.1** に，緊急調査の巡回実施要領として参考となる国土交通省の異常時（地震）巡回実施要領例を示す。

②報告する事象の分類

緊急調査の状況を報告する際，ある事象を様々な用語を用いて報告すると，報告内容が明確に伝わらないこととなり，情報把握に支障をきたす恐れがある。緊急的に報告する場合には携帯電話等を用いて口頭で報告する方法がとられることもあるため，事象の分類を写真や図などで整理し，事象の分類の共有を図っておく必要がある。**図－3.5.2** に，緊急調査時に報告する事象の分類例を示す。

図－3.5.1　異常時（地震）巡回実施要領（例）

1．適用範囲

本要領は，道路巡回実施要領（昭和○○年○月○○日付け○○○第○号）第○条○に基づいて「地震時における異常時巡回」を実施する場合に適用する。

2．巡回の実施要件

(1) 巡回は，気象庁が発表する震度階で震度4以上を観測した場合に実施する。ただし，被災の状況により隣接工区の巡回を指示する場合がある。

(2) 津波に関する警報等が発せられた場合は，その影響がある区間の巡回は行わず，被災の恐れが無いと判断（警報等の解除）されてから巡回を実施するものとする。

(3) 地震・津波発生情報は，近隣の各地方気象台およびテレビ，ラジオ，インターネット等で確認するものとする。

3．巡回体制

(1) 巡回は，出張所の職員が実施するものとする。ただし，地震規模等により緊急を要する場合，又は職員による出動体制が整うまでに時間を要する場合は，業者等の協力を得て迅速に実施するものとする。

(2) 業者等の協力は，巡回の実施を定めた確認書等（協定書，契約図書）に基づくものとする。

4．巡回体制の確立

(1) 出張所長は，地震発生後，片道1時間以内で巡回を実施できる区間（以下「工区」という。）をあらかじめ定めておくものとする。

(2) 業者等は，巡回する工区の沿道付近に出動基地となる施設（本社，営業所，常設の作業所等）を有し，常時巡回員の確保ができ，異常時には3人体制（巡回員1名，補助員1名，運転員1名）で巡回に出動可能な業者を選定することが望ましい。

なお，編成表，連絡体制表は常に見直しを行い，最新の巡回体制を明確にしておくものとする。

また，橋梁の落橋，法面崩壊等により巡回の継続が困難な状況が発生する場合に備え，隣接工区毎の相互巡回体制等を事前に検討しておくものとする。

5．連絡体制

(1) 出張所長及び出張所長の命を受けた職員（以下「出張所長等」という。）は夜間・休日等に巡回の実施要件となった場合は，直ちに出張所等で待機し，連絡体制・通行規制等の体制をとれるようにしなければならない。

(2) 業者等は，巡回を実施した場合は連絡体制を整備し，出動時間，人員，巡回結果等について速やかに出張所長等に連絡するものとする。

(3) 業者等は，出張所長等への連絡が円滑に実施できない場合は，事務所の管理（道路管理）第一課長または災害対策支部長（以下「管理第一課長等」という。）へ連絡するものとする。

6．巡回方法

(1) 巡回は，３名体制（巡回員１名，補助員１名，運転員１名）で実施することを基本とする。

(2) 巡回は，往路では道路の通行の可否に主眼をおいて実施するものとし，復路では点検項目により行うものとする。

(3) 往路巡回は，各工区とも地震発生後，１時間以内で完了させるものとする。

(4) 復路巡回は，往路巡回終了後，２時間以内を目安に完了させるものとする。

(5) 巡回は，パトロール車内からの目視及び必要がある箇所においては徒歩により行うものとする。

(6) 巡回は，「異常時（地震）巡回チェックリスト」により実施するものとする。

7．点検項目

復路における点検項目は次のとおりとする。

<table>
<tr><th colspan="4">巡回点検施設</th><th>巡回点検のチェックポイント</th></tr>
<tr><td rowspan="14">道路構造物本体</td><td rowspan="3">道路</td><td colspan="2">平坦道路</td><td>大きな路面陥没・亀裂，路上障害物があるか</td></tr>
<tr><td colspan="2">低盛土～高盛土</td><td>大きな路面陥没・路体沈下・崩壊があるか</td></tr>
<tr><td colspan="2">斜面
切り土のり面</td><td>大規模斜面崩壊，大きな落石，擁壁の倒壊があるか</td></tr>
<tr><td rowspan="6">橋梁</td><td colspan="2">全体</td><td>落橋</td></tr>
<tr><td colspan="2" rowspan="3">橋面</td><td>高欄・地覆のずれ，折れ角・蛇行があるか</td></tr>
<tr><td>縦断線形の折れ角があるか</td></tr>
<tr><td>伸縮部の開き・盛り上がり，段差があるか</td></tr>
<tr><td rowspan="2">橋側梁面</td><td>上部工</td><td>不連続なたわみがあるか</td></tr>
<tr><td>下部工</td><td>沈下・傾斜・大きなひびわれ・コンクリート剥離があるか</td></tr>
<tr><td colspan="3">トンネル</td><td>坑口周辺の崩壊，覆工のコンクリート剥離があるか</td></tr>
<tr><td colspan="3">洞門・スノーシェッド</td><td>屋根，受台の破損，傾斜，ひびわれがあるか</td></tr>
<tr><td colspan="3">横断歩道橋</td><td>落橋，橋脚等の破損があるか</td></tr>
<tr><td colspan="3">カルバート
地下横断歩道</td><td>大きな路面陥没があるか</td></tr>
<tr><td colspan="3">キャブ・電線共同溝</td><td>路面上への突出，本体の大破損があるか</td></tr>
<tr><td rowspan="3">道路構造物本体以外</td><td colspan="3">沿道施設</td><td>道路上に建築物の大きな倒壊があるか
道路施設の被害が重大な影響を与えていないか</td></tr>
<tr><td colspan="3">占用施設</td><td>道路機能に大きな影響を与えていないか</td></tr>
<tr><td colspan="3">その他</td><td>大規模な浸水，津波，大規模な火災，車両の滞留状況</td></tr>
</table>

8．巡回報告

(1) 定時報告

報告は下記（別表）に定めるとおり，原則として「道パト○○」への入力を合わせて行うものとする。

1) 巡回者は，巡回開始時（巡回対象道路の巡回の開始時）に出張所長等へ報告するものとする。

2) 巡回者は，30 分に 1 回以上，出張所長等へ報告するものとする。また，往路及び復路終了時には，必ず結果を報告するものとする。

3) 出張所長等は，各工区の巡回開始，往・復路の終了後の点検結果について，速やかに管理第一課長等へ報告するものとする。

4) 管理第一課長等は，巡回開始，往・復路の終了および点検結果を確認の都度，速やかに本局道路管理課長または災害対策本部道路班長（以下「本局道路管理課長等」という。）へ報告するものとする。

(2) 異常時の報告

1) 巡回者は，異常を確認した場合その都度，その内容を出張所長等へ報告するものとする。

2) 出張所長等は，巡回者からの異常報告の内容を直ちに管理第一課長等へ報告するものとする。

3) 管理第一課長等は，出張所長等から異常報告の内容を直ちに事務所内の担当課長へ伝えるとともに，本局道路管理課長等へ報告するものとする。

4) 被災箇所では，被災状況を的確に把握するため，携帯電話やデジカメで写真を撮影し，出張所及び管理（道路管理）第一課長へ電子データをメール等で送信する。

報告者	報告先	報告実施時期						
		巡回開始	中間	往路終了	全往路終了	復路終了	全復路終了	異常発見時
巡回者	出張所長等	◎	△	◎		◎		◎
出張所長等	管理一課長等	●			●		●	●
管理一課長等	本局道路管理課長等	●			●		●	●

◎…報告および「道パト○○」入力
●…報告　　△…「道パト○○」入力

9．異常時の措置

(1) 巡回により異常があるときは，出張所長等は速やかに通行規制等の措置を講ずるものとする。

10．その他

(1) 出張所長等は，セーフティコーン，バリケード等の資材を計画的に管内に事前配置することが望ましい。その保管場所と資材の種類・数量等を事前に請負業者等に通知しておくものとする。

図－3.5.2　緊急調査において報告する事象の分類（例）

・路上障害物

倒木，電柱・標識の転倒等，建築物倒壊等，落石，歩道橋等の落下等

・路面

段差，陥没，沈下，決壊，軸線のずれ，亀裂等

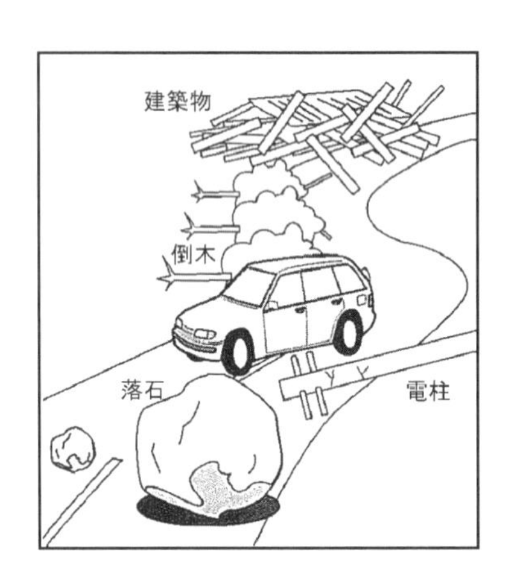

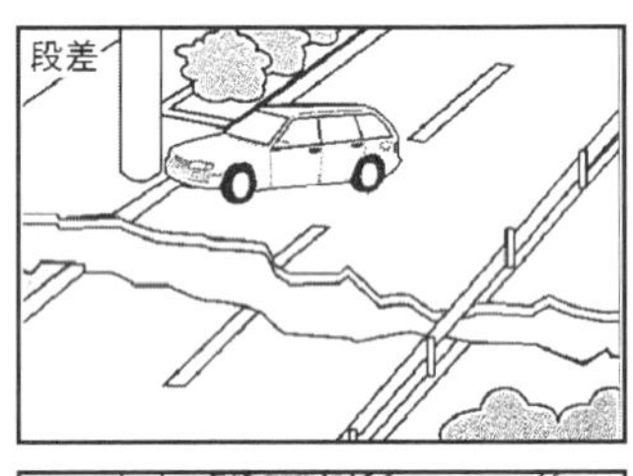

路上障害物：倒木

路面：段差

路面：陥没

・盛土
　滑動崩壊，沈下，段差，亀裂，法面変状等
・法面，斜面
　はらみだし，亀裂・崩壊，落石，浮き石，擁壁目地のずれ，岩石崩壊，
　開口亀裂，小崩落，構造物の変化，湧水，地すべり等

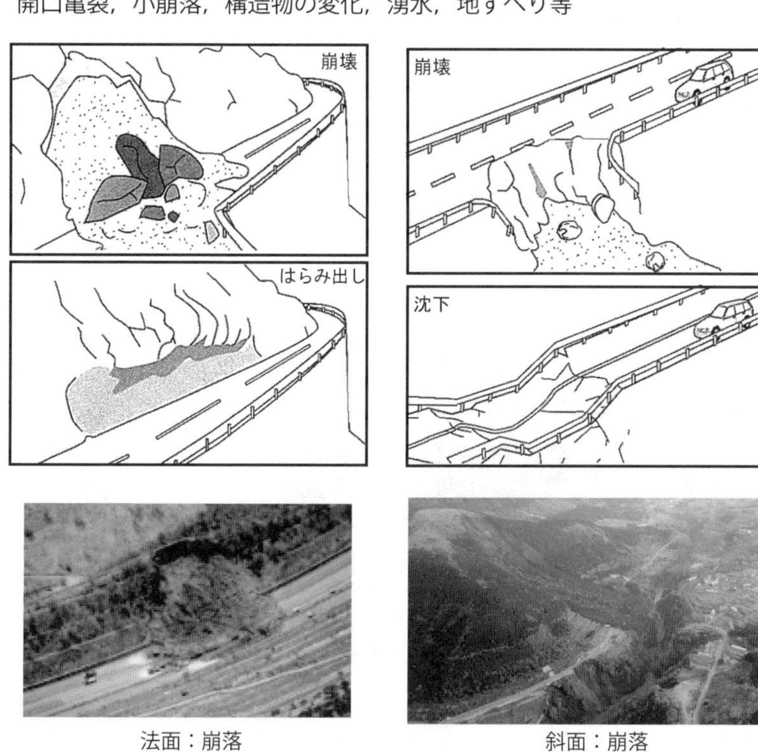

法面：崩落　　　斜面：崩落

・擁壁
　転倒，傾斜，滑動，沈下，目地のずれ，亀裂，はらみだし等
・トンネル
　落盤，亀裂，崩壊，目地のずれ等

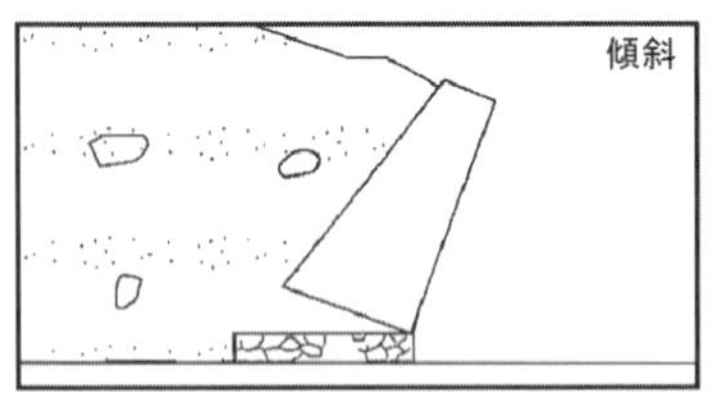

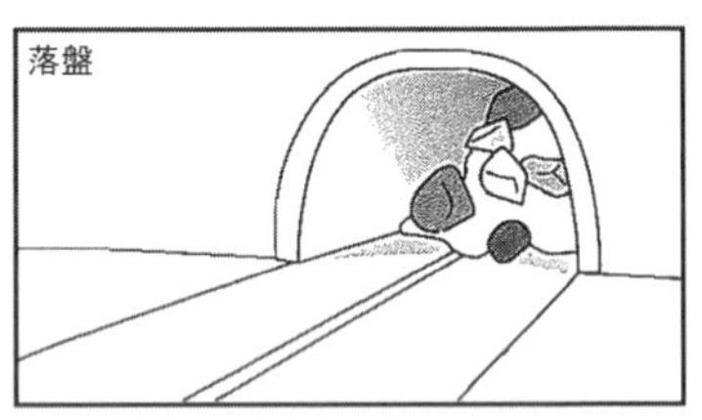

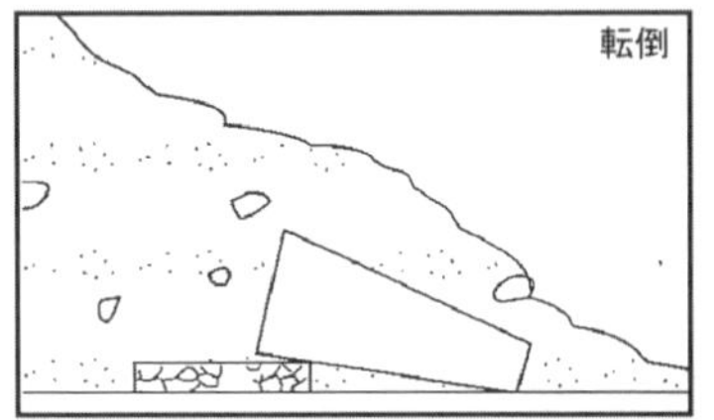

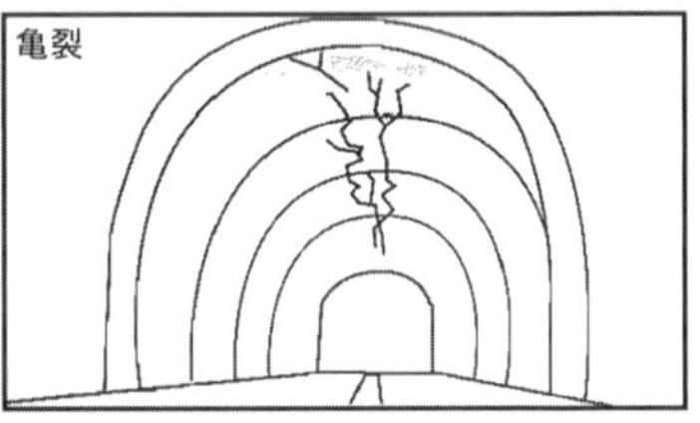

擁壁：亀裂

トンネル:覆工コンクリートの崩壊

・橋梁上部構造

落橋，ひらき，段差，傾斜，軸線のずれ等

・橋梁下部構造

破壊，傾斜，沈下，転倒，滑動，亀裂等

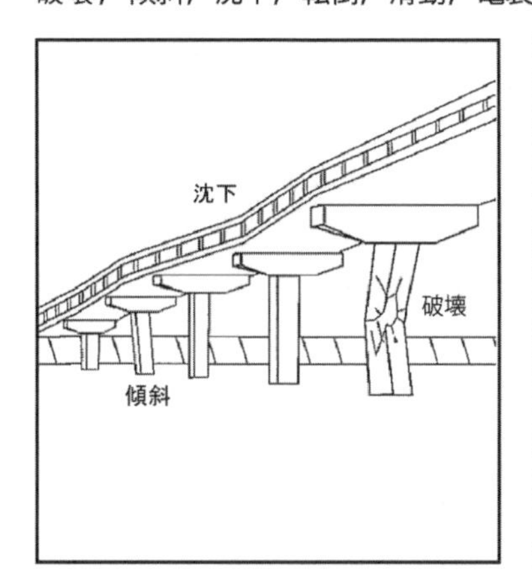

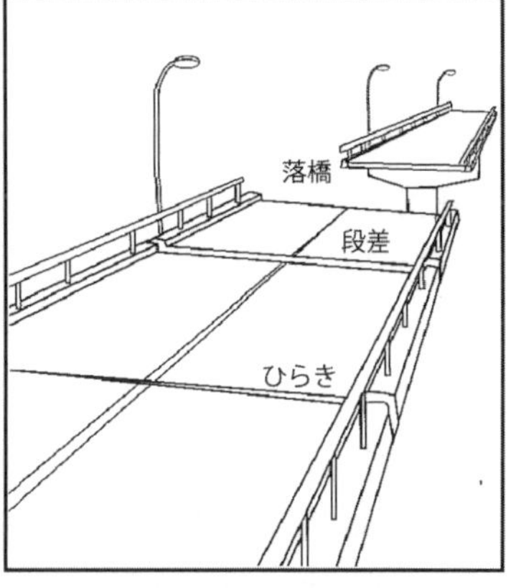

橋梁上部構造：段差

橋梁下部構造：破壊（斜めひび割れ）

橋梁上部構造：落橋

橋梁下部構造：沈下

2）バイク・自転車による緊急調査

道路の寸断，渋滞等により，パトロールカーでの緊急調査がままならない状況下でも，バイク・自転車ならば渋滞を気にすることなく，また多少の段差があっても通行可能幅員があれば進行が可能なため，初動時の緊急調査には有効であり，バイク調査隊を結成している機関もある。なお，平成 29 年 5 月に自転車活用推進法が施行されており，災害時における自転車有効活用体制の整備を重点的に検討，実施されることが基本方針として示されている。

自転車は都市部などの比較的平坦な場所では有効であるが，中山間地などアップダウンの大きな箇所では，調査者の負担が大きいことに留意する必要がある。

バイク・自転車での緊急調査は，以下の特徴がある。

・迅速性：渋滞を回避して迅速に情報収集活動が可能

・機動性：障害物や悪路にも対応可能

・移動性：遠い目的地まで短時間で移動して活動が可能

被災情報を迅速に支部（支所）へ報告するために，カメラをバイク・自転車に装着し映像伝送することが望ましい（**写真ー 3.5.1，3.5.2**）。

写真ー 3.5.1　バイク隊の運用写真

写真－3.5.2　クロスバイク隊の運用写真（写真右はライブ映像）

3）津波警報以上発表時の調査体制

地震発生に伴い，津波警報以上の発表があった際には，事前に設定した通行規制区間については緊急調査を実施せず通行規制を実施し，それ以外の区間の調査を進め，津波警報が解除されて津波による危険性がなくなった後，通行規制区間の調査を実施する。なお，通行規制区間でも，ＣＣＴＶカメラや津波の危険性がない高台等から状況を確認できる範囲で調査を行うことが考えられる。

通行規制区間のパトロールの実施にあたっては，津波により瓦礫等が道路上に散乱して，先に進めないこともあるため，調査体制，班編制等を考慮する必要がある。

また，津波警報発表時の調査，津波警報解除後の調査のいずれにおいても，迂回路となる道路を事前に選定しておくことが重要である。

4）工事現場の安全確保

地震発生時に，支部管内で工事が実施されている現場においては，速やかに地震発生を周知するとともに安全確認を実施する。さらに，その後の復旧活動及び道路交通に支障が生じることのないよう対応することを心掛ける。

また，工事現場が津波による影響を受ける恐れがある場合で，津波警報の発表があった際には，速やかに安全な場所に避難するとともに，遠地地震の場合などで津波襲来までに時間的な余裕がある場合には，工事資材等の流出が生じないよう対応する。

5）被災箇所の写真撮影についての留意事項

現地の被災状況の報告は，携帯電話等を用いた口頭での報告よりも写真による報告が正確・簡易である。また，緊急調査時に撮影した写真は，施設の被害や変状を後日確認するために重要な資料となるため，正確に撮影しておく必要がある。

緊急調査の際は，カメラ付き携帯電話が撮影後直ちに送信できる点で有効である。さらに，被災場所の位置情報確認のためにはGNSS（GPS，準天頂衛星（QZSS）等，衛星測位システムの総称）機能付きのデジタルカメラ，カメラ付き携帯電話の活用も効果的である。

写真撮影時にGNSS位置情報を付加することで緯度経度，時間がジオタグとして記録されるので，路線，距離標，住所などの報告が省略できる。この場合には，報告者は撮影時に位置情報付加の設定で写真撮影し，受け取る側では送信された写真のプロパティから**図－3.5.3**で見られるような緯度経度を確認し，地理院地図等の地図サービスサイトに緯度経度を入力すれば場所の特定が可能である。場所特定の方法の手順などを訓練により確認しておくことが必要である。

写真撮影に当たっては，以下の点に留意する。

・被災箇所の長さ，幅，深さ，変位量など被災の規模が分かるよう，異常が発生している部分にチョーキング等を行うとともに，ポール，スタッフ，コンベックス等や比較対象となるスケールなどを利用して撮影する。

図ー 3.5.3　GNSS 位置情報を付加した画像データのプロパティ確認画面

- 薄暗い場所などでの撮影は，三脚・セルフタイマー及びフラッシュを併用することで撮影ミスを減らすことが可能である。なお，小型カメラに搭載されているフラッシュでは，夜間の撮影時に十分な光量を得られない場合があるため，サーチライトやパトロールカーのヘッドライトなどを利用するとよい。
- 被災が広範囲にわたる場合は全景と主たる異常などの個別箇所を撮影する。また，被災箇所が立体的な場合は，撮影方向を変え，さまざまな角度から撮影する。
- 地震により発生した被害などは，時間の経過と共に変状が進展することがあるため，いつ，どの方向から撮影したのか分かるようにするとともに，整理にあたっては整理番号や写真ファイル名をこれらがわかるように付しておくと良い。
- 報告書などに添付することを考慮して見やすい解像度で撮影することが望ましい。なお，現場から災害対策本部・支部等に撮影した画像を送信する場合には，通信速度にも考慮した解像度で撮影する。

（2）リモートセンシングによる調査

地震発生後の緊急調査では，地上からのパトロールカーによる調査のみならず，ヘリコプターやＣＣＴＶカメラ，光ファイバ線路，無人航空機（ＵＡＶ），人工衛星などによる状況把握も有効である。

地震発生直後の状況把握手段としてはヘリコプターやCCTVカメラ，光ファイバ線路，無人航空機（UAV），人工衛星などの活用が有効である。

ヘリコプターは広域的な状況把握が可能であるが，CCTVは可視範囲が限定される。自動車等による地上からの調査が道路被災等により進めない場合は，無人航空機（UAV）による上空からの状況把握も有効である。

状況に応じた把握手段として，以下にリモートセンシングによる調査の特徴について示す。

1）ヘリコプター

ヘリコプターなどによる上空からの調査は，道路の寸断や渋滞等により地上からの調査に時間を要する場合など，早期の状況把握に有効である。

平成23年の東日本大震災の際は，地震発生から37分後に東北地方整備局が所有する災対ヘリ「みちのく号」を緊急発進させ，広域的な津波被害の把握に貢献した（**写真－3.5.3**）。

なお，東日本大震災の際，仙台空港が津波に襲われる前にヘリコプターが離陸できたのは，地震による津波発生を想定し，運航委託会社との間に専用回線を引き，職員が仙台空港に向かう1時間の間に，まずクルーだけで仙台市内を調査するケースを訓練していた成果であり，円滑な調査が行えるよう想定される状況に応じて準備することが必要である。

写真ー 3.5.3　災対ヘリ「みちのく号」から配信されたライブ映像
（左：仙台空港　右：福島第一原発）

平成 28 年の熊本地震の際は，国土交通省で関係自治体の災害対策本部に Ku-SAT（衛星通信装置）やモニターを持ち込み，ヘリコプターからの調査映像（**写真ー 3.5.4**）をリアルタイムに提供して，被災状況把握に活用されている（**写真ー 3.5.5**）。

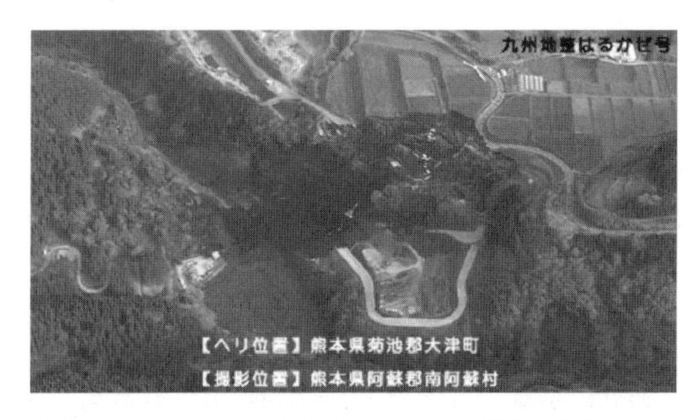

写真ー 3.5.4　災対ヘリ「はるかぜ号」から自治体に配信されたライブ映像

写真ー 3.5.5　Ku-SAT の設置（左）と災対ヘリからの映像受信（右）

①指揮者の一元化

災害時には，様々な機関がヘリコプター等の有人飛行機による被災状況調査を実施するため，飛行ルートの重複による状況把握の非効率性，人命救助の遅延，二次災害，空港の容量オーバー，燃料不足等の発生が考えられる。そのため，ヘリコプターの運用に関して，現地災害対策本部等で統括責任者を定め，一括して統率することに留意する。

②搭乗する際の留意事項

ヘリコプターによる調査実施機関としては，国土交通省，自衛隊，海上保安庁，都道府県等があげられるが，ヘリコプターへの搭乗者は調査範囲の地理に詳しい職員が同乗し，範囲毎に搭乗予定者をリストアップしておくことや，各機関が所有するヘリコプターがどのような目的でどの範囲を調査するか事前に調整しておくことで，調査効率の向上が期待される。

しかし，参集の都合等により必ずしも搭乗予定者が搭乗できない場合も考えられるため，優先順位をつけて複数の職員をリストアップしておくことが望ましい。搭乗予定者は，ヘリコプターの搭載機材の状況に応じて**表－3.5.2**に示すような資料・機材を携帯することが効果的な調査を行う上で必要となる。

表－3.5.2　ヘリコプターからの目視調査に必要な資料・機材

資　　料	地図（縮尺1/2.5万～1/20万及び台帳図等），土地利用図， 既撮の空中写真，調査表
機　　材	ズームレンズ付カメラ，ビデオカメラ，無線機， 画像再生装置（テレビ及びビデオ画像コピー装置等），双眼鏡

③国土交通省における映像通信手段

国土交通省では，平成26年度より，保有している災対ヘリからの映像通信手段にヘリコプター直接衛星通信システム（ヘリサット）を導入している。

従来の映像通信手段であるヘリコプター画像伝送システム（ヘリテレ）では，東日本大震災や紀伊半島大水害等において，山岳遮蔽による映像伝送断の発生のほか，同一地域においては複数のヘリコプターから同時に映像伝送ができないという課題が生じた。一方，ヘリサットでは，衛星回線を利用するため，山岳や高層ビル群等の影響がなく，どの被災地からでも空撮映像のリアルタイム伝送が可能となり，音声による撮影指示・連絡も機上局と地方整備局間で安定した通話が可能となった。

通信方法はIP方式を採用しており，基地局（本省，近畿地方整備局）で受信した映像及び音声は，統合通信網で地方整備局に伝送され，映像はヘリ位置情報と同時表示や地図への重畳，蓄積や検索等が可能となった。さらに，送受信方式をKu-SATと同じにすることで，基地局設備の共通化を図っている。**図－3.5.4**に，ヘリテレとヘリサットの映像伝送イメージを示す。

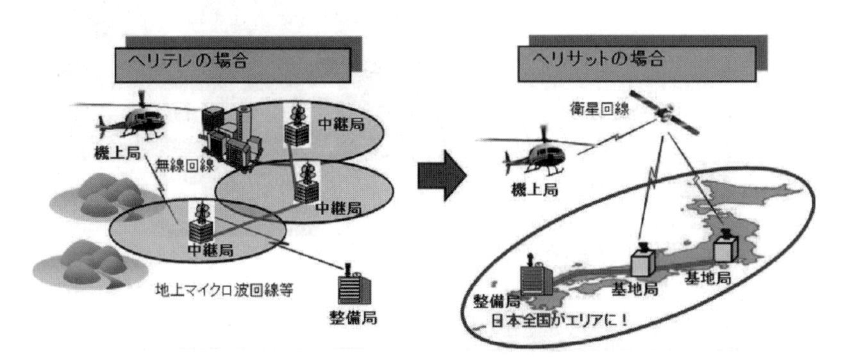

（出典：中山大介「ヘリコプター搭載型衛星通信設備（ヘリサット）について」）

図－3.5.4　ヘリテレとヘリサットの映像伝送イメージ

④目印が少ない場合に調査箇所を指示する方法

山間部など目印になるものが乏しい箇所の調査や，操縦者にとって土地勘がない場所を調査する場合，国土地理院が整備している地理院地図を活用して緯度経度，UTMポイント，経緯度グリッド及びUTMグリッドにより調査場所を指示することが有効である。

地理院地図では，**図－3.5.5**に示すとおり，地図下に地図中心点の緯度経度やUTMポイントなどの位置情報が表示される。また，地図右上の「機能」ボタンを用い，経緯度グリッド及びUTMグリッドが表示される。グリッドは，等間隔の格子線（グリッド）を引いて区画を分け，個々の区画にグリッド番号を振り分けたものである。

被災構造物など目標を定めた場所を調査したい場合は，緯度経度または UTM ポイントを操縦者や搭乗者に指示することで調査が可能となる。

また，広範囲に被災状況を調査したい場合は，経緯度グリッドまたは UTM グリッドを活用し，グリッド番号を指示することで調査範囲を指定して調査することが可能となる。

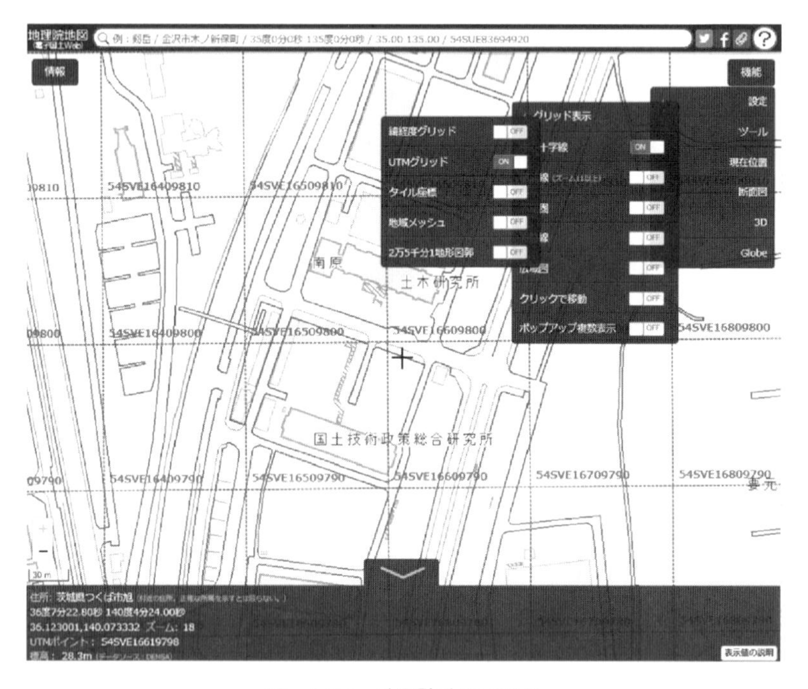

図－3.5.5　地理院地図の画面

2）ＣＣＴＶカメラ

道路沿いに設置されているＣＣＴＶカメラでの調査は，緊急調査に出動する前の初動時の情報空白期における道路施設の状況把握，道路交通状況把握に有効となる。

一般に，ＣＣＴＶカメラで調査する事項として，まず通行状況のみＣＣＴＶカメラで確認した上で，ＣＣＴＶカメラに写る通行状況が通常時と明らかに異なるものについて，詳細に画像を確認することで異常箇所の早期把握につながる。これには各カメラの視認範囲や操作方法を習得しておく必要がある。

また，津波による浸水の可能性がある区間は，津波警報発令中は区間内に進入できないため，ＣＣＴＶカメラの活用が期待される。

緊急調査に活用するためには，設備が地震や津波により機能しなくならないことが必要である。重要となる箇所には，地震時や津波発生時に電気の供給がなくなる場合も考慮した予備バッテリーでの起動や，夜間での地震発生も考慮して，視認性を高めたカメラを設置するなど，必要に応じてカメラの機能を高めることで，実効性を高くすることにつながる。

3）光ファイバ線路

国土交通省では，車道や歩道に敷設されている光ファイバ回線路の障害を的確に把握するため，光ファイバ線路監視装置が整備されている。

これは，管理路線に敷設された光ファイバ線路を順次監視し，発生した障害を早急に検知し，その位置・時刻・種類・程度などの情報を速やかに伝達するものである。障害監視方法は，光ファイバ線路毎に前回測定した正常時の値（基準波形）と測定した値（障害波形）を比較し，値の差から障害レベルを検知する。障害レベルは３段階（重，中，軽）あり，一般的に断線した場合には重障害と検知される。

熊本地震では，2016/4/16 01:32:39 に重障害が検知され，**図－ 3.5.6** の光ファイバ障害波形が示された。光ファイバ障害が発生したことを示す位置では，緊急調査で**写真－ 3.5.6** に示すような大規模な道路崩壊と光ケーブルの断線が確認された。なお，熊本地震の本震は，4 月 16 日 1 時 25 分に発生しており，監視のタイミングにより検知時間の遅れはあるが，ほぼ地震発生直後に把握ができている。

このように地震発生後の光ファイバ線路の障害情報を活用して，道路変状の発生を認識することも，迅速な道路状況把握として有効である。

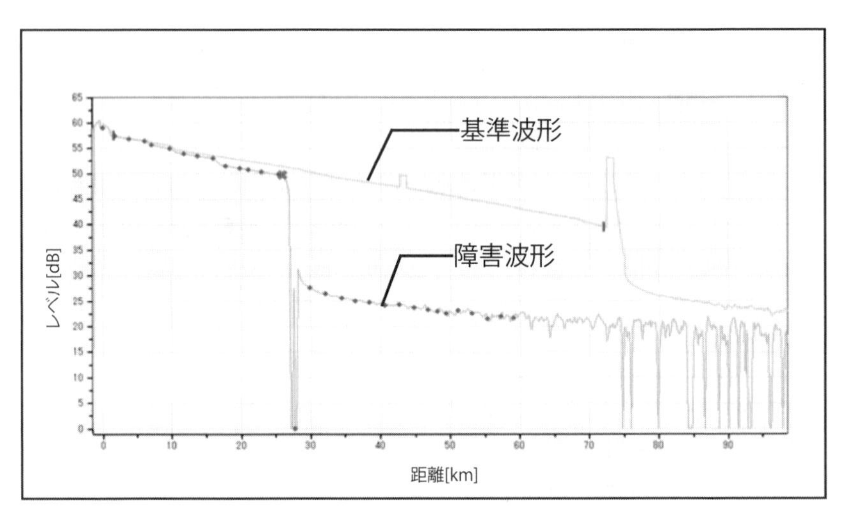

（出典：一般社団法人建設電気技術協会
「平成 28 年熊本地震被害調査団電気通信施設被害調査報告（詳報版）」）

図－ 3.5.6　熊本地震による光ファイバ障害波形
（監視方路：熊本河川国道→阿蘇→ R57 管理境界）

（出典：一般社団法人建設電気技術協会
「平成 28 年熊本地震被害調査団電気通信施設被害調査報告（詳細版）」）

写真－ 3.5.6　R57　光ケーブル断線箇所
（左は阿蘇側，右は熊本側を望む）

4) 無人航空機（UAV）

人が立ち入れない危険箇所の調査実施及び被災状況の早期把握を図るために，無人航空機（UAV）を活用した緊急調査が有効である。

熊本地震では，警察・消防・自衛隊による捜索救助が行われている地点を最優先に，道路・河川・斜面等の被災状況や人が容易に立ち入れない場所での状況把握を目的として，約30箇所で飛行を実施している（**写真－3.5.7**）。行方不明者捜索の支援・二次災害の防止を目的として，防災関係機関への映像・静止画提供も行っている。

写真－3.5.7　UAVを活用した緊急調査（熊本地震）

UAVを活用する際，臨機応変な操縦や，映像を撮るための繊細な操縦，機械故障にも瞬時に対応できる高度な技術が必要となるため，操縦技能や安全管理上の知識を習得するとともに，関係法令を遵守することが必要となる。

UAVの使用に関して，航空法により機体，飛行空域，飛行方法などに制限があるが，災害時にはこれら条件に対して特例措置が取られる場合がある（航空法第132条の3）。なお，航空法を遵守すれば飛行してよいものではないため，使用を検討する際には関係法令や運用ガイドラインを確認することに留意する。

以下に，確認すべき関係法令や運用ガイドラインの例を示す。

・航空法

・国会議事堂，内閣総理大臣官邸その他の国の重要な施設等，外国公館等及び原子力事業所の周辺地域の上空における小型無人機等の飛行

の禁止に関する法律

・道路交通法

・河川法

・民法

・無人航空機（ドローン，ラジコン機等）の安全な飛行のためのガイドライン（国土交通省　航空局）

・航空法第132条の3の適用を受ける無人航空機を飛行させる場合の運用ガイドライン（国土交通省　航空局）

5）人工衛星

人工衛星を利用し防災活動を効率化するための取り組みが推進されている。

衛星に搭載されているレーダセンサ（SAR）は，衛星の位置により時間差はあるが，昼夜・天候に拘わらず観測が可能であるため，SAR画像を活用することにより，広域災害時に被害の迅速な概略把握や初動対応の迅速化が可能となってくる。

国土交通省と国立研究開発法人宇宙航空研究開発機構（JAXA）は，防災担当職員の人工衛星や衛星画像の基礎的な知識の習得及び災害時の衛星活用の促進を図るため，水害と土砂災害対応のための「災害時の人工衛星活用ガイドブック」を作成した。

また，南海トラフ地震に対する平成30年度の大規模津波防災総合訓練では，地震による津波の浸水状況を，衛星を活用し把握することを想定した訓練が行われている。訓練では，国土交通省中部地方整備局と三重県はそれぞれ，JAXAから提供を受けた衛星画像を用いて災害対応に活用する訓練を行っている。JAXAでは，災害前と災害後の観測画像をカラー合成し，津波による浸水域を推定できる衛星画像を提供できるよう検討を進めている。**写真－3.5.8**は訓練時に提供された模擬的なイメージ画像であるが，浸水域が赤く示され広域な被害の迅速な把握に活用される。

現在，国土交通省と三重県は，災害時に人工衛星を用いて被害状況を迅速に把握し，その後の災害対応に活用することを目的とした協定をJAXAと締結している。

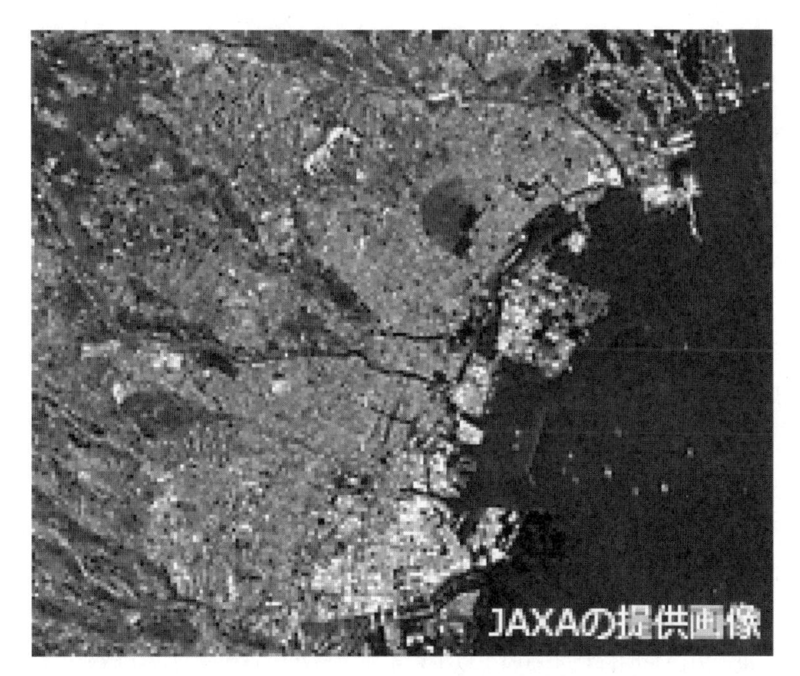

（出典：国立研究開発法人宇宙航空研究開発機構（JAXA）
「国土交通省の大規模津波防災総合訓練で「だいち２号」を利用」）

写真－3.5.8　衛星画像による浸水域情報（訓練用に模擬的に作成されたもの）

（３）調査結果の報告

地震発生後の初動期では震災対応を迅速に実施する必要があるため，緊急調査で把握した被災状況を速やかに支部（支所）等決められた場所に報告することが重要となる。

緊急調査により，道路施設の異常を把握した場合は直ちに報告し，異常が無い場合でも，定点もしくは定時で報告することを明確にし，支部（支所）等に報告することが基本となる。

１）定点報告及び定時報告

地震発生後に実施する道路の緊急調査は，基準以上の震度を観測した地域のすべての路線に対して，早急にパトロールカーで調査することが基本となる。この調査結果を基に，震災への対応方法が指示されていくことにもつながるため，現場からの報告が確実に行われることが重要である。

このため，現場からの報告に関して，調査の開始，主要中間点の通過，調査の終了，被災の有無などを，携帯電話や無線等を用いて口頭で報告する，または口頭で報告する際に写真を併用するなど，支部（支所）等へ確実に正確な情報が報告できる体制を整えておく必要がある。

道路施設に異常があった場合は直ちに報告する。報告する際，写真を併用することで正確な情報を報告できる。写真の伝送ができないために携帯電話等を用いて口頭で報告する場合は，「3-5 緊急調査（1）1）②報告する事象の分類」で示す共有を図った事象の分類を用いて報告することが必要である。

異常が無い場合でも報告が確実に行われるように「定点毎に実施する」あるいは「定時毎に実施する」の報告方法を明確にし，報告者は決められた報告方法を遵守することが必要である。

2）定点報告及び定時報告に関する留意事項

報告方法を明確にする際，以下に示すような定点報告及び定時報告に関する事項に留意する必要がある。

定点報告は，平常時の報告地点間の移動時間を基に，各区間の渋滞状況や被害の有無を予想することが容易となる。しかし，大規模地震の際は，被災による道路の寸断や渋滞のために，計画通りに状況把握が進まず，報告できない状況となることが想定される。

定時報告は，支部（支所）等に決められた時間間隔で情報が入ってくるため情報管理がしやすいが，大規模地震の際は，多くの情報が報告されることが想定され，報告を受ける側の人員配置が少ない場合，情報連絡に支障を来す恐れがある。

定点報告，定時報告は，異常がない場合にも調査実施区間は通行が可能である，渋滞している，スムーズに流れているなどの判断につながるため，確実に実施する必要がある。

調査報告における通信手段については，「3-3（3）通信手段の確保」で整理している特徴を参考に，適切な通信手段を選択して連絡が途絶えないよう留意する。

3）報告を行う際の留意事項

現場からの報告が，情報を集約する班やグループまで多層となって報告される場合，役割分担を決めて報告していくことが必要となる。

例えば，支所では，調査班毎の調査開始時刻，進捗状況，終了時刻の整理・取りまとめを行い，支部に報告する。さらに，現場から被災などの異常の報告を受けた場合は，被災状況や通行止め等の現場の対応状況を支部に報告する。報告の際には，災害対策支部（本部）において，どのような復旧作業により，どのくらいの時間で復旧できるか想定できるよう留意して現場の状況を報告する。災害対策支部から災害対策本部への報告は，一定の時間間隔で支部管内の全体状況を整理し，ＦＡＸ，メールなどを用いて行うとともに，道路閉塞や落橋等の重要な情報は，その都度災害対策本部へ報告する。災害対策本部全体では，ホワイトボード等で各支部の調査状況を集約し，情報の共有を図る。

多層となって報告される場合には特に，調査結果を報告から情報整理まで一連に行うシステムの導入は有効である。

3－6　緊急措置

> 緊急調査により，道路被災がある場合または二次災害の危険性があると判断される場合には，全面通行止めまたは片側交互通行規制等の措置，さらに必要に応じて落石除去や被害拡大防止の対策等の措置を施すことが必要となる。

震災危機管理編における「緊急措置」は，緊急調査によって把握した被害箇所について，必要に応じて重大な二次被害を防止するために行う通行規制措置や，緊急輸送道路確保のために行う措置をいう。

道路の被災箇所が少なく，交通機能を回復するための復旧に資機材や要員が十分に確保できる場合の緊急措置としては，通行規制の実施及びその後機能を回復させる応急復旧となる。

一方，大規模な地震被害を受けた場合の緊急措置は，緊急調査後に，必要に応じて実施する通行規制措置及び道路啓開となる。

（1）通行規制

1）通行規制の判断

通行禁止または制限は，道路の損傷状況を勘案して道路管理者が適切に判断するものである。また，二次災害の危険性がある場合にも，全面通行止めや片側交互通行規制を実施することが必要となる。全面通行止めや片側交互通行規制を実施するかどうか判断に迷わないためには，管理する道路の施設に応じて発生する被害状況を想定し，あらかじめ通行規制の判断基準を設定しておくことが有効である。通行規制の判断基準は，緊急調査の往路，復路で把握できる内容に応じて設定されることが必要である。**図－3.6.1**に，通行禁止または制限の判断基準例を示す。

① 盛土区間
- のり面の流失・崩壊・亀裂段差の発生が道路車線まで及ばず，路肩に限られる時には「車線規制」
- 盛土のすべり崩壊または亀裂段差の発生が道路車線まで及ぶ時には「全面通行止め」
- 崩壊が基礎地盤に及び盛土の形状が原形をとどめない時には「全面通行止め」
- 盛土の一様な沈下に伴って盛土形状をある程度保ちつつ変形した時には「速度規制」
- 構造物背面の盛土が沈下及び亀裂を起こした時には，「通行止め」にした後に覆工板等による処置を施し通行させる
- 盛土が完全に滑動し，路面及び路肩が消失した時は「全面通行止め」
- 路面に亀裂段差が生じ，かつブロック積にはらみ出しが発生した時には「車線規制」

② 切土区間

以下の事象が発見された時には，基本的に「全面通行止め」または「車線規制」を実施する。
- モルタル吹付け面が全面的な損傷
- のり面保護工の全面的な損傷
- 表土層の全面的な崩壊
- 崩壊土砂による閉塞が車線あるいは路肩に及ぶもの
- モルタル吹付け面の部分的な損傷
- 落石防止ネットあるいは柵に損傷
- モルタル吹付け面のクラック発生

③ トンネル区間

以下の事象が発見された時には，基本的に「全面通行止め」とする。
- 坑口周辺の崩壊
- 巻立て部の部分的剥離
- 覆工に大きなひびが入った場合
- 覆工の大規模な崩落
- 異常な漏水

④ 橋梁区間

落橋しているもののほか，以下に示す被害が１箇所でも発見された場合には通行止めとする。

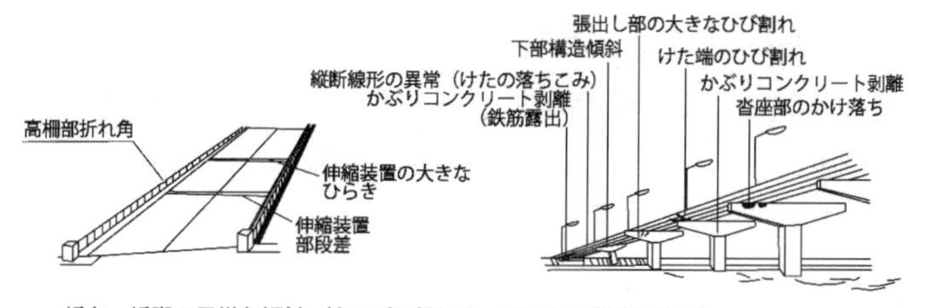

- 橋台・橋脚の異常な傾斜，沈下（目視によってわかる程度のもの）
- 鉄筋コンクリート橋脚，橋台の亀裂（鉄筋が見え，鉄筋破断やはらみ出し，かぶりコンクリートの剥離等が発生している重大なもの）
- 鋼橋脚の亀裂・溶接部の破断，目立つ程度のへこみ・ふくらみ・明らかな座屈
- 上部構造（コンクリート）：大きな亀裂（鉄筋の見える程度），大きな剥離，脱落
- 上部構造（鋼橋）：フランジの破断，ウェブの局部座屈，トラスの一次部材の破断
- 支承部の破損（沓の破壊，ボルトの破断，沓座部のコンクリートの破壊）
- 伸縮継手の通行不能なひらき，段差の発生
- 落橋防止構造の破壊，変形

（出典：国土交通省関東地方整備局「道路震災対策マニュアル(案)」）

図－3.6.1　通行禁止または制限の判断基準（例）

2）通行規制の方法

緊急調査を実施している者が行える通行規制は，軽微な措置となる場合が想定される。緊急調査を継続する必要があるため，被災状況の報告及び現場対応の支援を要請した後，通行規制等の措置を実施することとなる。

①通行規制用の機材がある場合

・バリケードとロープによる規制。

・セーフティーコーンによる規制。

・規制標識，立て看板，赤色灯などの併用。

②通行規制用の機材がない場合

・周辺の物品等を利用して運転者の注意を引くようにする。

・ポールを被害箇所に立てておく。

・スプレー，チョーク等で路面上に書く。

・赤旗等を被害箇所に立てておく。

（2）必要に応じた措置

緊急調査時に道路被災を把握した際，被害の拡大を防止するための措置を実施する必要がある。なお，緊急調査を行う人員や携行している資機材等により実施できる内容には限界があるため，被災状況に応じて現場対応の支援を要請することや，防災責任者の指示による作業を実施することが必要となる。

交通機能を回復するための復旧対応方法は震災復旧編を参考とするのがよい。なお，道路の被災箇所が少ないため緊急調査を進めながら実施できる作業として，以下のような簡易な処置がある。

①支障物除去（人力で移動できる程度のもの）

・路上に落下している落石の除去

・倒木の除去や移動

②被害拡大防止の対策

・亀裂の開口部にビニールシートをかぶせ水が流入しないようにする。

3－7　道路啓開

大規模な地震により被災した道路が緊急輸送道路として指定されている場合には，緊急通行車両が通行可能になるよう対応が必要となる。また，緊急輸送道路から一般道路への物資輸送を確保するための緊急措置が必要となる。このために，大規模な地震に対して想定されている道路啓開計画にあわせた一般道路の道路啓開計画や危機管理計画の被害想定に基づく道路啓開計画を策定し，管理する道路に対して道路啓開活動が行われることが必要である。

（1）道路啓開計画

1）道路啓開計画の基本的な考え方

東日本大震災では，「くしの歯作戦」と呼ばれる道路啓開活動を行って緊急輸送道路を確保し，人命救助や緊急物資の輸送，復旧・復興に大きく貢献した。人命救助で生存率が大きく変化する時間は3日間とされ，一般的に「72時間の壁」と言われている。その時間内に迅速に道路啓開できるかどうかが人命救助に直結することとなる。

現在策定されている道路啓開計画を基本とした一般道路での道路啓開計画や，今後地域で予想される地震に対して主要都市を考慮した道路啓開計画を事前に検討しておく必要があり，緊急通行車両が通行するための路線に対して緊急措置を行う必要がある。以下に，大規模地震に対して現在策定されている各地域の主な道路啓開計画を示す。

○首都直下地震

・首都直下地震道路啓開計画

○南海トラフ地震

・中部版「くしの歯作戦」

・南海トラフ地震に伴う津波浸水に関する和歌山県道路啓開計画

・四国広域道路啓開計画

・九州道路啓開計画

これらの道路啓開計画では，被災規模が大きい地域に対して消火活動，救命・救助活動，緊急物資の輸送を実施するために，その地域まで緊急通行車両が移動できるルートを切り啓く（道路啓開を実施する）ことを目的としており，道路啓開を実施するためにそれぞれの計画で啓開ルートを設定している点が共通している。

南海トラフ地震を想定した中部版「くしの歯作戦」では，津波等により甚大な被害を受けることが予想される沿岸地域へのアクセスルートを定めた道路啓開を検討している（**図－3.7.1**）。

首都直下地震を想定した八方向作戦では，壊滅的な被害が予測される都心部への啓開ルートは，被災状況に応じて，比較的通れるルートを計画している（**図－3.7.2**）。

このように，啓開ルート設定の考え方は，想定される被災規模や地域特性によって，異なって策定されることに留意する。

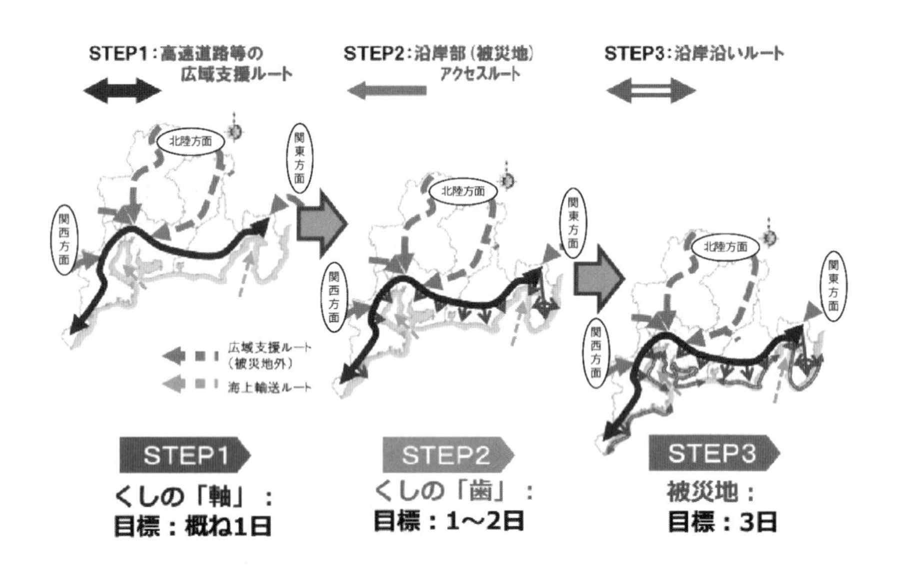

（出典：中部地方幹線道路協議会「中部版「くしの歯作戦」」）

図－3.7.1　南海トラフ巨大地震に備えた中部版「くしの歯作戦」の啓開ルート

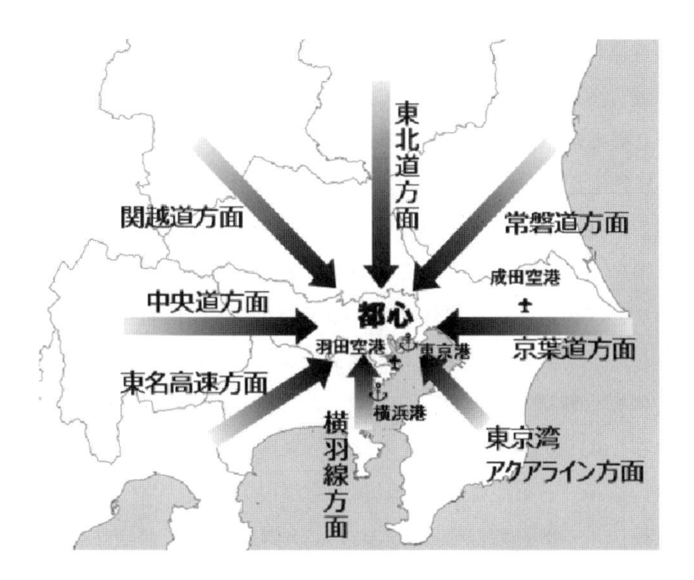

（出典：首都直下地震道路啓開計画検討協議会「首都直下地震道路啓開計画（改訂版）」）

図ー 3.7.2　首都直下地震に備えた八方向作戦の啓開ルート

①都市圏での道路啓開計画策定の留意点

道路ネットワークが充実している都市圏では，放置車両や帰宅困難者，建物倒壊等の都市特有の被害があることを踏まえ，地域の状況に応じて複数の方面から道路啓開を実施する。さらに，設定される場所にいち早く到達させるため，啓開作業は最も被害の少ないルートを選定して実施する。地震発生後，迅速かつ適切に啓開ルートを選定する必要があるため，道路啓開計画には，想定されるいくつかのルート案を決めておくことや，情報の集約からルートを決定するまでの対応を明確にしておく必要がある。

②沿岸地域での道路啓開計画策定の留意点

沿岸地域では都市圏と異なり，津波などにより甚大な被害を受けた地域に到達させるため，決められたルートの道路啓開を実施する計画となる。道路啓開とともに，排水作業の計画や，海上からの輸送航路の啓開を含めて計画するとともに，内陸部への道路啓開も併せて策定する必要がある。

2）必要資機材の算定

緊急通行車両の啓開ルートを設定した上で，実際にそのルートを啓開するために必要となる資機材を算定する。必要となる資機材の算定にあたっては，「3）緊急輸送ルート確保に向けた具体的な手段の検討」に示すような具体的な対応方法を想定する。算定した結果から，支所や災害協定協力会社等で備蓄している資材で対応できるか整理することとなるが，人員・資機材が不足することが想定される場合には，関係会社（機関），団体等と相互支援体制を構築した上で緊急輸送ルートの確実な確保に努める必要がある。相互支援体制の構築や資機材の確保，備蓄については，「2-4 危機管理計画（3）応援協力体制，(4) 資機材等の調達体制」を参照されたい。

3）緊急輸送ルート確保に向けた具体的な手段の検討

緊急輸送ルートを確保する上では，管理する道路で想定される被災状況を可能な限り具体的に想定することが必要であり，この被害想定に対してどの様な手段で緊急輸送ルートを確保するかを具体的に検討しておく必要がある。また，道路啓開活動が確実に実施できるように，近隣住民に事前に周知しておくことが重要となる。**図－3.7.3** に，想定される被害や対応方法等を検討する際に参考となる道路啓開の概念図を示す。

（2）道路啓開活動

1）段差解消

路面の段差や陥没，路面への崩土等のうち，被害が比較的軽微であり，かつ被災箇所前後の交通の妨げになっている場合には，土のう（**写真－3.7.1**）や砕石（**写真－3.7.2**），アスファルト（**写真－3.7.3**）等により段差・陥没箇所を埋めたり，崩土を除去する等の緊急的な処置により，緊急車両の通行を確保する。

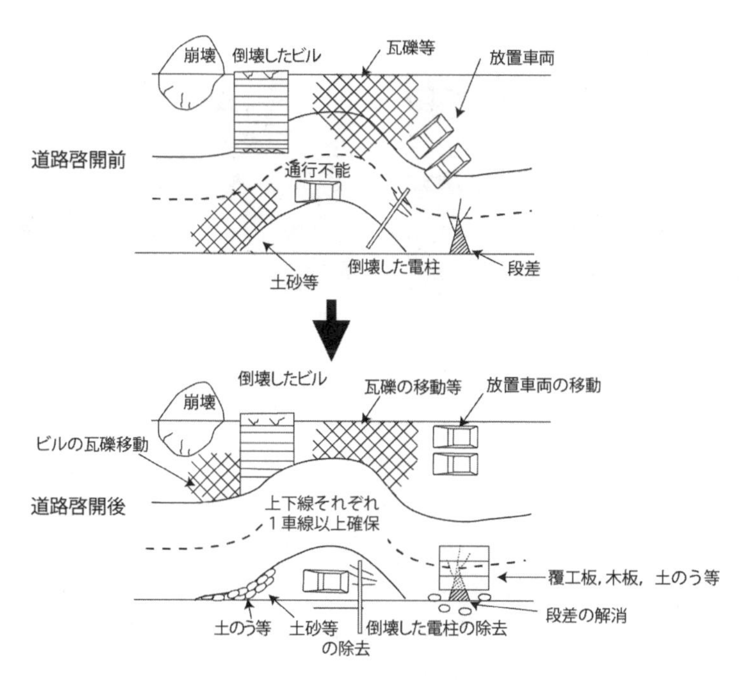

図－ 3.7.3　道路啓開の概念

写真－ 3.7.1　土のうでの段差解消

写真－3.7.2　砕石での段差解消

写真－3.7.3　アスファルトでの段差解消

2）放置車両の移動

平成26年11月に改正された災害対策基本法では，大規模災害時における道路管理者による放置車両・立ち往生車両等の移動に関する規定が盛り込まれた。これは，大規模災害時には，道路の被災等により深刻な交通渋滞や大量の放置車両の発生が懸念されること，また，大雪時にも車両の通行が困難となることにより，立ち往生車両や放置車両が発生する可能性も懸念されることから，放置車両対策等の強化を図るものである。**図－3.7.4**に災害対策基本法に基づく車両移動の流れを，**図－3.7.5**に地震時の車両移動イメージを，**写真－3.7.4**に訓練状況を示す。

放置車両・立ち往生車両等の移動は，「災害対策基本法に基づく車両移動に関する運用の手引き」(平成26年11月，国土交通省道路局）を基本としつつ，実際の災害の状況に応じて，臨機応変の対応が必要になることに留意されたい。

都市部では，交通渋滞に伴うガス欠や延焼火災の切迫に伴い，大量の放置車両が発生する恐れがあることから，放置車両の現実的な処理方策を検討する必要がある。

除去後の放置車両の仮置き場としても利用可能な空き地のリスト化を事前に行い，随時，情報を更新しておくことにより，放置車両の除去体制を充実させることが重要である。

放置車両以外の路上障害物（街路樹，道路標識，倒壊した建物などの瓦礫等）は，道路法第42条に基づく通常の維持管理行為でも除去可能である。

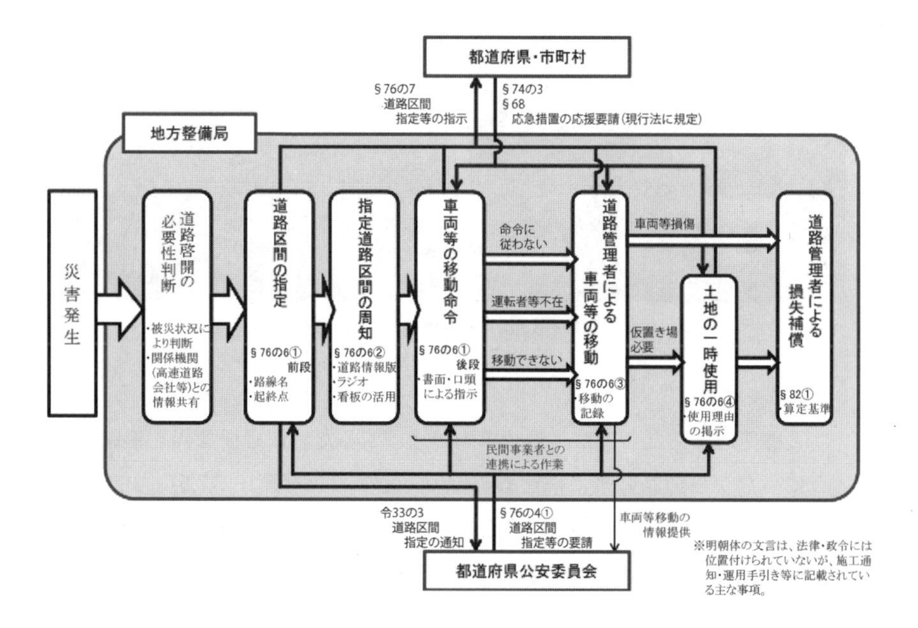

（出典：国土交通省道路局「災害対策基本法に基づく車両移動に関する運用の手引き」）

図－ 3.7.4　災害対策基本法に基づく車両等の移動の流れ

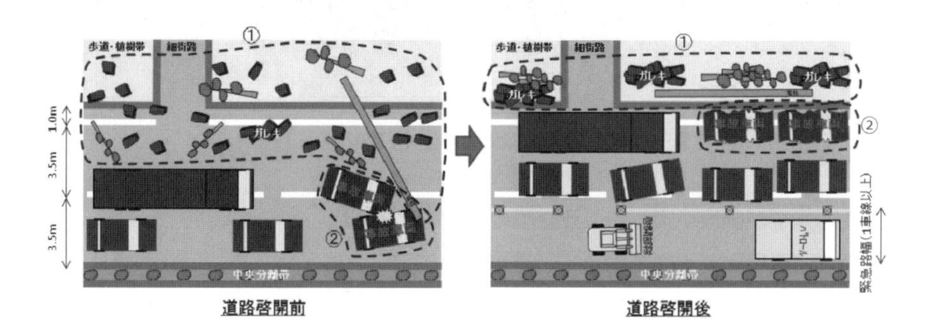

（出典：首都直下地震道路啓開計画検討協議会：「首都直下地震道路啓開計画（改訂版）」）

図－ 3.7.5　車両移動イメージ

写真－ 3.7.4　車両移動訓練の様子

3）瓦礫の処理

瓦礫処理にあたっては，緊急車両が通行するために必要な幅を確保するようにしながら道路の端に寄せることで対応する（**写真－ 3.7.5**）。また，瓦礫を処理している途中に要救助者を発見した場合は警察・消防等へ，財産物を発見した場合は警察または自治体へ連絡する必要があるので留意する。

写真－ 3.7.5　道路上の瓦礫処理（平成28年熊本地震）

4）作業が確実に実行されるための周知

道路啓開計画に基づいて道路啓開を確実に実施するためには，災害協定協力会社等の実行力が重要となる。災害協定協力会社等に対して連携調整会議を通じて道路啓開計画の周知を行うとともに，「2-5 地震防災訓練」で示している実働訓練や，ロールプレイング訓練を取り入れた情報伝達訓練を行うことが有効である。

なお，災害協定協力会社等の理解や事前準備，啓開作業時の確認等のために，以下を示すものなどを提供することが考えられる。

①作業マニュアル

連絡体制，役割分担，作業要領，必要な人員，資機材，記録方法等を具体的に記載した道路啓開作業内容のマニュアル

②道路啓開手帳

発災時の連絡体制や作業要領等，具体的な行動を記したコンパクトな手帳など

③担当別区間票

各道路啓開区間の担当業者，連絡先，被害想定，必要資機材を個票として作成し，互いの区間での情報共有ツールとして利用

④教育ビデオなど

平常時より作業に従事する作業者の理解を深める

5）道路啓開の代行による救援ルート確保

救援ルートの確保を速やかに行うため，道路啓開を国が代行する制度や手続きを事前に把握しておくことが必要である。

・「災害が発生した場合における重要物流道路等の管理の特例」
（道路法第48条の19））

指定区間外の国道，都道府県道または市町村道で災害が発生した場合において，都道府県または市町村からの要請により国が道路啓開を代行するもので，重要物流道路や，重要物流道路と交通上密接な関連を有する代替路や補完路が対象となる（**図－3.7.6**）。

(1)基幹道路同士が近接する場合

(2)基幹道路同士が近接しない場合

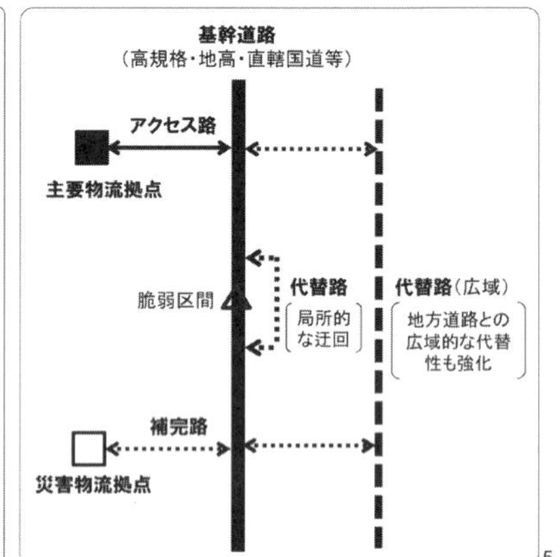

（出典：国土交通省道路局「重要物流道路制度の創設について」）

図ー 3.7.6 代替路・補完路のネットワーク設定のイメージ

（3）迂回路の設定

道路の被災により，通行が当面不可能となることが想定される区間には，交通の円滑な流れを確保するため，緊急輸送ルートとは別に迂回路を設定することが必要となる。

迂回路の設定にあたっては，交通の安全確保を最優先に考えて選定する必要がある。迂回路として選定した道路が，他の道路管理者が管理する道路である場合には，事前に双方で問題を調整した上で，共同で設定することが望ましい。

平成７年の兵庫県南部地震では，防災関係機関による公的な交通だけでなく，一般市民・被災者自身による避難，物資輸送，支援などの交通が多かったことから，これらの交通が重要度・緊急性及び総量の点から無視できない状況となった。負傷者や病人，緊急物資の搬送に一般車両が使われている例も多く，緊急輸送を円滑かつ確実に実施するためにも迂回路を明確化する必要がある。

平成 28 年熊本地震では，高速道路においても道路施設に甚大な被害を受けたため，全面通行止めにより大規模な渋滞が発生した。そのため，道路管理者や警察等で構成した連絡会を開催し，**図ー 3.7.7** に示す迂回路を設定して渋滞対策を行った。**表ー 3.7.1** に連絡会の構成員を，**表ー 3.7.2** に渋滞対策の経緯を示す。

過去の大規模地震後のような，交通状況に応じた迂回路設定を行う場合や関係機関等と連絡会を開催し迂回路を設定する場合を想定して，事前に関係機関等と連絡調整を行える体制を明確にしておくことが有効である。

1）迂回路選定にあたっての留意事項

①十分な安全性・交通容量が確認されていること。

②大型車の通行が可能であること。

③渋滞や騒音が発生した際の苦情に対処できるようにすること。

事前に迂回が必要となるエリアを想定し，関係する道路管理者及び警察と協議しておくとスムーズな対応が期待できる。

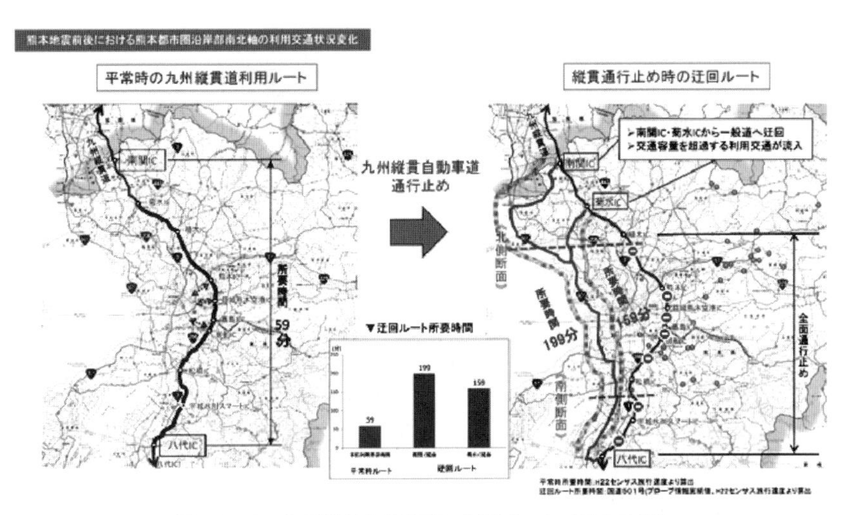

図ー 3.7.7　九州縦貫自動車道の迂回ルート（熊本地震）

表ー3.7.1　九州縦貫道通行止めに関する連絡会の構成員

組　織	構成員
九州管区警察局	広域調整部
熊本県警本部	交通部
熊本県警本部	土木部　道路都市局
熊本市	都市建設局　土木部
西日本高速（株）九州支社	総務企画部
	建設改築事業部
日本道路交通情報センター	福岡事務所
九州地方整備局	道路部
	熊本河川国道事務所

表-3.7.2　渋滞対策を行った例

日　付	通行止め／通行止め解除	連絡会	調査及び渋滞対策内容
4/14（木） 前震	九州道（益城熊本空港～松橋） L=19km 九州中央道（嘉島～小池高山） L=2km		広域調整部
4/15（金）		第1回	●迂回路設置について
4/16（土） 本震	九州道（植木～八代）L=56km		
4/18（月）			・迂回路看板等の設置（R501, IC等） ・迂回路看板効果の確認，取りまとめ
4/19（火）	通行止め解除※緊急車両のみ 九州道（植木～益城熊本空港） L=19km		
4/21（木）		第2回	● R443通行止め解除に伴う迂回路の変更
4/22（金）		第3回	●九州道規制解除による迂回路変更
4/23（土）			一般交通量調査開始
4/25（月）		第4回	●九州道規制解除による迂回路設置
4/26（火）	通行止め解除 九州道（嘉島～八代）L=33km 九州中央道（嘉島～小池高山） L=2km	第5回	● GW期間の渋滞対策について ・誘導案内看板の追加設置
4/28（木）		第6回	● GW期間中の渋滞対策について
4/29（金）	通行止め解除 九州道（植木～嘉島）L=23km		
5/15（日）			一般交通量調査終了

3－8　応急復旧

道路が被災した場合には，速やかに通行機能を確保することを目的として，応急復旧を行う。

（1）応急復旧計画

緊急輸送道路が輸送ネットワーク全体として機能することが重要であることから，基本的には事前に定めておいた緊急輸送道路等を最優先とした応急復旧計画を立案する。

1）応急復旧計画の立案

道路の被災箇所が少なく，復旧を行う人員や資機材が十分に確保できている状況下では，応急復旧は基本的に同時並行的に処理することができ，それらの優先順位は特に問題とならない。しかしながら，道路の被災箇所が多く，復旧のための人員や資機材が絶対的に不足する状況下では，関係道路管理者と調整を図り，優先順位をつけながら応急復旧を行う必要がある。被災規模が大きい場合は，道路管理者間で調整を図り，相互に作業体制の支援を行えるようにする。

また，応急復旧の優先順位に関しては，応急復旧の対応済み箇所が少ない早期段階でもネットワークとしての道路通行機能が十分に確保できるように設定することが重要である。

応急復旧のための調査や工法等に関しては，道路震災対策便覧（震災復旧編）等が参考になる。

2）情報の整理

応急復旧計画を効率的に立案するために，道路の通行可能情報，道路の被災情報，緊急措置情報，支援情報，通行規制状況，情報提供（広報）の状況等の情報を一元的に管理し，共有しておく。

各関係部署，関係機関，災害協定協力会社等との相互情報連絡を密接に行う必要があり，緊急調査によって収集した情報や，関係機関等との情報交換による路線毎の応急復旧の要請等を収集・整理する。

表－ 3.8.1 に，収集・整理すべき情報を示す。

表－ 3.8.1　収集・整理すべき情報内容

情報項目	内　　　　　容
通行可能情報	・該当時点での交通が確保できている（通行が可能な）道路
被災情報	・道路の被災箇所に関する情報（路線別箇所数ほか） ・道路の被災内容の内訳及び規模に関する情報（被災種別毎箇所数ほか）
緊急措置情報	・該当時点での緊急措置に関する実施状況
応援・支援情報	・協定業者，民間団体，他道路管理者等の応援に関する情報
通行規制情報	・道路の規制に関する情報
情報提供（広報）状況	・道路利用者、関係機関に対する情報提供の状況

（2）応急復旧の実施

> 応急復旧の実施に際しては，資機材の調達，交通規制，瓦礫置き場等について，関係機関等と調整を図りながら実施する。
>
> また，速やかに応急復旧を行うために，特例措置等の活用も考慮する。

応急復旧を迅速に行うためには，関係機関等との連絡調整，応急復旧期間中の交通処理，応急復旧工法の選定，応急復旧工事（体制，資機材調達搬入）の実施まで，作業や調整の手順を示した作業フローやフロー中の各作業段階での関係機関等との連絡先を整理・取りまとめておくと有効である。

応急復旧を速やかに行うためにも，特例措置や権限代行の内容や手続きを事前に把握しておくことも必要である。

1）関係機関等との調整事項

応急復旧の実施に際しては，関係機関等と次のような調整を行う。

①資機材の調達調整

応急復旧に必要な資機材及び組織について，事前に立案しておいた調達計画により，競合する部分を各道路管理者と調整した上で，重複等のないように調整する。また，被災地近隣のプラントは停電等により使用できないことが考えられることから，他の地区から資材を調達できるよう連携体制を整えておく必要がある。

②交通規制の調整

警察及び公安委員会の行う交通規制において，応急復旧のための作業車が円滑に通行できるように事前に調整を行う。

③瓦礫置き場等の調整

過去の大規模地震では，大量の構造物が倒壊したことによる瓦礫の仮置き場の確保や，事前に計画したスペースが別の用途に用いられた等の事例があった。したがって，応急復旧で発生する瓦礫の仮置き場等について，事前に防災関係機関と調整を行っておくことが必要である（**写真ー 3.8.1, 3.8.2**）。

写真ー 3.8.1　コンクリート殻等の廃棄
（平成 23 年東北地方太平洋沖地震）

写真ー 3.8.2　瓦礫の仮置き
（平成 28 年熊本地震）

2）応急復旧時の留意事項

以下に，応急復旧を実施する際の留意点を示す。

①交通の処理

大規模地震では，被災地域の交通の誘導等のために多くの労力が必要とされる。このため，交通処理に対して十分な人員を確保できるようにするとともに，作業員の健康管理にも十分に配慮する必要がある。

②災害協定協力会社等との緊密な連携

応急復旧等の作業においては，災害協定協力会社等との緊密な連携を図り，迅速な道路交通の確保に努める。このため，災害協定協力会社等には，次のような対応を図り，作業の進捗状況を常に把握しておくように努める。災害協定協力会社等には，１日の作業の開始時と終了時に，以下の内容を確認するための電話連絡を入れてもらう等，定期的に状況を報告してもらう。

・動員人数，班数と配置。

・担当している応急復旧現場の作業内容，進捗状況，今後の見通し。

・資機材の過不足状況及び調達の見通し。

③応急復旧前後写真の撮影

後に災害復旧申請をする場合も考慮して，応急復旧工事の前後写真の撮影に努めることが望ましい。

④災害協定協力会社等以外の民間会社の活用

地震発生時においては，災害協定協力会社等だけでは人員・資機材が不足することが考えられる。したがって，必要に応じて，以下に示すような災害協定協力会社等以外の民間会社に対しても支援を求める。

・当該支部で現在工事を実施している会社。

・地元施工会社。

・他の支部の災害協定協力会社等。

⑤住民への情報提供

作業を円滑かつ効率的に遂行するために，道路の通行を禁止したり，制限したりすることが必要となる。また，作業によっては騒音が発生する可能性がある。このような情報は，回覧・チラシの配布，マスメディアを活用した広報等により，道路利用者や地域の人々に対し積極的に情報提供する。

3） 災害時の特例処置の活用

以下に，特例措置や権限代行の内容を示す。

①「緊急随意契約」

（会計法第29条の3第4項，地方自治法施行令第167条の2第1項第5号）

東日本大震災の際，緊急輸送道路を迅速に確保することを目的とし多数締結された契約。業者を選定した後に，「協議書」「承諾書」を取り交わすことで，地震発生後の迅速な工事着手を可能とした。

②「国による権限代行」

（道路法第27条）

工事が高度の技術を要する場合または高度の機械力を使用して実施することが適当であると認める場合，指定区間外の国道の災害復旧に関する工事を国土交通省で行なう。

熊本地震の際，熊本県が管理する国道325号の阿蘇大橋架替工事は，活断層に隣接し，さらに深い谷間での工事となることから，復旧には高度な技術を要すると判断した上で，道路法の規定に基づき，直轄代行事業として実施している。

③「災害が発生した場合における重要物流道路等の管理の特例」

（道路法第48条の19）

指定区間外の国道，都道府県道または市町村道で災害が発生した場合において，都道府県または市町村からの要請により国が災害復旧に関する工事を代行するもの。

重要物流道路や，重要物流道路と交通上密接な関連を有する代替路や補完路が対象となり，高度の技術を要するものまたは高度の機械力を使用して実施することが適当であると認められる災害復旧に関する工事を国土交通省で行うことができる。

④「国，都道府県による権限代行」

（大規模災害からの復興に関する法律第 46 条）

被災地方公共団体の長から要請を受け，必要性により国により特定災害復旧等道路工事を行う。また，特定大規模災害等を受けた市町村に代わり，必要により都道府県が特定災害復旧等道路工事を行う。

熊本地震の際，村道栃の木～立野線で斜面崩落や阿蘇長陽大橋等の甚大な被害により地域の生活道路が通行不能となったため，南阿蘇村からの要請を受け国土交通省が約 3 km を代行し早期の応急復旧が行われた。同じく，県道熊本高森線では，俵山トンネル等 2 トンネル，大切畑大橋等 6 橋に被害を受けた約 10km 区間において，国土交通省が権限代行で災害復旧を進めている。

熊本県においても，南阿蘇村から要請を受け，村道喜多～垂玉線を含む 3 路線，合計約 6 km 区間を代行し，災害復旧が行われている。

3－9　余震時の対応

本震により道路施設がすでに被災していたり，脆弱になっているため，余震による二次災害が発生することのないよう安全確保に努めることが重要である。

余震発生時にも，本震と同様に緊急調査を行い，必要に応じて緊急措置，応急復旧を実施する。

緊急調査実施時に調査対象となる余震が発生した場合，本震における緊急調査を継続し，余震発生後に調査した箇所は本震，余震の調査をかねる。余震発生前に本震調査が終了した箇所は，すべての本震調査が終了した時点で，その部分のみ再度余震調査を実施するなど，余震時の調査のあり方を明確化しておく必要がある。あるいは，本震調査班と余震調査班を別に配置し同時に実施することも考えられる。

新潟県中越地震では，十日町で本震の震度が6弱だったのに対して，本震の30分後に発生した最大余震では，6強の震度を観測し，同様に六日町では，本震の震度が5強だったのに対して，最大余震では6弱の震度を観測した。

このように，余震はある程度の幅を持って発生することから，余震の発生する場所によっては，余震の震度が本震よりも大きくなる地域があることもあり，調査の際にはそのことも留意する必要がある。

一方，緊急調査，緊急措置，応急復旧時にも余震は発生することから，各対応時の安全確保には十分留意し，余震発生後は速やかに災害対策本部・支部に状況を報告する。**図－3.9.1**に主な内陸地震の余震回数の時間変化を示しているが，発生回数は地震毎に大きく異なるものの，活動開始から数日間で発生する余震が多いことが分かる。前述のように余震の震度が本震よりも大きくなる場合や，熊本地震のように震度7を記録した前震の後に本震が発生したケースもあるため，対応時に二次災害が発生することのないよう安全確保に努めることが重要である。

本震により道路施設がすでに被災していたり，脆弱になっていることも考えられ，通常の調査方法とは異なる調査ポイント，調査方法等を設定することにも留意する。平成16年新潟県中越地震では，斜面崩壊危険箇所は震度3でも調査を実施，夜間に余震が発生した場合は，翌朝になってから調査を実施（暗くて状況把握が困難，調査者の安全確保も困難なため）するなど，具体的に余震時の対応を決めて実施している。また，平成28年熊本地震では，前震，本震により地盤が脆弱になっている可能性が高く，雨による土砂災害の危険性が通常より高いと考えられたことから，熊本県，大分県，福岡県，佐賀県，長崎県，宮崎県のうち震度5強以上を観測した市町村において，土砂災害警戒情報の発表基準を引き下げた暫定基準（通常基準の7～8割）を設けて運用することで二次災害の防止に努めた。

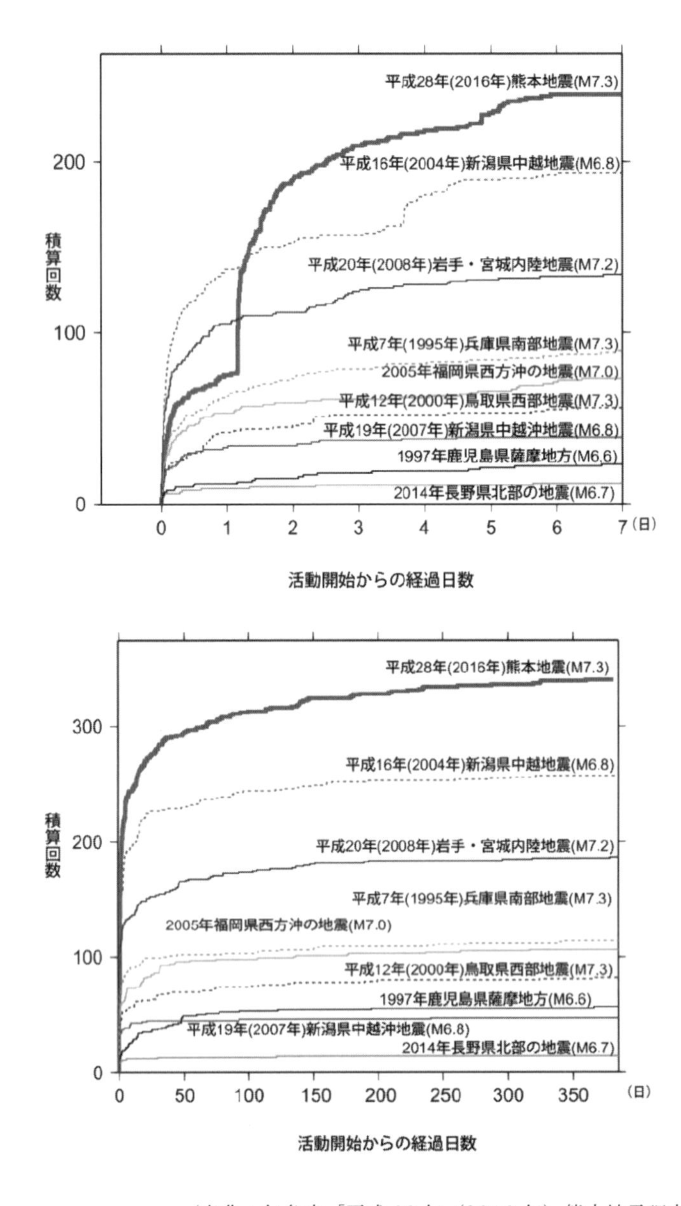

（出典：気象庁「平成 28 年（2016 年）熊本地震調査報告」）

図－ 3.9.1 余震回数比較（マグニチュード 4 以上）

第4章　連携・支援・受援

大規模地震が発生すると，個々の道路管理者においては様々な支障により対応がスムーズにいかず混乱した状況が発生することも予想される。このため，地震発生前から道路管理者間あるいは道路管理者と関係機関との間で地震発生後の対応を想定した連携のあり方について協議を行っておくことが考えられる。

また，大規模地震発生直後の状況把握や復旧に対して，道路管理者自らの人員・資機材による対応が困難と考えられる場合は，事前に協定を結んでいた機関や近隣の道路管理者に支援を要請することもある。

道路管理者は，支援をする立場にも受ける立場にもなり得ることを想定しておく必要がある。

本章は，第1章 **図－1.4.1** の連携・支援・受援であり，構成は，**図－4.1** に示すとおりである。

本章では，まず連携体制の構築について示す。ここでは，道路管理者間あるいは道路管理者と警察や自衛隊，ライフライン事業者等との連携について，どのような場面でどのような連携が必要かを示す。4-2 では，緊急災害対策派遣隊（TEC-FORCE）に関する各種情報を紹介しながら，状況把握及び復旧における支援のあり方を示す。最後に，都道府県や市町村における受援体制の構築に関する基本的な考え方や留意点を示す。

第4章の構成

4－1　連携体制	—（1）道路管理者間の連携体制
	—（2）関係機関との連携体制
	—（3）連携の取り組み
	—（4）情報共有の取り組み
4－2　状況把握及び復旧の支援	—（1）災害時支援の取り組み
	—（2）緊急災害対策派遣隊（TEC-FORCE）
4－3　受援体制	—（1）受援計画の必要性
	—（2）受援体制の構築

図－4.1　第4章の構成

４－１　連携体制

（1）道路管理者間の連携体制

> 大規模地震発生直後は，道路のネットワークとしての機能を早急に復旧したり，正確な情報を提供する必要があるため，平常時よりどの機関とどのような場面でどのような連携を図る必要があるかを道路管理者間で明確にしておくことが重要である。

地震発生直後には，人・物資・情報管理等あらゆる面において多大な混乱が生じる可能性がある中で，救助・救急，二次被害の防止，支援物資の輸送，地域経済活動の確保など道路の持つ役割は非常に大きい。このため，道路のネットワークとしての機能を早期に復旧したり，安全確保のために正確な情報を迅速に提供することが必要になる。

これらを実現するためには，道路管理者間の連携が重要である。道路管理者間の連携がない場合，例えば道路の通行の可否，被災状況の全容等の情報が共有されないことで道路ネットワークとしての機能の復旧が遅れたり，道路の通行止め，渋滞等により資機材等が現場に届かないことで被災地復旧が遅れる等の支障が発生することが予想される。

1）連携する際の重要な事項

道路管理者間の連携する際の重要な事項を以下に示す。

①連携体制の明確化

平常時より，どの機関とどのような内容で連絡，連携を図る必要があるかを明確にしておくことが重要である。また，連携が確実に図れるよう，連絡先・担当者名・連絡手段等を明確にしておくとともに，日頃から連絡調整を密に図ることが重要である。なお，連絡手段については通信規制や通信機能のマヒを想定して，複数の手段を優先順位とともに決めておくことが必要である。道路管理者一覧と主な管理道路については，「1-5 用語の定義」に記載しているため参照されたい。

②連携内容

表－ 4.1.1 に，道路管理者間で連携が必要な主な内容を示す。

表－ 4.1.1　道路管理者間で連携を必要とする事項

連 携 項 目	連　携　内　容
○地震発生直後から早期に連携が必要な事項	
通行規制，通行規制解除，通行可能情報	各機関の通行規制，通行可能情報を把握することで，迂回路の選定，交通の流れの円滑化等に活用できる
復旧見込み	復旧の時期を把握することで，他の被災箇所の復旧優先度，当該路線の利用見込等の予測ができる （ただし，この時点では短期間で復旧可能あるいは復旧に長期間有する等の情報に限られる）
○多くの被害が確認される際に連携が必要な事項	
支援体制の検討	道路の早期啓開，復旧において効率的な人員，資機材の配備により迅速な対応が期待できる
緊急輸送道路の情報	緊急輸送道路の情報を共有し提供することにより，人命救助車両，支援物資の輸送，復旧資機材の運搬等に活用できる
○道路に関する問い合わせが集中するようになった際に連携が必要な事項	
道路利用者への情報提供	道路利用者へ情報提供する際は，ネットワークとしての情報を提供することでスムーズな交通の流れに寄与できる
○調査等が終了し，応急復旧が開始される際に連携が必要な事項	
復旧優先度の検討	道路管理者間で復旧優先度を協議することで，緊急輸送道路としての早期復旧あるいは線として必要な道路の早期復旧が期待できる
資機材の配備・運搬	資機材の配備・運搬計画がスムーズにいき，少ない資機材を効率よく稼働させることができ，また無駄な動きを抑制することも期待できる
○一般道路の復旧が長期化し道路交通機能の確保が必要になった際に連携が必要な事項	
高速道路等の無料通行措置	一般道路の被害により道路の線としての流れが遮断された場合など，高速道路，有料道路等を一時的に無料化し交通の流れを確保することもある

③実行性が向上する工夫

・どの道路がどの管理機関が管理する道路かを把握するために，都道府県毎に当該道路を管理する機関の諸元等を平常時よりマップに記載する等しておくと，地震時の対応に役に立つ（**図－ 4.1.1**）。

・道路管理者間の連絡体制を確実にするためには，**表－ 4.1.2** に示すように連絡先と連絡手段に優先順位をつけて一覧表を作成するなどの工夫が必要である。なお，これらは道路管理者間のみならず関係機関との間でも同様に作成しておく必要がある。

・地震時に道路利用者から多く寄せられる道路の通行可否に関する問い合わせに対応するためにも，災害時の道路状況に関する情報を道路管理者間で一元的に管理し，情報共有する仕組みを構築する必要がある。

・災害対応上重要な対応においては，複数の職員が内容を理解しておくことが重要であり，連絡担当者が責任を持って関係機関等と情報交換を実施し，入手した情報は時系列に整理するとともに，最新の情報を本部，支部内で共有する体制を構築しておくことが必要である。

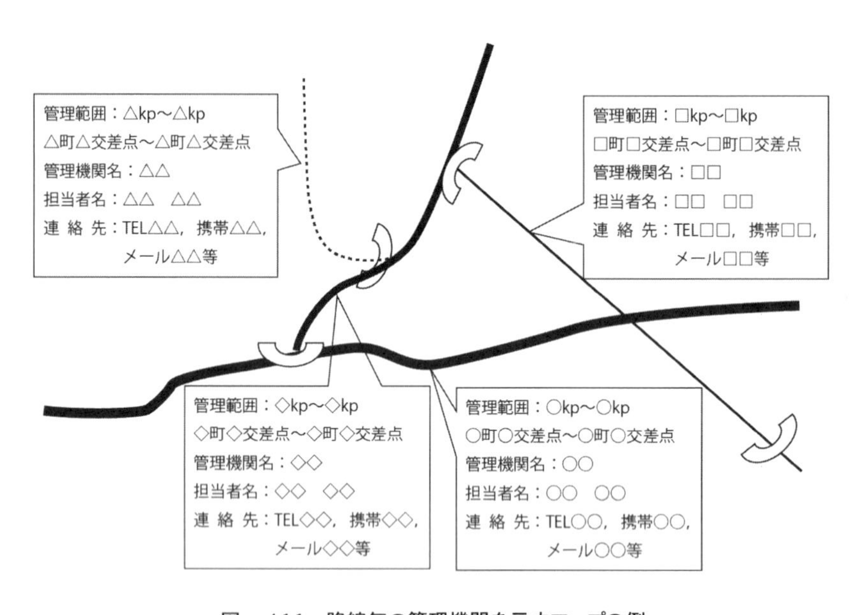

図－4.1.1　路線毎の管理機関を示すマップの例

表－4.1.2　関係する道路管理者の連絡先一覧表の例

	担当者名	連絡手段1（優先度1）	連絡手段2（優先度2）	連絡手段3（優先度3）	連絡手段4（優先度4）
○○機関	1○○ ○○ 2△△ △△ 3□□ □□ ・ ・ （優先順位等）	電話○○-○○○○ 電話△△-△△△△ 電話□□-□□□□ ・ ・	携帯○○○-○○○○-○○○○ 携帯△△△-△△△△-△△△△ 携帯□□□-□□□□-□□□□ ・ ・	メール○○@○○.○○ メール△△@△△.△△ メール□□@□□.□□ ・ ・	マイクロ
△△機関	1○○ ○○ 2△△ △△ 3□□ □□ ・ ・ （優先順位等）	電話○○-○○○○ 電話△△-△△△△ 電話□□-□□□□ ・ ・	携帯○○○-○○○○-○○○○ 携帯△△△-△△△△-△△△△ 携帯□□□-□□□□-□□□□ ・ ・	メール○○@○○.○○ メール△△@△△.△△ メール□□@□□.□□ ・ ・	衛星携帯
□□機関	1○○ ○○ 2△△ △△ 3□□ □□ ・ ・ （優先順位等）	電話○○-○○○○ 電話△△-△△△△ 電話□□-□□□□ ・ ・	携帯○○○-○○○○-○○○○ 携帯△△△-△△△△-△△△△ 携帯□□□-□□□□-□□□□ ・ ・	メール○○@○○.○○ メール△△@△△.△△ メール□□@□□.□□ ・ ・	無線
・ ・	・ ・	・ ・	・ ・	・ ・	・ ・

（2）関係機関との連携体制

> 大規模地震発生後の被害の軽減，早期の道路啓開のためには，種々の関係機関との連携が重要であるため，平常時よりどの機関とどのような場面でどのような連携を図る必要があるかを明確にしておくことが重要である。

大規模地震発生後の被害の軽減，早期の道路啓開のためには，道路管理者間の連携だけではなく，道路管理者と警察，消防，自衛隊など種々の関係機関との連携も重要である。**表－4.1.3** に主な関係機関及び連携内容を，**図－4.1.2** に道路管理者と関係機関の情報共有・調整の例を示す。

地震発生後の初動時は種々の対応に追われることになるため，情報が錯綜する中で新たに連携関係を構築するのは困難であり，地震時には自動的に連携が図れるようにしておく必要がある。

東北地方整備局では，年に一回，自衛隊東北総監部，海上保安本部とトップによる情報共有，意見交換する機会を設けており，東日本大震災の約1ヶ月前の平成23年2月15日にもコミュニケーションを図っていたことから，震災時の連携が有効に機能した。

このように，地震発生直後の諸活動を円滑に実施することを目標に，平常時から関係機関との調整・協議・情報交換に関する連絡体制ならびに支援活動等の協力体制を十分に検討しておくことが重要である。

表－4.1.3　主な関係機関及び必要な連携

連携の場面	主な関係機関	連　携　の　内　容
被災情報の入手・点検	協定締結機関	被災調査等についての連携 (社)建設電気技術協会：電気通信インフラの被災状況調査 (社)建設業協会，連合会（各都道府県）：道路施設の点検
	鉄道・バス・タクシー	陸上交通機関からは各機関の情報網を活用した道路の被災状況・渋滞状況等の提供等についての連携
	ライフライン事業者	被災情報，復旧見込情報，復旧に係る占用工事情報等についての連携 電気・ガス・水道・下水道・ＮＴＴ・携帯電話会社等
	防災エキスパート	専門的な立場からの調査，復旧，事務的支援等についての連携
人命救助	警察	被災者要救出情報，通行規制要員の配備等についての連携
	消防	被災者要救出情報等についての連携
情報提供	報道機関・日本道路交通情報センター	道路利用者等への情報提供等についての連携
復旧計画立案	協定締結機関	復旧支援等についての連携 (社)建設コンサルタンツ協会：復旧のための設計等 (社)全国測量設計業協会連合会：復旧のための緊急測量 (社)全国地質調査業協会連合会：復旧のための緊急地質調査
復旧活動	自衛隊	大型機材の運搬要請，災害派遣要請，被災箇所画像の配信等についての連携 （都道府県からの要請に基づく）
	海上保安本部	資機材の配備，運搬ルート，物資の輸送等についての連携
	協定締結機関	復旧支援等についての連携 (社)日本土木工業協会：資機材の提供 (社)日本道路建設業協会：復旧のための人員，資機材の提供 (社)プレストレスト・コンクリート建設業協会：資材の提供 (社)日本建設施工協会：除雪機械等の提供 (社)日本橋梁建設協会： 橋梁の点検，復旧における人員，資材の提供

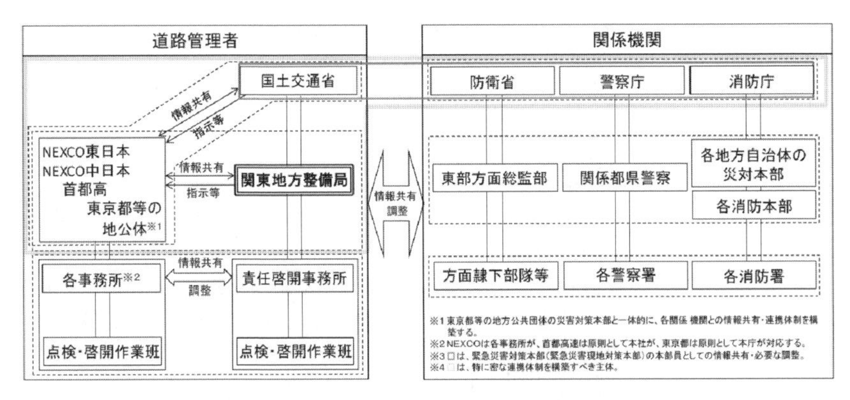

（出典：首都直下地震道路啓開計画検討協議会「首都直下地震道路啓開計画（改訂版）」）

図ー 4.1.2　道路管理者と関係機関の情報共有・調整例

（3）連携の取り組み

道路管理者間の連携は，近年の地震でもみられるように重要度が増してきており，各地域で様々な取り組みを実施している。

また，関係機関を含めた連携に関する調整会議，協議会等も各地域で実施されており，連携の強化が図られている（**表ー 4.1.4 ～ 4.1.5**）。このような連携を平常時から実施しておくことで，災害発生後の個別の検討についても速やかに会議を開催し，迅速な災害対応が可能となる。

表ー 4.1.4　首都直下地震道路啓開計画検討協議会の概要

目的	郊外側から都心部へ向けて効率的かつ迅速な道路啓開を実施するにあたり，道路啓開の考え方や手順，具体的な啓開方法に加え，事前に備えておくべき事項等をまとめる。
構成機関	（道路管理者） 国土交通省道路局，関東地方整備局，東京都，東日本高速道路㈱，中日本高速道路㈱，首都高速道路㈱ （関係機関） 警察庁，警視庁，防衛省，陸上自衛隊， 消防庁，東京消防庁，東京都
協議内容	・首都直下地震における道路啓開の課題整理 ・一般道，高速道路における道路啓開作業に影響する被災イメージと道路啓開の考え方 ・路上車両・電柱などの具体的排除方法 ・道路管理者と関係機関の連携について

表－4.1.5　四国道路啓開等協議会の概要

目的	南海トラフ地震などの大規模災害における道路啓開について，関係機関の連携・協力により強力かつ着実に推進する。
構成機関	（道路管理者） 四国地方整備局，徳島県，香川県，愛媛県，高知県，西日本高速道路（株）四国支社，本州四国連絡高速道路（株） （関係機関） 四国管区警察局，陸上自衛隊，徳島県警察，香川県警察，愛媛県警察，高知県警察，全国消防長会四国支部，（社）徳島県建設業協会，（社）香川県建設業協会，（社）愛媛県建設業協会，（社）高知県建設業協会，（社）日本自動車連盟四国本部，四国電力（株），西日本電信電話（株）四国事業本部，（株）ＮＴＴドコモ四国支社
協議内容	・四国内の道路啓開の優先順位や方策 ・四国内の道路啓開に関する情報共有及び情報提供 ・四国内の広域的な道路啓開の実施

（4）情報共有の取り組み

> 道路管理者間や関係機関との連携においては，被災状況に関する共通認識が重要である。このため，関係者間で必要な情報を迅速に交換，共有できるシステムを構築する等，適切な情報共有の仕組みを構築し，これを活用することができるようにする取り組みが重要である。

道路管理者間の連携や道路管理者と関係機関との連携においては，被災状況に関する共通認識が非常に重要であり，関係者間で被災状況に関する情報を共有する必要がある。

情報共有の手段として，緊急災害対策派遣隊（TEC-FORCE（現地情報連絡員（リエゾン）））や情報共有システムなどが考えられる。緊急災害対策派遣隊（TEC-FORCE（現地情報連絡員（リエゾン）））は，国土交通省と被災地方公共団体等が直接情報共有する際に活用できる。複数の機関と連携する必要がある場合は，関係者間で同時に共有できる情報共有システムを活用することが有効となる。

緊急災害対策派遣隊（TEC-FORCE（現地情報連絡員（リエゾン）））の役割，活動については「4-2（2）緊急災害対策派遣隊（TEC-FORCE)」を参照するものとし，ここではシステムによる情報共有を示す。

収集した情報は，各々の情報を一元化し，適切に共有することによって，地震発生直後の混乱した状況下においても，情報の再提供や繰り返しの問い合わせ等による混乱を軽減することができることから，必要な情報を迅速に交換，共有できるシステムを構築し，それらを活用することが重要である。

情報共有システムは，災害現場からの情報収集や防災関係機関との情報共有，情報提供ができ，震度情報や被災地の空中写真，被害状況をリアルタイムで地図上に表示など，被害状況を迅速に把握，共有し，被害状況の全体像の把握とその後の的確な意思決定を支援できるものであることが重要である。

4－2　状況把握及び復旧の支援

被災箇所を道路管理者のみで状況把握・復旧が不可能と判断した場合，道路管理者は災害協定協力会社等や近隣の道路管理者に支援要請を行い体制を構築する必要がある。

（1）災害時支援の取り組み

1）災害時応援協定

大規模地震により道路施設に被災を受けた際に，状況把握や復旧に対して道路管理者自らの人員・資機材による対応が不可能と判断した場合は，道路管理者は事前に協定を結んでいた災害協定協力会社等や近隣の道路管理者に支援要請を行う必要がある。これら支援に関して平常時から関係者間で実施しておくべき調整事項等については，「2-4 危機管理計画（4）資機材等の調達体制」を参照されたい。

以下に，災害時応援協定に関する締結の例を示す（付属資料参照）。

・災害時相互協力に関する申し合わせの例

・全国都道府県における災害時の広域応援に関する協定

・九州・山口９県災害時応援協定

2）県から市町村への支援

熊本地震では，市町村に対して災害復旧方法や災害査定準備等，災害復旧事業に関するアドバイスを行うため，県から技術者職員の派遣が行われている。

熊本県では，熊本地震の教訓を踏まえ，市町村からの要請に対応できる体制の必要性から，熊本県の退職技術者を市町村へ派遣するための体制（熊本県建設技術アドバイザー支援制度）を平成29年度から新たに構築している（付属資料参照）。

3）国から地方公共団体等への支援

国土交通省では大規模自然災害への備えとして，迅速に地方公共団体等への支援が行えるよう，平成20年4月に緊急災害対策派遣隊（TEC-FORCE）を創設しており，近年の大規模地震においても全国各地から被災地に対して人員，資機材を派遣している。以降，緊急災害対策派遣隊（TEC-FORCE）に関する基本的な情報を示す。

（2）緊急災害対策派遣隊（TEC-FORCE）

被災地方公共団体等が行う被災状況の迅速な把握，被害の拡大の防止や二次災害の防止，被災地の早期復旧等に対する技術的な支援を円滑かつ迅速に実施する。

また，救急活動を実施する警察，消防，自衛隊等の部隊の円滑かつ迅速な進出，活動を支援するため，災害対策用機械等の派遣，部隊活動の安全確保のための助言，被災地へのアクセス確保等を行う。

1）支援の仕組み（**図－4.2.1**）

国土交通本省災害対策本部長等の指揮命令のもと，全国の地方整備局等の職員を主体に，大規模災害時にTEC-FORCEとして被災地方公共団体等に派遣される。平成30年4月時点で，事前任命を受けている職員は合計9,664名である。

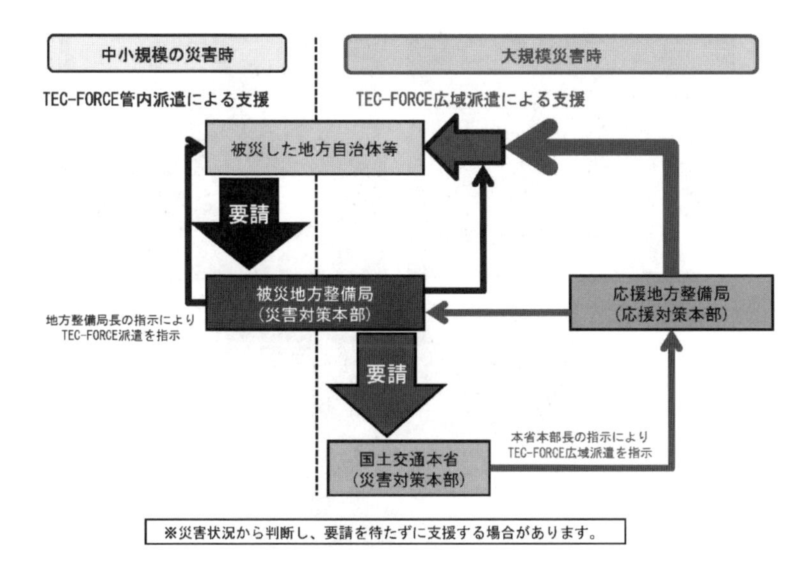

（出典：国土交通省水管理・国土保全局「TEC-FORCE（緊急災害対策派遣隊）について」）

図－ 4.2.1　災害規模に応じた支援の仕組み

2）TEC-FORCE の班構成

①現地情報連絡員（リエゾン）**（写真－ 4.2.1）**

現地情報連絡員とは，国や高速道路会社等（派遣元）の職員を被災地方公共団体等に派遣し，被災地方公共団体等が有している被災情報や支援ニーズを収集するとともに，派遣元が有する情報や支援の内容の提供を行い，的確な災害対策支援の実施に資することを目的としたものである。

写真− 4.2.1　リエゾンの活動状況

②先遣班

先行的に派遣され，応援・支援の必要性や規模を把握の上，派遣元の本省，地方支分部局等へ報告。

③現地支援班

現地の TEC-FORCE 各班及び被災地方支分部局の災害対策本部との連絡調整，災害情報，応急対策活動状況等の情報収集，現地支援センターとして被災地の支援ニーズの把握等を実施。また，支援に来る職員の活動面（移動経路調整，移動手段の確保），生活面（宿泊地，コンビニ，病院等の手配）の支援。災害対応の反省・教訓を引き出すために重要となる発災直後からの災害記録を専任で行うものも含まれる。

④情報通信班（**写真− 4.2.2**）

国が保有する衛星通信車，Ku-SAT（小型画像伝送装置）等の機材を活用し，被災状況の映像情報の配信，災害対応に係る被災地の電話等の通信回線の構築。

写真－ 4.2.2　情報通信班の活動状況

⑤被災状況調査班（**写真－ 4.2.3**）

災害対策用ヘリコプターグループ：災対ヘリにより，被災状況を把握。

現地調査グループ：踏査等により，被災状況を調査。

写真－ 4.2.3　被災状況調査班の活動状況

⑥高度技術指導班（**写真－ 4.2.4**）

特異な被災事象等に対する被災状況調査，高度な技術指導，被災施設等の応急措置及び復旧方針樹立の指導，被災施設等の応急措置及び復旧方針に関する技術的な助言。

写真－4.2.4　高度技術指導班の活動状況

⑦応急対策班（**写真－4.2.5**）

国が保有する排水ポンプ車，無人化施工機械，応急組立橋等の機材を活用し，ポンプ排水，土砂の撤去，迂回路の設置等の応急対策を実施。

写真－4.2.5　応急対策班の活動状況

3）現地情報連絡員（リエゾン）

リエゾンが機能するためには，特に派遣元・派遣先でリエゾンの目的・役割の共有化が重要であり，訓練等を通じリエゾンの目的・役割の浸透を図る必要がある。

①リエゾンの主な業務内容

ⅰ）被災地方公共団体等までの経路における被災状況及び到達経路の報告

ⅱ）被災地方公共団体等の被害状況（庁舎，孤立，避難関連情報，電気，ガス，水道，通信等）の情報収集及び報告

ⅲ）被災地方公共団体等の支援ニーズの把握及び報告

ⅳ）被災地方公共団体等との TEC-FORCE，災害対策用機械等の派遣調整

ⅴ）被災地方公共団体等への情報提供，助言

ⅵ）関係機関等との情報共有（関係機関等のリエゾン等からの情報収集，情報共有，他道路管理者からの支援要請等）

②リエゾンとして活動するための留意事項

ⅰ）様々な情報に関して，被災地方公共団体等の災害対策本部と派遣元の災害対策（支援）本部との円滑なやりとりが行われるよう活動する必要がある。

ⅱ）必要な資機材（パソコン，デジカメ，スキャナ等）は持参し，必要と思われる情報は自ら取りに行くこと。また，派遣元の情報についても，重要と思われるものは，積極的に被災地方公共団体等への提供を行う必要がある。

ⅲ）近年では「現地情報連絡員」としての役割に加えて，被災地方公共団体等と派遣元との「調整役」として必要に応じた臨機の対応も求められることが多くなりつつあるため，研修・セミナー等を通じて知識・技能の習得に努める必要がある。

リエゾン担当の事前任命においては，災害全般の情報収集か道路に関する情報収集かにより，被災地方公共団体等のどの部署に派遣するべきかを考慮する必要がある。調整役としての活動を求める場合には，個人で状況を判断しかつ指導，支援のできる役職のものを選任するよう留意する。

また，被災地方公共団体等は人命救助や避難所の開設，運営等に人手がとられ，道路施設の被害状況や通行可否の状況はなかなか把握されないこともあるため，例えば緊急調査中に他の道路管理者の道路施設について知り得た

被災情報をリエゾンに報告する等，道路管理者間の連携が重要になる。リエゾンの派遣先（主に地方公共団体）が留意すべき事項については，「4-3 受援体制」を参照されたい。

4）TEC-FORCE として現地で活動するための留意事項

①二次災害の回避及び作業時の安全確保に努める。

②支援活動中の一般住民に対する配慮・対応に心掛ける。

③隊員同士の心身にも十分に気を配る。

5）TEC-FORCE の服装

被災地では，円滑な現地調査，支援活動を行うために，必ず防災服，ＴＥＣベストの着用及び車両には災害派遣の表示板を掲示し，国土交通省職員であることを明示し活動を行うこととしている。（**写真－ 4.2.6**）

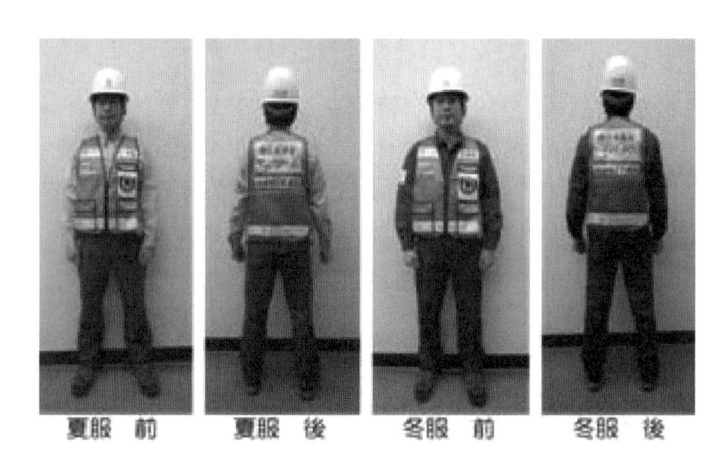

写真－ 4.2.6　TEC-FORCE の服装（例）

6）TEC-FORCE の携行品（過去の災害時に現場に持ち込んだ一例）

表－ 4.2.1 に必要な携行品一式の例を示す。なお，必要な携行品は現地状況により異なるため，被災地の情報を事前に収集する必要がある。

表－4.2.1　TEC-FORCEの携行品（例）

備品名	規格	備品名	規格
モバイルPC		赤白ポール	伸縮式　2段
USBメモリ		黒板	
Webカメラ	TV会議用	デジカメ	現場用 RICOH 500SE
ノートPC		レーザー距離計	MAX LS-511
防災携帯		リストトップGPS	GARMIN Foretrex301
可搬型充電器	防災携帯用	ハンディGPS　ガーミン	GARMIN OREGON550TC
ビデオカメラ	SONY HDR-GWP88V	ポータブルナビゲーション	ゴリラ（Gorilla）
デジカメ	OLYMPUS TOUGH TG-820	無線機（簡易型ﾄﾗﾝｼｰﾊﾞｰ）	Icom Ic-4110
レーザー距離計	ﾄｩﾙｰﾊﾟﾙｽ（TruPulse360）	モバイルクルーザー	USB用電源プラグ
衛星携帯電話	ワイドスターⅡ	クーラーボックス	37ℓ
TEC隊員証	派遣命令書と一緒に作成・引渡し	クーラーバッグ	20ℓ
TEC腕章		双眼鏡	手ぶれ防止付き
リュック用TEC表示ラミネート		TECベスト	
A3用紙	1箱500枚入り3冊	キャリーバック	
A4用紙	1箱500枚入り5パック	段ボール	
緑ケース①-1	別紙「緑箱①数量確認表」	TECヘルメット	
緑ケース②-2	別紙「緑箱②数量確認表」	カッパ	
グレーロングケース	別紙「グレーロングケース数量確認表」	半長靴又は長靴	
プリンター	Canon PIXUS MG3130	TEC-FORCE表示マグネット	国土交通省災害派遣TEC-FORCE
プリンター用インク	ブラック	災害出動表示マグネット	災害出動国土交通省九州地方整備局
プリンター用インク	カラー	防災服	帽子・ベルト含む
USB延長ケーブル	プリンター用	救急箱	別紙「救急箱（総務課・木箱）」
衛星携帯電話	スラーヤ（THURAYA）	ガソリンカード	
赤白ポール	伸縮式　2段	一眼レフカメラ	記録班用
黒板		VHF無線機	

緑ケース①

品名			単位	数量
ビニールケース	小物入れ	ホチキス	個	2
		ホチキスの針	個	1
		クラックスケール	枚	2
		付箋紙（大中小）	個	各2
		方位磁針	個	3
	蛍光ペン5色セット シャープペンシル・芯 赤黒ボールペン 消しゴム　（各ケース入）		セット	2
	カッター		個	2
	三角定規（大・小）		セット	各2
	ハサミ		個	2
	救助の笛		個	3
	穴空けパンチ		個	1
	のり		個	1
	両面テープ		個	1
	セロハンテープ		個	1
	テンプレート		枚	1
	油性マジック（黒）		本	1
	インデックス		冊	1
	修正テープ		個	1
ドッチファイル（5cm）			個	3
紙ファイル			枚	10
クリアファイル			枚	10
ダブルクリップ（大中小）			個	各10
DVD-R			枚	10
ガムテープ			個	1
単3電池			箱	1
単1電池・単2電池・単4電池			個	各4
ゴミ袋			枚	5
クリップボード			枚	4
三角スケール			本	2
関数電卓			個	2
AM/FMラジオ			台	1
テーブルタップ・トリプルタップ			個	各4
油性ペン（黒・赤・青）			箱	各2
車載用DC-ACインバーター			個	2
チョークケース（白・赤）			個	各1
チョークホルダー（白・赤）			本	各1
救急セット（別紙「緑箱①の救急セット」）			個	1
虫よけスプレー（SKIN VAPE）			本	1
殺虫スプレー（ﾊﾁ･ｱﾌﾞ ﾀﾞﾌﾞ ﾙｼﾞｪｯﾄ）			本	1
インセクト　ポイズンリムーバー			個	1

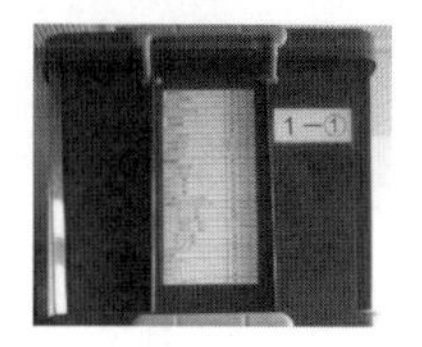

緑ケース②

品名	単位	数量
スラントルール（勾配計）	個	1
双眼鏡	個	2
下げ振り（小型下げ振り保持器）	個	2
懐中電灯	個	3
なた	本	1
のこぎり	本	1
ハンマー（金槌）	個	2
地質調査用ハンマー	個	2
牽引ロープ	本	1
コンベックス　10m	個	2
リボンロッド（ケース付）（30m）	個	2
軍手	双	10
革手袋	双	10
懐中電灯（ヘッドライト）	個	3
マークテープ（赤）	個	3
マークテープ（黄）	個	3
立入禁止テープ	個	3
防虫ネット	個	4
ファブリーズ	個	1
熊よけの鈴	個	2

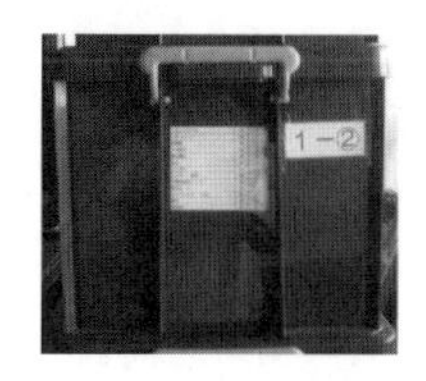

ロンググレーケース

品名	単位	数量
ステッキメジャー（ｽﾃｯｸﾙﾒｼﾞｬｰ）	台	1
マーキングスプレー（赤）	本	6
マーキングスプレー（白）	本	6
メガホン	台	1
ブルーシート	枚	2
図面筒	個	2
ピンポール（50cm）	本	3
安全帯	本	4
メジャー50m	個	1
アルミスタッフ	本	2
コードリール50m（電源延長ﾄﾞﾗﾑ）	個	1
リュックサック	個	4
防塵マスク	個	20
防塵ゴーグル	個	10

7）TEC-FORCE を受け入れる際の費用負担

以下に，費用負担の基本的な考え方を示す。

①災害初動時に「施設の被害状況の把握」，「情報連絡網の構築」，「現地情報連絡員（リエゾン）の派遣」の応援にかかる費用は要求されない。ここで言う災害初動時とは，応援地方整備局が災害等支援本部を設置している期間である。

②災害対策用機械の貸与や道路啓開，応急復旧にかかる費用は要請者が負担することを基本とする。

なお，災害の規模等，状況に応じた費用負担の考え方が定められているため，要請する際は費用負担に関して確認する必要がある。

TEC-FORCE は地方整備局の業務として隊員を派遣するため，派遣にかかる費用を自治体が負担することはない。ただし，災害対策用機械の貸与については，引渡し後の運転に係る燃料，運転手の経費は原則として要請者が負担することになっていることに留意する。

4－3　受援体制

自らの地域が被災することを想定して，災害時の受援計画を事前に整備しておくことが重要である。その際，受援体制として災害対策本部に「受援班」もしくは「受援担当」を設置する必要がある。

（1）受援計画の必要性

平成 28 年に発生した熊本地震では，被災地外の地方公共団体や防災関係機関をはじめ，企業やボランティア団体等により様々な種類の応援が行われた。一方で，広域的な応援・受援に具体的な運用方法・役割分担が未だ確立していないこと，応援の受け入れにあたり県と市町村の役割分担が明確でなかったことなど，被災地方公共団体等における受援体制が十分に整備されていなかったことから，多くの混乱が見られた。

東日本大震災以降，災害対策基本法及び防災基本計画が改正され，応援・受援に関する規定が法的にも整理されただけでなく，平成 28 年 12 月に中央防災会議で取りまとめられた「熊本地震を踏まえた応急対策・生活支援策の在り方について（報告書）」では，今後の広域災害の対応における「受援を想定した体制整備」について，検討を進めるべきこととして提言されている。

このように，近年の大規模地震の課題を踏まえて，都道府県，市町村においては，応援の受入れを想定した体制整備が推進されている。

体制整備を進める上で，道路管理に関わる受援内容については，震災時に求められる道路の役割の重要性を認識し，充実した受援計画を整備していくことが必要となる。

（2）受援体制の構築

1）受援体制

支援を受入れる側は，応援の受入れに関する組織調整，受援に関する取りまとめ，調整会議の開催や応援者への配慮など，受援に関する様々な対応が求められる。これらを円滑に行うためにも，災害対策本部各班・課毎に置かれる業務担当窓口とは別に，受援に関する取りまとめ業務を専任する班・担当が必要である。受援班・担当の組織上の位置付けは，受入れ側の規模や組織の特性，災害対策本部内の状況などを踏まえて設定することとなる（**図ー4.3.1**）。

受援班・担当は，災害対応の流れを把握していなければ，被災状況把握や受援に関する取りまとめなどの業務を滞りなく行えないため，組織内の負担軽減につながらない。そのため，様々な事象に対応できる職員を選任することが有効であり，平常時から訓練を行うことが必要である。

応援職員に配慮すべき事項の一例を**表ー 4.3.1** に示す。応援職員の多くは短期派遣であっても数日間は被災地に滞在するため，宿泊場所が必要となるが，宿泊場所に関する情報提供など，一定程度の便宜供与が必要となる。また，応援職員は不慣れな被災地で対応することになるため，定例会議等を通じて日々の活動状況やローテーションの状況を確認しつつ，メンタルヘルス等へ配慮することも必要となる。

2）受援体制を構築する上での留意点

①防災対策に係る重要業務としての位置付け

防災基本計画では，地方公共団体が地域防災計画等への応援・受援計画の位置付けに努めることを示すともに，「応援先・受援先の指定」，「応援・受援に関する連絡・要請の手順」，「災害対策本部との役割分担・連絡調整体制」，「応援機関の活動拠点」，「応援要員の集合・配置体制」や「資機材等の集積・輸送体制等」について必要な準備を整えるように求めている。

受援体制の実効性を高めるためにも，応援・受援業務が防災対策上重要な業務であることと事前に位置付けた上で，応援の「受け皿」を作ることが重要である。

案1. 統括班とともに統括調整グループへの位置付け

応援の受入れ決定や受入れに関する庁内調整を担う受援班の業務は、庁内での意思決定や総合調整に関する役割を担う班や担当との連携が不可欠となります。

市町村規模が大きい場合は、統括調整班のような災害対策本部全体の総合調整を担当する班と相互に連携できるようにしておくことで、対応を円滑に進めることが期待できます。

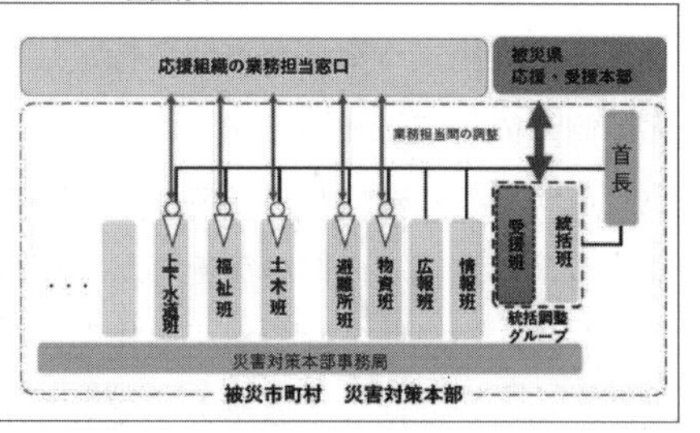

案2. 災害対策本部の1班として位置付け

受援の総合窓口であり、庁内の受援状況の把握・とりまとめ、調整を担う受援班を、災害対策本部内の１班として位置づけることで、役割と責任範囲が明確化され、円滑な受援が期待されます。

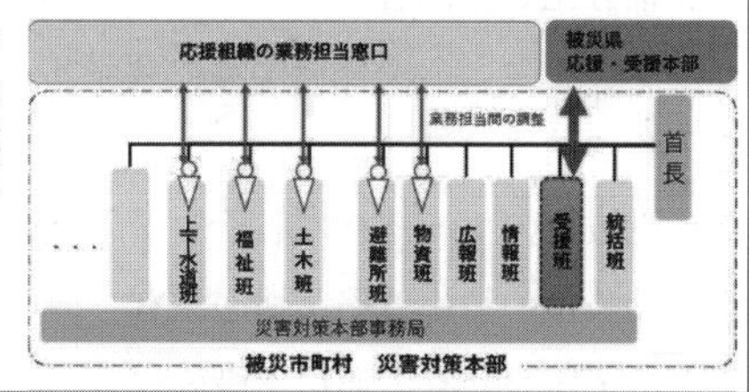

案3. 受援担当を統括班内に位置付け

規模が小さな市町村は、新たな班を設けて、複数人を配置することが困難な場合、統括班の中に受援担当を配置し、役割を担います。

統括班など、災害対策本部内に総合調整の役割を担う班の設置を想定していない市町村においても、必ず受援担当者を位置付けてください。

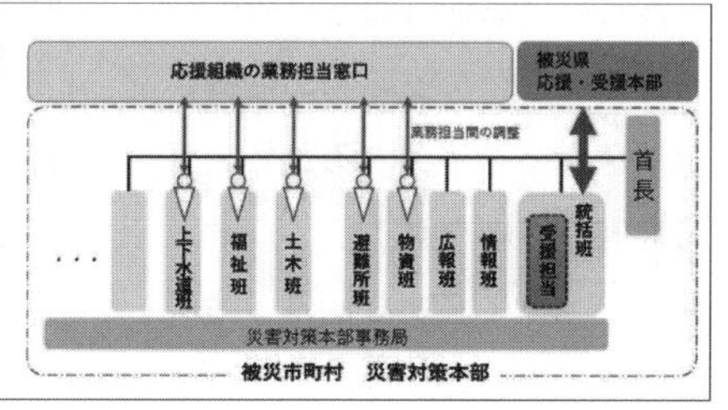

（出典：内閣府「地方公共団体のための災害時受援体制に関するガイドライン」）

図ー 4.3.1　受援班・担当の位置付け

項目	環境整備の内容
スペースの確保	・応援側の現地本部として執務できるスペースや，活動拠点における作業スペース，待機・休憩スペースを可能な限り提供する。 ・可能な範囲で応援側の駐車スペースを確保する。
執務環境の整備	・執務できる環境として，可能な範囲で机，椅子，電話，インターネット回線等を用意する。
宿泊場所に関するあっせん等	・応援職員の宿泊場所の確保については，応援側での対応を要請することが基本であるが，紹介程度は行う。 ・被害状況によってホテル等の確保が困難な場合は，避難所となっていない公共施設や庁舎等の会議室等のスペースの提供を検討する。

表ー 4.3.1　応援職員に配慮すべき事項の例

②対象となる業務の明確化

受援を受けて実施する業務を事前に特定した上でその業務の具体内容を整理し，応援側に依頼する範囲を明らかにしておくことで，実効性の向上が期待できる。道路施設に関係して必要となる業務としては，被災状況調査，応急復旧対策の検討，応急復旧の実施等が挙げられる。管理する道路の被災状況を想定し，対応が必要となる場所や作業内容を明確にして，不足する実施内容を受援計画として持つことが必要であるが，以下のようにある程度の局面を踏まえ細分化した内容で，自らの組織体制で実施できる内容であるか確認し，不足する場合どの関係機関等へ要請するかを決めておくことだけでも効果的である。

・道路施設被害の状況把握に必要な緊急調査
・道路施設被害の情報連絡・情報共有
・情報連絡・情報共有の通信手段確保
・道路被害による通行規制処置
・道路啓開に必要な支障物の撤去作業
・緊急輸送道路を確保するための緊急措置作業
・道路被害の詳細な調査
・応急復旧工事に必要な測量
・応急復旧工事に必要な設計
・災害査定作業
・実施設計
・応急復旧工事の実施
・応急復旧工事のための資機材の手配
・応急復旧工事の監督業務
・道路災害対応のマネジメント補佐
・その他

③業務の委任

熊本地震の際，高度な技術指導が必要な業務に対して，現地調査の初期段階から TEC-FORCE（高度技術指導班）に業務を一任したことで円滑な応急復旧を実施することができた例がある。このことから，業務内容に応じて自らの組織のみでは解決が困難な業務については，躊躇せずその分野に関する対応を得意とする応援班を要請することが早期の震災対応を行う上では必要となる。

付　属　資　料

関係法令・計画等

１. 災害対策基本法
２. 大規模地震対策特別措置法
３. 南海トラフ地震に係る地震防災対策の推進に関する特別措置法
４. 首都直下地震対策特別措置法
５. 日本海溝・千島海溝周辺海溝型地震に係る地震防災対策の推進に関する特別措置法
６. 地震防災対策特別措置法
７. 防災基本計画
８. 東海地震の地震防災対策強化地域に係る地震防災基本計画
９. 南海トラフ地震防災対策推進基本計画
１０. 首都直下地震緊急対策推進基本計画
１１. 日本海溝・千島海溝周辺海溝型地震防災対策推進基本計画
１２. 大規模地震防災・減災対策大綱
１３. 大規模地震・津波災害応急対策対処方針
１４. 国土交通省防災業務計画
１５. 国土交通省業務継続計画
１６. 自転車活用推進法
１７. 航空法
１８. 国会議事堂、内閣総理大臣官邸その他の国の重要な施設等、外国公館等及び原子力事業所の周辺地域の上空における小型無人機等の飛行の禁止に関する法律
１９. 無人航空機（ドローン、ラジコン機等）の安全な飛行のためのガイドライン
２０. 航空法第１３２条の３の適用を受け無人航空機を飛行させる場合の運用ガイドライン
２１. 地方公共団体のための災害時受援体制に関するガイドライン

地震・津波被害想定手法

１. 気象庁震度階級関連解説表

災害時応援協定

1. 災害時相互協力に関する申し合わせの例
2. 全国都道府県における災害時の広域応援に関する協定
3. 九州・山口９県災害時応援協定
4. 熊本県建設技術アドバイザー支援制度要綱

地震時の対応時系列（事例紹介）

1. 平成７年兵庫県南部地震時の阪神国道工事事務所・兵庫国道工事事務所の対応例
2. 平成１６年新潟県中越地震時の政府・国土交通本省・北陸地方整備局・長岡国道事務所の連携対応の例
3. 平成１６年新潟県中越地震時のＪＨ日本道路公団（現在の東日本高速道路（株））の情報公開対応の例
4. 平成２３年東北地方太平洋沖地震時の東北地方整備局の対応例
5. 平成２８年熊本地震時の国土交通本省・九州地方整備局の対応例

各道路啓開計画のタイムライン

1. 首都直下地震道路啓開計画
2. 中部版　くしの歯作戦
3. 南海トラフ地震に伴う津波浸水に関する和歌山県道路啓開計画
4. 四国広域道路啓開計画
5. 九州道路啓開計画

地震対応時の報告様式事例

1. 国土交通省の様式例
   - ○道路災害体制及び災害発生状況
   - ○地震災害報告
   - ○異常時（地震）巡回チェックリスト
   - ○道路構造物損傷の報告
   - ○国土交通省が地方公共団体から要請を受け緊急調査した際の様式例
2. 地方公共団体の様式例
   - ○道路交通規制状況
   - ○被災状況報告
   - ○道路交通規制調査
   - ○災害報告
   - ○通行規制の解除

関係法令・計画等

1．災害対策基本法

（最終改正：平成３０年６月２７日）

災害対策基本法は、昭和 34 年の伊勢湾台風を契機として昭和 36 年に制定された我が国の災害対策関係法律の一般法である。この法律の制定以前は、災害の都度、関連法律が制定され、他法律との整合性について充分考慮されないままに作用していたため、防災行政は充分な効果をあげることができなかった。

災害対策基本法はこのような防災体制の不備を改め災害対策全体を体系化し、総合的かつ計画的な防災行政の整備及び推進を図ることを目的として制定されたものであり、阪神・淡路大震災後の平成７年には、その教訓を踏まえ２度にわたり災害対策の強化を図るための改正が行われている。

この法律は、国土並びに国民の生命、身体及び財産を災害から保護するため、防災に関し、基本理念を定め、国、地方公共団体及びその他の公共機関を通じて必要な体制を確立し、責任の所在を明確にするとともに、防災計画の作成、災害予防、災害応急対策、災害復旧及び防災に関する財政金融措置その他必要な災害対策の基本を定めることにより、総合的かつ計画的な防災行政の整備及び推進を図り、もつて社会の秩序の維持と公共の福祉の確保に資するべく、様々な規定を置いている。

１．構成

第１章　総則

第２章　防災に関する組織

第１節　中央防災会議

第２節　地方防災会議

第３節　非常災害対策本部及び緊急災害対策本部

第４節　災害時における職員の派遣

第３章　防災計画

第４章　災害予防

第１節　通則

第２節　指定緊急避難場所及び指定避難所の指定等

第３節　避難行動要支援者名簿の作成等

第５章　災害応急対策

第１節　通則

第２節　警報の伝達等

第３節　事前措置及び避難

第４節　応急措置等

第５節　被災者の保護

第１款　生活環境の整備

第２款　広域一時滞在

第３款　被災者の運送

第４款　安否情報の提供等

第６節　物資等の供給及び運送

第６章　災害復旧

第７章　被災者の援護を図るための措置

第８章　財政金融措置

第９章　災害緊急事態

第１０章　雑則

第１１章　罰則

附則

※災害対策基本法の全文は，以下のＨＰにて閲覧可能である。

・電子政府の総合窓口（e-Gov），http://www.e-gov.go.jp/index.html

2．大規模地震対策特別措置法

（最終修正：平成３０年６月２７日）

わが国は世界有数の地震国として幾多の大地震に見舞われ、多くのとうとい人命と財産が失われており、このような地震災害から国土と国民を保護するため、政府として、災害対策基本法に基づき、防災基本計画を作成し、防災体制の確立、防災事業の促進等に努めている。

地震の予知については、最近の科学技術の進歩と調査研究の積み重ねにより、その水準も向上してきているが、この地震予知情報を有効に生かして、地震災害の防止、軽減を図るためには、大規模な地震が発生した場合に著しい被害の生じる恐れのある地域を地震防災対策強化地域として指定し、地震観測体制の整備を図るとともに、地震予知がなされた場合において国及び関係地方公共団体その他の関係者が迅速かつ適切に地震防災応急対策を実施し得るよう、あらかじめ地震防災計画を作成する等地震防災に関する事項について特別の措置を定めることにより、地震防災対策の強化を図る必要があると考えられる。

本法では、大規模な地震による災害から国民の生命、身体及び財産を保護するため、地震防災対策強化地域の指定、地震観測体制の整備その他地震防災体制の整備に関する事項及び地震防災応急対策その他地震防災に関する事項について特別の措置を定めることにより、地震防災対策の強化を図り、もつて社会の秩序の維持と公共の福祉の確保に資することを目的としている。

1．構成

第１条　目的

第２条　定義

第３条　地震防災対策強化地域の指定等

第４条　強化地域に係る地震に関する観測及び測量の実施の強化

第５条　地震防災基本計画

第６条　地震防災強化計画

第７条　地震防災応急計画

第８条　地震防災応急計画の特例

第９条　警戒宣言等

第１０条　地震災害警戒本部の設置

第１１条　警戒本部の組織

第１２条　警戒本部の所掌事務

第１３条　本部長の権限

第１４条　警戒本部の廃止

第１５条　警戒本部に関する災害対策基本法の準用

第１６条　都道府県地震災害警戒本部及び市町村地震災害警戒本部の設置

第１７条　都道府県警戒本部の組織及び所掌事務等

第１８条　市町村警戒本部の組織及び所掌事務等

第１９条　都道府県警戒本部又は市町村警戒本部の廃止

第２０条　地震予知情報の伝達等に関する災害対策基本法の準用

第２１条　地震防災応急対策及びその実施責任

第２２条　住民等の責務

第２３条　市町村長の指示等

第２４条　交通の禁止又は制限

第２５条　避難の際における警察官の警告、指示等

第２６条　地震防災応急対策に係る措置に関する災害対策基本法の準用

第２７条　応急公用負担の特例

第２８条　避難状況等の報告

第２９条　補助等

第３０条　地震防災応急対策に要する費用の負担

第３１条　財政措置に関する災害対策基本法の準用

第３２条　強化地域に係る地震防災訓練の実施

第３３条　科学技術の振興等

第３４条　特別区についてのこの法律の適用

第３５条　政令への委任

第３６条　罰則

第３７条　－

第３８条　－

第３９条　－

第４０条　－

附則

※大規模地震対策特別措置法の全文は，以下のＨＰにて閲覧可能である。

・電子政府の総合窓口（e-Gov）, http://www.e-gov.go.jp/index.html

３．南海トラフ地震に係る地震防災対策の推進に関する特別措置法

（最終修正：平成３０年５月１８日）

「東南海・南海地震に係る地震防災対策の推進に関する特別措置法」の対象地震が東南海・南海地震から南海トラフ地震に拡大され、津波避難対策を充実・強化するための財政上の特例措置等が追加され平成25年11月に改正された。

この特別措置法において、南海トラフ地震に係る地震防災対策を推進すべき地域として「南海トラフ地震防災対策推進地域」を指定するとともに、南海トラフ地震に伴う津波に係る津波避難対策を特別に強化すべき地域として「南海トラフ地震津波避難対策特別強化地域」を指定する。これらの地域に指定された地方公共団体等は「南海トラフ地震防災対策推進計画」、「南海トラフ地震津波避難対策緊急事業計画」等を作成し、これら計画に基づき、数値目標等を定め、地震防災対策の迅速かつ着実な推進を図ることとされている。

本法では、南海トラフ地震による災害が甚大で、かつ、その被災地域が広範にわたる恐れがあることに鑑み、南海トラフ地震による災害から国民の生命、身体及び財産を保護するため、南海トラフ地震防災対策推進地域の指定、南海トラフ地震防災対策推進基本計画等の作成、南海トラフ地震津波避難対策特別強化地域の指定、津波避難対策緊急事業計画の作成及びこれに基づく事業に係る財政上の特別の措置について定めるとともに、地震観測施設等の整備等について定めることにより、災害対策基本法、地震防災対策特別措置法その他の地震防災対策に関する法律と相まって、南海トラフ地震に係る地震防災対策の推進を図ることを目的としている。

１．構成

第１条　目的
第２条　定義
第３条　南海トラフ地震防災対策推進地域の指定等
第４条　基本計画

第５条　推進計画
第６条　推進計画の特例
第７条　対策計画
第８条　対策計画の特例
第９条　南海トラフ地震防災対策推進協議会
第１０条　南海トラフ地震津波避難対策特別強化地域の指定等
第１１条　津波からの円滑な避難のための居住者等に対する周知のための措置
第１２条　津波避難対策緊急事業計画
第１３条　津波避難対策緊急事業に係る国の負担又は補助の特例等
第１４条　移転が必要と認められる施設の整備に係る財政上の配慮等
第１５条　集団移転促進事業に係る農地法の特例
第１６条　集団移転促進法の特例
第１７条　集団移転促進事業に係る国土利用計画法等による協議等についての配慮
第１８条　地方債の特例
第１９条　地震観測施設等の整備
第２０条　地震防災上緊急に整備すべき施設等の整備等
第２１条　財政上の配慮等
第２２条　政令への委任
附則

※南海トラフ地震に係る地震防災対策の推進に関する特別措置法の全文は，以下のＨＰにて閲覧可能である。

・電子政府の総合窓口（e-Gov）, http://www.e-gov.go.jp/index.html

4．首都直下地震対策特別措置法

（最終修正：平成３０年４月２５日）

平成25年11月に制定された「首都直下地震対策特別措置法」は、政府においては、首都直下地震対策の意義、基本的な方針、講ずべき措置等を定める「緊急対策推進基本計画」及び政府の業務の継続に関する事項を定める「行政中枢機能の維持に係る緊急対策実施計画」（政府業務継続計画）を作成するとともに、地方公共団体においては、地域の実情を勘案し、地方公共団体自らの判断によって具体的な目標を定めて、様々な対策を戦略的に位置付ける「地方緊急対策実施計画」等を作成することができるとし、計画的な首都直下地震対策の推進を図るものである。

本法では、首都直下地震が発生した場合において首都中枢機能の維持を図るとともに、首都直下地震による災害から国民の生命、身体及び財産を保護するため、首都直下地震緊急対策区域の指定、緊急対策推進基本計画の作成、行政中枢機能の維持に係る緊急対策実施計画の作成、首都中枢機能維持基盤整備等地区の指定並びに首都中枢機能維持基盤整備等計画の認定及び認定基盤整備等計画に係る特別の措置、地方緊急対策実施計画の作成並びに特定緊急対策事業推進計画の認定及び認定推進計画に基づく事業に対する特別の措置について定めるとともに、地震観測施設等の整備等について定めることにより、首都直下地震に係る地震防災対策の推進を図ることを目的としている。

1．構成

第１章　総則

　第１条　目的

　第２条　定義

　第３条　首都直下地震緊急対策区域の指定等

第２章　緊急対策推進基本計画

　第４条　－

第３章　行政中枢機能の維持に係る緊急対策実施計画等

第５条　行政中枢機能の維持に係る緊急対策実施計画

第６条　首都中枢機能の維持に係る国会及び裁判所の措置

第４章　首都中枢機能維持基盤整備等地区における特別の措置

第１節　首都中枢機能維持基盤整備等地区の指定等

第７条　－

第２節　首都中枢機能維持基盤整備等計画の認定等

第８条　首都中枢機能維持基盤整備等計画の認定

第９条　認定に関する処理期間

第１０条　認定基盤整備等計画の変更

第１１条　報告の徴収

第１２条　措置の要求

第１３条　認定の取消し

第１４条　認定地方公共団体への援助等

第１５条　首都中枢機能維持基盤整備等協議会

第３節　認定基盤整備等計画に係る特別の措置

第１６条　開発許可の特例

第１７条　土地区画整理事業の認可の特例

第１８条　市街地再開発事業の認可の特例

第１９条　道路の占用の許可基準の特例

第２０条　都市再生特別措置法の適用

第５章　地方緊急対策実施計画の作成等

第２１条　地方緊急対策実施計画

第２２条　関係都県への援助

第２３条　住民防災組織の認定等

第６章　特定緊急対策事業推進計画に係る特別の措置

第１節　特定緊急対策事業推進計画の認定等

第２４条　特定緊急対策事業推進計画の認定

第２５条　認定に関する処理期間

第２６条　認定推進計画の変更

第２７条　報告の徴収

第２８条　措置の要求

第２９条　認定の取消し

第３０条　認定地方公共団体への援助等

第３１条　地震防災対策推進協議会

第２節　認定推進計画に基づく事業に対する特別の措置

第３２条　建築基準法の特例

第３３条　－

第３４条　補助金等交付財産の処分の制限に係る承認の手続の特例

第７章　雑則

第３５条　地震観測施設等の整備

第３６条　関係都県等に対する国の援助

第３７条　首都直下地震に係る総合的な防災訓練の実施

第３８条　広域的な連携協力体制の構築

第３９条　財政上の措置等

第４０条　権限の委任

第４１条　命令への委任

第４２条　経過措置

附則

※首都直下地震対策特別措置法の全文は，以下のＨＰにて閲覧可能である。

・電子政府の総合窓口（e-Gov）, http://www.e-gov.go.jp/index.html

５．日本海溝・千島海溝周辺海溝型地震に係る地震防災対策の推進に関する特別措置法

（最終修正：平成２７年６月２４日）

日本海溝・千島海溝周辺海溝型地震に関し、その地震災害、特に津波災害については、広い地域において甚大な被害が予想されることから、一層の防災対策を進める必要があるとして、平成16年4月に「日本海溝・千島海溝周辺海溝型地震に係る地震防災対策の推進に関する特別措置法」が公布され、平成17年9月に施行された。同法においては、日本海溝・千島海溝周辺海溝型地震による地震災害を防ぐため、著しい被害が生じる恐れのある地域を「日本海溝・千島海溝周辺海溝型地震防災対策推進地域」として指定し、津波からの避難対策も含め必要な防災対策に関する計画を策定するとともに、観測施設等の整備について定めている。

本法では、日本海溝・千島海溝周辺海溝型地震による災害から国民の生命、身体及び財産を保護するため、日本海溝・千島海溝周辺海溝型地震防災対策推進地域の指定、日本海溝・千島海溝周辺海溝型地震防災対策推進基本計画等の作成、地震観測施設等の整備、地震防災上緊急に整備すべき施設等の整備等について特別の措置を定めることにより、日本海溝・千島海溝周辺海溝型地震に係る地震防災対策の推進を図ることを目的としている。

１．構成

第１条　目的
第２条　定義
第３条　日本海溝・千島海溝周辺海溝型地震防災対策推進地域の指定等
第４条　地震防災対策強化地域との調整
第５条　基本計画
第６条　推進計画
第７条　対策計画
第８条　対策計画の特例

第９条　地震観測施設等の整備

第１０条　地震防災上緊急に整備すべき施設等の整備等

第１１条　財政上の配慮等

第１２条　政令への委任

附則

※日本海溝・千島海溝周辺海溝型地震に係る地震防災対策の推進に関する特別措置法の全文は，以下のＨＰにて閲覧可能である。

・電子政府の総合窓口（e-Gov）, http://www.e-gov.go.jp/index.html

６．地震防災対策特別措置法

（最終修正：平成２８年６月３日）

阪神・淡路大震災の教訓を踏まえ、全国どこでも起こりうる地震に対応するため、平成７年に制定された。本法に基づき、全都道府県において、「地震防災緊急事業五箇年計画」を策定し、地震防災施設等の整備が推進されている。

本法では、地震による災害から国民の生命、身体及び財産を保護するため、地震防災対策の実施に関する目標の設定並びに地震防災緊急事業五箇年計画の作成及びこれに基づく事業に係る国の財政上の特別措置について定めるとともに、地震に関する調査研究の推進のための体制の整備等について定めることにより、地震防災対策の強化を図り、もって社会の秩序の維持と公共の福祉の確保に資することを目的としている。

１．構成

第１条　目的

　第１条の２　地震防災対策の実施に関する目標の設定

第２条　地震防災緊急事業五箇年計画の作成等

第３条　地震防災緊急事業五箇年計画の内容

第４条　地震防災緊急事業に係る国の負担又は補助の特例等

第５条　地方債についての配慮

第６条　財政上の配慮等

　第６条の２　公立の小中学校等についての耐震診断の実施等

　第６条の３　私立の小中学校等についての配慮

第７条　地震調査研究推進本部の設置及び所掌事務

第８条　本部の組織

第９条　政策委員会

第１０条　地震調査委員会

第１１条　地域に係る地震に関する情報の収集等

第１２条　関係行政機関等の協力

※地震防災対策特別措置法の全文は，以下のＨＰにて閲覧可能である。
・電子政府の総合窓口（e-Gov）, http://www.e-gov.go.jp/index.html

7．防災基本計画

（最終修正：平成３０年６月２９日）

防災基本計画は、我が国の災害対策の根幹をなすものであり、災害対策基本法第34 条の規定に基づき中央防災会議が作成する防災分野の最上位計画として、防災体制の確立、防災事業の促進、災害復興の迅速適切化、防災に関する科学技術及び研究の振興、防災業務計画及び地域防災計画において重点をおくべき事項について、基本的な方針を示している。この計画に基づき、指定行政機関及び指定公共機関は防災業務計画を、地方公共団体は地域防災計画を作成している。

また、この法の目的としては、平成7年1月に発生した阪神・淡路大震災や平成２３年3月に発生した東日本大震災などの近年の大規模災害の経験を礎に、近年の防災をめぐる社会構造の変化等を踏まえ、我が国において防災上必要と思料される諸施策の基本を、国、公共機関、地方公共団体、事業者、住民それぞれの役割を明らかにしながら定めるとともに、防災業務計画及び地域防災計画において重点をおくべき事項の指針を示すことにより、我が国の災害に対処する能力の増強を図ることとしている。

1．概要

・災害の種類に応じて講じるべき対策が容易に参照できるような編構成。

・災害予防・事前準備、災害応急対策、災害復旧・復興という災害対策の時間的順序に沿って記述。

・国、地方公共団体、住民等、各主体の責務を明確にするとともに、それぞれが行うべき対策をできるだけ具体的に記述。

・近年の都市化、高齢化、国際化、情報化等の社会・経済構造の変化に充分配慮して、常に的確かつ適切な対応が図られるよう努めることとしている。

・防災基本計画の作成・修正の変遷は下表に示すとおり。

修正年月	修正等概要
昭和38年	防災基本計画の策定
昭和46年	一部修正（地震対策，石油コンビナート対策等）
平成７年	全面修正（自然災害対策） ○阪神・淡路大震災の教訓を踏まえ，国，公共機関，地方公共団体，事業者等の各主体それぞれの役割を明らかにしつつ，具体的かつ実践的な内容に修正。
平成９年	一部修正（事故災害対策編の追加）
平成12年５月	一部修正（原子力災害対策編の全面修正） ○平成11年９月の茨城県東海村におけるウラン加工施設臨界事故及び，これを踏まえて制定された原子力災害対策特別措置法の施行に合わせて修正。
平成12年12月	一部修正（中央省庁等改革に伴う修正）
平成14年４月	一部修正（風水害対策編及び原子力災害対策編）
平成16年３月	一部修正（震災対策編）
平成17年７月	一部修正（自然災害対策に係る各編） ○災害への備えを実践する国民運動の展開，地震防災戦略の策定，インド洋津波災害を踏まえた津波防災対策の充実，集中豪雨時等の情報伝達及び高齢者等の避難支援の強化等，最近の災害対策の進展を踏まえ，修正。
平成19年３月	一部修正（防衛庁の防衛省移行に伴う修正）
平成20年２月	一部修正（各編） ○防災基本計画上の重点課題のフォローアップの実施，国民運動の戦略的な展開，企業防災の促進のための条件整備，緊急地震速報の本格導入，新潟県中越沖地震の教訓を踏まえた原子力災害対策強化等，近年発生した災害の状況や中央防災会議における審議等を踏まえ修正。

平成23年12月	一部修正（津波災害対策編の追加等） ○東日本大震災を踏まえた地震・津波対策の強化，最近の災害等を踏まえた防災対策の見直しの反映。
平成24年9月	一部修正 ○災害対策基本法の改正【第1弾改正】，中央防災会議防災対策推進検討会議の最終報告等を踏まえた大規模広域災害への強化（各編） ○原子力規制委員会設置法等の制定を踏まえた原子力災害対策の強化（原子力災害対策編）
平成26年1月	一部修正 ○災害対策基本法の改正【第2弾改正】，大規模災害からの復興に関する法律の規制等を踏まえた大規模災害への対策の強化（各編） ○原子力委員会における検討を踏まえた原子力災害への対策の強化（原子力対策編）
平成26年11月	一部修正 ○災害対策基本法の改正（放置車両及び立ち往生車両対策の強化），平成26年2月豪雪の教訓を踏まえた修正（自然災害対策に係る各編） ○原子力防災体制の充実・強化に伴う修正（原子力災害対策編）
平成27年3月	一部修正（防衛庁の防衛省移行に伴う修正） ○原子力防災体制の充実・強化に伴う修正（原子力災害対策編）
平成27年7月	一部修正 ○最近の災害対応の教訓を踏まえた対策の強化に伴う修正（各編）
平成28年2月	一部修正 ○最近の制度改正，災害対応の教訓等を踏まえた対策の強化に伴う修正（各編）

平成23年12月	一部修正 ○中央防災会議防災対策実行会議「水害時の避難・応急対策検討ワーキンググループ」報告を踏まえた修正（各種）
平成24年9月	一部修正 ○平成28年熊本地震及び平成28年台風台10号災害の教訓等を踏まえた修正（各編）
平成30年6月	一部修正 ○関係法令の改正，最近の災害対応の教訓を踏まえた修正（各編）の強化（原子力災害対策編）

2．構成

第１編　総則

　第１章　本計画の目的と構成

　第２章　防災の基本理念及び施策の概要

　第３章　防災をめぐる社会構造の変化と対応

　第４章　防災計画の効果的推進等

　第５章　防災業務計画及び地域防災計画において重点を置くべき事項

第２編　各災害に共通する対策編

　第１章　災害予防

　　第１節　災害に強い国づくり，まちづくり

　　第２節　事故災害の予防

　　第３節　国民の防災活動の促進

　　第４節　災害及び防災に関する研究及び観測等の推進

　　第５節　事故災害における再発防止対策の実施

　　第６節　迅速かつ円滑な災害応急対策，災害復旧・復興への備え

　第２章　災害応急対策

　　第１節　災害発生直前の対策

　　第２節　発災直後の情報の収集・連絡及び活動体制の確立

　　第３節　災害の拡大・二次災害・複合災害の防止及び応急復旧活動

　　第４節　救助・救急，医療及び消火活動

第１０節　応急復旧及び二次災害・複合災害の防止活動

第１１節　自発的支援の受入れ

第３章　災害復旧・復興

第１節　地域の復旧・復興の基本方向の決定

第２節　迅速な原状復旧の進め方

第３節　計画的復興の進め方

第４節　被災者等の生活再建等の支援

第５節　被災中小企業の復興その他経済復興の支援

第４編　津波災害対策編

第１章　災害予防

第１節　想定される津波の適切な設定と対策の基本的考え方

第２節　津波に強い国づくり，まちづくり

第３節　国民の防災活動の促進

第４節　津波災害及び津波防災対策に関する研究及び観測等の推進

第５節　迅速かつ円滑な災害応急対策，災害復旧・復興への備え

第２章　災害応急対策

第１節　災害発生直前の対策

第２節　発災直後の情報の収集・連絡及び活動体制の確立

第３節　救助・救急，医療及び消火活動

第４節　緊急輸送のための交通の確保・緊急輸送活動

第５節　避難の受入れ及び情報提供活動

第６節　物資の調達，供給活動

第７節　保健衛生，防疫，遺体対策に関する活動

第８節　社会秩序の維持，物価の安定等に関する活動

第９節　応急の教育に関する活動

第１０節　応急復旧及び二次災害・複合災害の防止活動

第１１節　自発的支援の受入れ

第３章　災害復旧・復興

第１節　地域の復旧・復興の基本方向の決定

第２節　迅速な原状復旧の進め方

第３節　計画的復興の進め方

第４節　被災者等の生活再建等の支援

第５節　被災中小企業の復興その他経済復興の支援

第５編　風水害対策編

第１章　災害予防

第１節　風水害に強い国づくり，まちづくり

第２節　国民の防災活動の促進

第３節　風水害及び風水害対策に関する研究及び観測等の推進

第４節　迅速かつ円滑な災害応急対策，災害復旧・復興への備え

第２章　災害応急対策

第１節　災害発生直前の対策

第２節　発災直後の情報の収集・連絡及び活動体制の確立

第３節　災害の拡大・二次災害・複合災害防止及び応急復旧活動

第４節　救助・救急及び医療活動

第５節　緊急輸送のための交通の確保・緊急輸送活動

第６節　避難の受入れ及び情報提供活動

第７節　物資の調達，供給活動

第８節　保健衛生，防疫，遺体対策に関する活動

第９節　社会秩序の維持，物価の安定等に関する活動

第１０節　応急の教育に関する活動

第１１節　自発的支援の受入れ

第３章　災害復旧・復興

第１節　地域の復旧・復興の基本方向の決定

第２節　迅速な原状復旧の進め方

第３節　計画的復興の進め方

第４節　被災者等の生活再建等の支援

第５節　被災中小企業の復興その他経済復興の支援

第６編　火山災害対策編

第１章　災害予防

第１節　想定される火山災害の適切な設定と対策の基本的な考え方

第１節　災害発生直前の対策

第２節　発災直後の情報の収集・連絡及び活動体制の確立

第３節　除雪の実施，雪崩災害・複合災害の防止及び応急復旧活動

第４節　救助・救急及び医療活動

第５節　緊急輸送のための交通の確保・緊急輸送活動

第６節　避難の受入れ及び情報提供活動

第７節　物資の調達，供給活動

第８節　保健衛生，遺体対策に関する活動

第９節　社会秩序の維持，物価の安定等に関する活動

第１０節　応急の教育に関する活動

第１１節　自発的支援の受入れ

第３章　災害復旧・復興

第１節　迅速な原状復旧の進め方

第２節　被災者等の生活再建等の支援

第３節　被災中小企業の復興その他経済復興の支援

第８編　海上災害対策編

第１章　災害予防

第１節　海上交通の安全のための情報の充実

第２節　船舶の安全な運航の確保

第３節　船舶の安全性の確保

第４節　海上防災思想の普及

第５節　海上交通環境の整備

第６節　海上災害及び防災に関する研究等の推進及び再発防止対策の実施

第７節　迅速かつ円滑な災害応急対策，災害復旧への備え

第２章　災害応急対策

第１節　発災直後の情報の収集・連絡及び活動体制の確立

第２節　捜索，救助・救急，医療及び消火活動

第３節　緊急輸送のための交通の確保・緊急輸送活動

第４節　危険物等の大量流出に対する応急対策

第５節　関係者等への的確な情報伝達活動

第１１編　道路災害対策編

- 第１章　災害予防
  - 第１節　道路交通の安全のための情報の充実
  - 第２節　道路施設等の整備
  - 第３節　防災知識の普及
  - 第４節　道路災害及び防災に関する研究等の推進
  - 第５節　再発防止対策の実施
  - 第６節　迅速かつ円滑な災害応急対策，災害復旧への備え
- 第２章　災害応急対策
  - 第１節　発災直後の情報の収集・連絡及び活動体制の確立
  - 第２節　救助・救急，医療及び消火活動
  - 第３節　緊急輸送のための交通の確保・緊急輸送活動
  - 第４節　危険物の流出に対する応急対策
  - 第５節　道路施設・交通安全施設の応急復旧活動
  - 第６節　関係者等への的確な情報伝達活動
- 第３章　災害復旧

第１２編　原子力災害対策編

- 第１章　災害予防
  - 第１節　施設等の安全性の確保
  - 第２節　防災知識の普及
  - 第３節　原子力防災に関する研究等の推進
  - 第４節　再発防止対策の実施
  - 第５節　迅速かつ円滑な災害応急対策，災害復旧への備え
  - 第６節　核燃料物質等の事業所外運搬中の事故に対する迅速かつ円滑な応急対策への備え
- 第２章　災害応急対策
  - 第１節　発災直後の情報の収集・連絡，緊急連絡体制及び活動体制の確立
  - 第２節　避難，屋内退避等の防護及び情報提供活動
  - 第３節　原子力被災者の生活支援活動
  - 第４節　犯罪の予防等社会秩序の維持

第４節　林野火災及び防災に関する研究等の推進

第５節　迅速かつ円滑な災害応急対策，災害復旧への備え

第２章　災害応急対策

第１節　発災直後の情報の収集・連絡及び活動体制の確立

第２節　救助・救急，医療及び消火活動

第３節　緊急輸送のための交通の確保・緊急輸送活動

第４節　避難の受入れ及び情報提供活動

第５節　応急復旧及び二次災害の防止活動

第３章　災害復旧

※防災基本計画の全文は，以下のＨＰにて閲覧可能である。

・内閣府防災情報のページ，http://www.bousai.go.jp/taisaku/keikaku/kihon.html

８．東海地震の地震防災対策強化地域に係る地震防災基本計画

（最終修正：平成２３年３月２４日）

東海地震による災害から国民の生命、身体及び財産を保護するため、大規模地震対策特別措置法第３条の規定に基づき地震防災対策強化地域が指定されている。強化地域においては、警戒宣言が発せられてから発災するまでの間における対処のために、地震防災応急対策を実施することとなっている。

大規模震災対策特別措置法第５条の規定に基づき、警戒宣言が発せられた場合の国の地震防災に関する基本的方針や、指定行政機関、地方公共団体などが定める地震防災強化計画及び特定の民間事業者等が定める地震防災応急計画の基本となるべき事項等を定め、当該地域における地震防災体制の推進を図ることを目的としている。

１．概要

・警戒宣言が発せられた場合の国の地震防災に関する基本的方針や地震防災強化計画及び地震防災応急計画の基本となるべき事項等を定め、地震防災体制の推進を図る。

・防災関係機関、地域住民等は、警戒宣言が発せられた場合に一体となって一斉に迅速かつ的確な地震防災応急対策を実施。

・警戒宣言が発令された場合の地震防災応急対策の基本的事項等を対象とする。

・地域の総合的な防災性の向上を図るために長期的な観点から公共施設、建築物、産業施設等の耐震化を図ること及び出火防止施設、落下危険物防止施設等の整備を図ることについて十分配慮。

・地震防災強化計画及び地震防災応急計画は、社会環境の変化、施設整備の強化等に応じ絶えず見直しを行い、実態に即したものとする。

２．構成

第１章　警戒宣言が発せられた場合における地震防災に関する基本的方針

　　１　正確かつ迅速な情報の周知

２　防災関係機関等の相互連携

３　警戒宣言前に東海地震に関連する情報が出された場合の対応の基本方針

４　地震防災応急対策の実施の基本方針

５　地震災害警戒本部の的確な運営

６　地域住民との一体的対応

７　東海地震応急対策活動要領等に基づく広域的応急対策の実施

第２章　地震防災強化計画の基本となるべき事項

第１節　地震防災応急対策に係る措置に関する事項

１　地震予知情報等の伝達等

２　警戒宣言前の情報に基づく防災対応

３　地方公共団体の地震災害警戒本部等の設置及び要員参集体制

４　地震防災応急対策の実施要員の確保及び他機関との協力体制

５　発災後に備えた資機材、人員等の配備手配

６　警戒宣言時の広報

７　警戒宣言後の地震防災応急対策の実施状況等に関する情報の収集・伝達等

８　避難対策等

９　消防、水防等対策

１０　警備対策

１１　飲料水、電気、ガス、通信、放送関係

１２　金融対策

１３　生活必需品の確保等

１４　交通対策

１５　緊急輸送対策

１６　他機関等に対する応援要請

１７　自衛隊の地震防災派遣等

１８　帰宅困難者、滞留旅客に対する措置

１９　計画主体が自ら管理又は運営する道路、河川その他の施設に関する対策

２０　計画主体が自ら管理する地震防災応急計画の対象となる施設又は事業に相当する施設又は事業に関する対策

２１　震度や津波の分布等をもとにした各地域の防災体制

第２節　地震防災上緊急に整備すべき施設等に関する事項

第３節　大規模な地震に係る防災訓練に関する事項

第４節　地震防災上必要な教育及び広報に関する事項

第３章　地震防災応急計画の基本となるべき事項

第１節　地震防災応急対策に係る措置に関する事項

第１　各計画において共通して定める事項

１　地震予知情報等の伝達等

２　地震防災応急対策の実施要員の確保等

３　発災後に備えた資機材、人員等の配備手配

４　工事中建築物等の工事の中断等

第２　個別の計画において定めるべき事項

１　病院、劇場、百貨店、旅館等不特定かつ多数の者が出入する施設関係

２　石油類、火薬類、高圧ガス、毒物・劇物、核燃料物質等の製造、貯蔵、処理又は取扱いを行う施設関係

３　鉄道事業その他一般旅客運送に関する事業関係

４　学校関係

５　社会福祉施設関係

６　放送事業関係

７　水道、電気及びガス事業関係

８　その他の施設又は事業関係

第２節　大規模な地震に係る防災訓練に関する訓練

第３節　地震防災上必要な教育及び広報に関する事項

第４章　総合的な防災訓練に関する事項

※東海地震の地震防災対策強化地域に係る地震防災基本計画の全文は，以下のＨＰにて閲覧可能である。

・内閣府防災情報のページ，http://www.bousai.go.jp/jishin/tokai/index.html

9．南海トラフ地震防災対策推進基本計画

（最終修正：平成２６年３月２８日）

中央防災会議は、平成16年3月に東南海・南海地震防災対策推進基本計画を、平成17年3月に、東南海・南海地震の地震防災戦略を策定し、東南海・南海地震防災対策推進地域においては、国、地方公共団体、関係事業者等が各種計画を策定し、それぞれの立場から地震防災対策を推進してきた。その後、平成23年3月に発生した東日本大震災の教訓を踏まえ、いかなる大規模な地震及びこれに伴う津波が発生した場合にも、人命だけは何としても守るとともに、我が国の経済社会が致命傷を負わないようハード・ソフト両面からの総合的な対策の実施による防災・減災の徹底を図ることを目的として、平成25年11月に東南海・南海法が南海トラフ地震に係る地震防災対策の推進に関する特別措置法に改正され、同年12月に施行された。

「南海トラフ地震防災対策推進基本計画」の目的は以下のとおりである。

南海トラフ地震に係る地震防災対策の推進に関する特別措置法第４条の規定に基づき、国の南海トラフ地震の地震防災対策の推進に関する基本的方針及び基本的な施策に関する事項、施策の具体的な目標及びその達成の期間、南海トラフ地震が発生した場合の災害応急対策の実施に関する基本的方針、指定行政機関、関係地方公共団体等が定める南海トラフ地震防災対策推進計画及び関係事業者等が定める南海トラフ地震防災対策計画の基本となるべき事項等を定め、もって南海トラフ地震防災対策推進地域における地震防災対策の推進を目的としている。

１．概要

・南海トラフ地震の特徴を踏まえ、国、地方公共団体、地域住民等、様々な主体が連携をとって、計画的かつ速やかに防災対策を推進する。

・南海トラフ地震に係る地震防災対策の推進に関する基本的方針を踏まえて、７つの施策を実施する。あわせて、各施策に係る具体的な目標及びその達成期間を設定する。

・発災時には、南海トラフ地震の特徴を踏まえ、災害応急対策を推進する。

・指定行政機関及び指定公共機関が防災業務計画において、関係都府県・市町村地方防災会議が地域防災計画において定める「推進計画」に記載すべき事項を挙げる。

・推進地域内の関係施設管理者、事業者等が定める「対策計画」に記載すべき事項を挙げる。

2．構成

第１章　南海トラフ地震に係る地震防災対策の円滑かつ迅速な推進の意義に関する事項

第２章　南海トラフ地震に係る地震防災対策の推進に関する基本的方針

第１節　各般にわたる甚大な被害への対応

第２節　津波からの人命の確保

第３節　超広域にわたる被害への対応

第４節　国内外の経済に及ぼす甚大な影響の回避

第５節　時間差発生等への対応

第６節　外力レベルに応じた対策

第７節　戦略的な取組の強化

第８節　訓練等を通じた対策手法の高度化

第９節　科学的知見の蓄積と活用

第３章　南海トラフ地震に係る地震防災対策の基本的な施策

第１節　地震対策

第２節　津波対策

第３節　総合的な防災体制

第４節　災害発生時の対応に係る事前の備え

第５節　被災地内外における混乱の防止

第６節　多様な発生態様への対応

第７節　様々な地域的課題への対応

第４章　南海トラフ地震が発生した場合の災害応急対策の実施に関する基本的方針

第１節　迅速な被害情報の把握

第２節　津波から緊急避難への対応

第３節　原子力事業所等への対応

第４節　救助・救急対策、緊急輸送のための交通の確保

第５節　津波火災対策

第６節　膨大な傷病者等への医療活動

第７節　物資の絶対的な不足への対応

第８節　膨大な避難者等への対応

第９節　国内外への適切な情報提供

第１０節　施設・設備等の二次災害対策

第１１節　ライフライン・インフラの復旧対策

第１２節　広域応援体制の確立

第５章　南海トラフ地震防災対策推進計画の基本となるべき事項

第１節　地震防災上緊急に整備すべき施設等に関する事項

第２節　津波からの防護、円滑な避難の確保及び迅速な救助に関する事項

第３節　関係者との連携協力の確保に関する事項

第４節　防災訓練に関する事項

第５節　地震防災上必要な教育及び広報に関する事項

第６節　津波避難対策緊急事業計画の基本となるべき事項

第６章　南海トラフ地震防災対策計画の基本となるべき事項

第１節　対策計画を作成して津波に関する防災対策を講ずべき者

第２節　津波からの円滑な避難の確保に関する事項

第３節　防災訓練に関する事項

第４節　地震防災上必要な教育及び広報に関する事項

※南海トラフ地震防災対策推進基本計画の全文は，以下のＨＰにて閲覧可能である。

・内閣府防災情報のページ，http://www.bousai.go.jp/jishin/nankai/index.html

１０．首都直下地震緊急対策推進基本計画

（最終修正：平成２７年３月３１日）

首都直下地震対策特別措置法第４条に規定する「首都直下地震に係る地震防災上緊急に講ずべき対策の推進に関する基本的な計画」（以下「緊急対策推進基本計画」という。）として、上記の検討を踏まえ、首都中枢機能の維持を始めとする首都直下地震に関する施策の基本的な事項を定めることにより、円滑かつ迅速な首都直下地震対策を図ることを目的としている。

１．構成

１　緊急対策区域における緊急対策の円滑かつ迅速な推進の意義に関する事項

（１）首都直下地震対策の対象とする地震

（２）緊急対策の円滑かつ迅速な推進の意義

２　緊急対策区域における緊急対策の円滑かつ迅速な推進のために政府が着実に実施すべき施策に関する基本的な方針

（１）首都中枢機能の確保

（２）膨大な人的・物的被害への対応

（３）地方公共団体への支援等

（４）社会全体での首都直下地震対策の推進

（５）２０２０年オリンピック・パラリンピック東京大会に向けた対応

３　首都直下地震が発生した場合における首都中枢機能の維持に関する事項

（１）首都中枢機能の維持を図るための施策に関する基本的な事項

（２）首都中枢機能の全部又は一部を維持することが困難となった場合における当該中枢機能の一時的な代替に関する基本的な事項

（３）ライフライン及びインフラの維持に係る施策に関する基本的な事項

（４）緊急輸送を確保する等のために必要な港湾、空港等の機能の維持に係る施策に関する基本的な事項

（５）その他

４　首都中枢機能維持基盤整備等地区の指定及び基盤整備等計画の認定に関する基本的な事項

（1）首都中枢機能維持基盤整備等地区の指定について
（2）基盤整備等計画の認定について
5　地方緊急対策実施計画の基本となるべき事項
（1）地方緊急対策実施計画の目的
（2）地方緊急対策実施計画の記載事項
（3）地方緊急対策実施計画に基づき実施すべき首都直下地震対策
（4）その他
6　特定緊急対策事業推進計画の認定に関する基本的な事項
（1）特定緊急対策事業推進計画の認定基準
7　緊急対策区域における緊急対策の円滑かつ迅速な推進に関し政府が講ずべき措置
（1）首都中枢機能の継続性の確保
（2）膨大な人的・物的被害への対応
（3）２０２０年オリンピック・パラリンピック東京大会に向けた対応等
（4）長周期地震動対策（中長期的対応）
8　その他緊急対策区域における緊急対策の円滑かつ迅速な推進に関し必要な事項
（1）計画の効果的な推進
（2）災害対策基本法に規定する防災計画との関係

※首都直下地震緊急対策推進基本計画の全文は，以下のＨＰにて閲覧可能である。
・内閣府防災情報のページ、http://www.bousai.go.jp/jishin/syuto/index.html

１１．日本海溝・千島海溝周辺海溝型地震防災対策推進基本計画

（最終修正：平成１８年３月）

日本海溝・千島海溝周辺海溝型地震に係る地震防災対策の推進に関する特別措置法第５条の規定に基づき、日本海溝・千島海溝周辺海溝型地震の地震防災対策の推進に関する基本的方針や、指定行政機関、地方公共団体などが定める日本海溝・千島海溝周辺海溝型地震防災対策推進計画及び特定の民間事業者等が定める日本海溝・千島海溝周辺海溝型地震防災対策計画の基本となるべき事項等を定め、当該地域における地震防災体制の推進を図ることを目的としている。

１．構成

第１章　日本海溝・千島海溝周辺海溝型地震に係る地震防災対策の推進に関する基本的方針

１　津波防災対策の推進

（１）迅速・的確な津波避難体制の整備

（２）沿岸地域の孤立への対応

（３）津波に伴う漂流物発生を始めとする二次災害の防止

（４）広域的な津波防災対策

２　揺れに強いまちづくりの推進

（１）建築物の耐震化

（２）火災対策

（３）居住空間内外の安全確保対策

（４）ライフライン・交通インフラの確保

３　積雪・寒冷地域特有の問題への対応

（１）冬期道路交通の確保

（２）緊急通信ネットワークの確保

（３）豪雪、寒冷地における避難生活環境の確保

（４）雪崩対策

（５）救助救出体制の強化

第１節　日本海溝・千島海溝周辺海溝型地震防災対策計画を作成して津波に関する防災対策を講ずべき者について

第２節　津波からの円滑な避難の確保に関する事項

第１　各計画において共通して定める事項

1　津波に関する情報の伝達等

2　避難対策

3　応急対策の実施要員の確保等

第２　個別の計画において定めるべき事項

1　病院、劇場、百貨店、旅館その他不特定かつ多数の者が出入する施設関係

2　石油類、火薬類、高圧ガス、毒物・劇物、核燃料物質等の製造、貯蔵、処理又は取扱いを行う施設関係

3　鉄道事業その他一般旅客運送に関する事業関係

4　学校、社会福祉施設関係

5　水道、電気、ガス、通信及び放送事業関係

6　その他の施設又は事業関係

第３節　防災訓練に関する事項

第４節　地震防災上必要な教育及び広報に関する事項

第４章　推進地域における地震防災対策の推進に関する重要事項

1　幅広い連携による震災対策の推進

2　調査研究の推進と防災対策への反映

3　実践的な防災訓練の実施と対策への反映

※日本海溝・千島海溝周辺海溝型地震防災対策推進基本計画の全文は，以下のＨＰにて閲覧可能である。

・内閣府防災情報のページ、http://www.bousai.go.jp/jishin/nihonkaiko_chishima/index.html

１２．大規模地震防災・減災対策大綱

（最終修正：平成２６年３月）

中央防災会議では、これまで、地震防災対策の検討に当たっては、繰り返し発生している、発生確率・切迫性が高い、経済・社会への影響が大きいなどの観点から対象とする地震を選定し、それぞれの地震について行った被害想定を踏まえて、下記の地震対策大綱を策定し、対策を推進してきた。

・東海地震対策大綱（平成15年5月策定）

・東南海・南海地震対策大綱（平成15年12月策定）

・首都直下地震対策大綱（平成17年9月策定、平成22年1月修正）

・日本海溝・千島海溝周辺海溝型地震対策大綱（平成18年2月策定）

・中部圏・近畿圏直下地震対策大綱（平成21年4月策定）

これまでの地震対策大綱は、各地震に共通の内容が多く、特別措置法で定める地震防災対策推進地域等の地域に関わらず、今後、防災・減災のための大規模地震対策として一体的に進めていく必要があるため、これまで策定してきた地震対策大綱を統合し、新たに大規模地震防災・減災対策大綱としてとりまとめることとしたものである。

本大綱は、南海トラフ地震防災対策推進基本計画、首都直下地震緊急対策推進基本計画、日本海溝・千島海溝周辺海溝型地震に関する特別措置法に基づく日本海溝・千島海溝周辺海溝型地震対策推進基本計画は、推進地域における各地震防災対策の推進に関する重要事項を定めるものであるが、本大綱は、事業や計画で具体化されておらず今後の検討事項となる施策も含め、幅広く施策をまとめたものである。

１．構成

本大綱決定の背景

本大綱の位置づけ

１．事前防災

（１）建築物の耐震化等

（２）津波対策

（３）火災対策

（４）土砂災害・地盤災害対策

（５）ライフライン及びインフラの確保対策

（６）長周期地震動対策

（７）液状化対策

（８）リスクコミュニケーションの推進

（９）防災教育・防災訓練の充実

（10）ボランティアとの連携

（11）総合的な防災力の向上

（12）地震防災に関する調査研究の推進と成果の防災対策への活用

２．災害発生時の効果的な災害応急対策への備え

（１）災害対応体制の構築

（２）原子力事業所への対応

（３）救助・救急対策

（４）医療対策

（５）消火活動等

（６）緊急輸送のための交通の確保・緊急輸送活動

（７）食料・水、生活必需品等の物資の調達

（８）燃料の供給対策

（９）避難者等への対応

（10）帰宅困難者等への対応

（11）ライフライン及びインフラの復旧対策

（12）保健衛生・防疫対策

（13）遺体対策

（14）災害廃棄物等の処理対策

（15）防災情報対策

（16）社会秩序の確保・安定

（17）多様な空間の効果的利用の実現

（18）広域連携・支援体制の確立

３．被災地内外における混乱の防止

（１）基幹交通網の確保

（２）民間企業等の事業継続性の確保

（３）国、地方公共団体の業務継続性の確保

４．様々な地域的課題への対応

（１）地下街、高層ビル、ターミナル駅等の安全確保

（２）ゼロメートル地帯の安全確保

（３）石油コンビナート地帯及び周辺の安全確保等

（４）道路交通渋滞への対応

（５）孤立可能性の高い集落への対応

（６）沿岸部における地場産業・物流への被害の防止及び軽減

（７）積雪・寒冷地域特有の問題への対応

（８）文化財の防災対策

（９）2020 年オリンピック・パラリンピック東京大会に向けた対応

５．特に考慮すべき二次災害、複合災害、過酷な事象への対応

６．本格復旧・復興

（１）復興に向けた総合的な検討

（２）被災者等の生活再建等の支援

（３）経済の復興

７．対策の効果的推進

※大規模地震防災・減災対策大綱の全文は，以下のＨＰにて閲覧可能である。

・内閣府防災情報のページ、http://www.bousai.go.jp/jishin/jishin_taikou.html

１３．大規模地震・津波災害応急対策対処方針

（最終修正：平成２９年１２月２１日）

「防災基本計画」を踏まえ、首都直下地震、南海トラフ地震、日本海溝・千島海溝周辺海溝型地震をはじめとする大規模地震・津波（以下「大規模地震」という。）発生時の各機関がとるべき行動内容等について定めるもので、また、大規模地震が発生した際の災害応急対策の目安としてタイムライン（時系列の行動計画表）を定め、これを踏まえ、政府が実施する応急対策活動と防災関係機関の役割を示している。

１．構成

前文

（１）本方針の位置付け

（２）本方針の適用

（３）タイムラインに応じた目標行動

1　初動体制の確立

（１）政府の初動体制

（２）緊急災害対策本部を中心とした体制の確立

2　被害情報等の取扱い

（１）趣旨

（２）各防災関係機関の役割

（３）迅速な情報収集

（４）情報の整理・分析

（５）情報の一元的把握

（６）情報の共有・各防災関係機関への収集情報の還元

（７）通信体制の確保

（８）情報の公開・公表

共有情報

3　緊急輸送のための交通の確保

（１）趣旨

（2）各防災関係機関の役割

（3）緊急輸送ルートに対する大規模地震発生時の措置

（4）海上交通等に対する大規模地震発生時の措置

（5）航空交通、鉄道交通に対する大規模地震発生時の措置

（6）人員、資機材の確保

4　救助・救急、消火活動等

（1）趣旨

（2）各防災関係機関の役割

（3）救急・救助、消火活動等に必要な部隊の動員の考え方

（4）広域応援部隊の派遣先

（5）広域応援部隊の活動に必要な拠点

（6）警察、消防、自衛隊及び国土交通省の部隊間の活動調整と活動支援

（7）災害応急対策に活用する航空機及び艦船・船舶並びに災害対策用機械

（8）警察庁、消防庁、防衛省及び国土交通省の部隊派遣の方針

5　医療活動

（1）趣旨

（2）各防災関係機関の役割

（3）本方針に基づく医療活動の実施

（4）大規模地震発生直後のDMAT派遣

（5）被災した災害拠点病院等の医療機能の継続・回復

（6）重症患者の医療搬送（広域医療搬送・地域医療搬送）

（7）DMAT以外の医療チームの活動

（8）避難所等における保健・医療・福祉サービス等の提供

6　物資の調達

（1）趣旨

（2）各防災関係機関の役割

（3）本方針に基づく物資の調達の実施

（4）プッシュ型支援による物資調達

（5）プル型支援による物資調達

（6）飲料水の調達

（７）物資の輸送手段の確保
（８）物資輸送における役割分担
（９）広域物資輸送拠点等の確保
（１０）運用命令等
（１１）円滑な物資供給を図るための原則
（１２）保管命令及び収用
（１３）費用負担
７　燃料供給
（１）趣旨
（２）各防災関係機関の役割
（３）本方針に基づく燃料供給の実施
（４）石油業界における基本的な燃料供給体制
（５）防災拠点等に存する給油施設への「重点継続供給」
（６）業務継続が必要な重要施設への「優先供給」
（７）臨時の給油施設に対する供給手順
（８）燃料輸送・供給体制の確保
（９）全国的な燃料不足への対応
８　ライフラインの復旧
（１）趣旨
（２）各防災関係機関の役割
（３）応急復旧に関する基本的な活動方針
（４）応急復旧に当たっての優先復旧方針
（５）応急復旧の手順
９　避難者支援
（１）趣旨
（２）各防災関係機関の役割
（３）活動内容
１０　帰宅困難者等への対策
（１）趣旨
（２）国、被災地方公共団体の役割

（3）活動内容

１１　保健衛生等に関する活動、災害廃棄物の処理

（1）保健衛生、防疫、遺体の処理等に関する活動

（2）災害廃棄物の処理

１２　社会秩序の確保・安定等

（1）社会秩序の確保・安定

（2）首都中枢機能の継続性の確保

１３　二次災害の防止活動

（1）二次災害防止活動の基本方針

（2）二次災害防止活動の役割分担

（3）二次災害防止活動

（4）二次災害防止活動に当たっての配慮事項

１４　防災関係機関間の応援体制の確保

（1）事前の相互応援の取決め

（2）大規模地震発生時の広域応援体制の確保

１５　内外からの支援の受入れ

（1）海外からの支援受入れ

（2）国内からの支援受入れ

※大規模地震・津波災害応急対策対処方針の全文は，以下のＨＰにて閲覧可能である。

・内閣府防災情報のページ、http://www.bousai.go.jp/jishin/oukyu_taisaku.html

１４．国土交通省防災業務計画

（最終修正：平成３０年９月）

災害対策基本法第３６条第１項、大規模地震対策特別措置法第６条第１項、南海トラフ地震に係る地震防災対策の推進に関する特別措置法第５条第１項及び日本海溝・千島海溝周辺海溝型地震に係る地震防災対策の推進に関する特別措置法第６条第１項の規定に基づき、国土交通省の所掌事務について、防災に関しとるべき措置及び地域防災計画の作成の基準となるべき事項を定め、防災対策の総合的かつ計画的な推進を図り、もって民生の安定、国土の保全、社会秩序の維持と公共の福祉の確保に資することを目的としている。

１．概要

・中央防災会議の防災基本計画を基本。

・災害の種別毎に具体的対策を、予防、応急対策、復旧・復興の段階に応じて記載。

・平成 14 年５月に旧省庁の防災業務計画を統合し、国土交通省としての防災業務計画を策定

・平成 16 年６月に、防災基本計画の修正、東南海・南海地震防災対策推進計画の策定などを受けて修正（１回目修正）

・平成 18 年８月に、防災基本計画の修正（自助・共助・公助のバランスの取れた地域防災力の再構築、地域における防災教育の支援、災害時要援助者への情報伝達への配慮の観点から修正）、日本海溝・千島海溝周辺海溝型地震防災対策推進基本計画の策定等を受けて修正（２回目修正）

・平成 20 年４月に、緊急災害対策派遣隊（TEC-FORCE）の創設等に関する改正（３回目修正）

・平成21年６月に、防災基本計画の改正、局地的短時間豪雨対策等の新規施策、港湾の開発基本方針等を踏まえた改正（４回目修正）

・平成23年８月に、東日本大震災への対応を通じて明らかになった教訓、課題、改善点等を踏まえた改正（５回目修正）

・平成24年9月に、平成23年12月の防災基本計画の改正、津波防災地域づくりに関する 法律（津波防災地域づくり法）の制定等を踏まえた改正、津波災害対策編を新設（6回目修正）
・平成25年3月に、防災基本計画の修正等を受け、大規模広域災害への対策、原子力災害への対策を中心に国土交通省防災業務計画の改正（7回目修正）
・平成26年4月に、防災基本計画の修正（市町村に代わり応急措置を行う（災対法）、地方公共団体に代わって工事を行う（復興法））等を踏まえ修正（8回目修正）
・平成27年7月に、防災基本計画の修正（災対法による災害時の放置車両対策の強化等）を踏まえ修正（9回目修正）
・平成29年7月　防災基本計画の修正（熊本地震等を踏まえた修正）、緊急輸送道路における無電柱化等施策の推進を踏まえた修正（１０回目修正）
・平成30年9月　防災基本計画の修正（国による重要物流道路の指定及び災害復旧等代行制度の創設（道路法））、平成29年7月九州北部豪雨、30年2月豪雪を踏まえ修正（１１回目修正）

2．構成

第1編　総則
第2編　各災害に共通する対策編
　第1章　災害予防
　　第1節　災害対策の推進
　　第2節　危機管理体制の整備
　　第3節　災害、防災に関する研究、観測等の推進
　　第4節　防災教育等の実施
　　第5節　防災訓練
　　第6節　再発防止対策の実施
　第2章　災害応急対策
　　第1節　災害発生直後の情報の収集・連絡及び通信の確保
　　第2節　活動体制の確立
　　第3節　政府本部への対応等

第１３編　河川水質事故災害対策編

第１４編　港湾危険物等災害対策編

第１５編　大規模火事等災害対策編

第１６編　地域防災計画の作成の基準

※国土交通省防災業務計画の全文は，以下のＨＰにて閲覧可能である。

・国土交通省ＨＰ，http://www.mlit.go.jp/saigai/bousaigyoumukeikaku.html

１５．国土交通省業務継続計画

（策定：平成３０年５月）

国土交通省業務継続計画は、国土交通省防災業務計画を補完するもので、防災基本計画及び国土交通省防災業務計画並びに政府業務継続計画（首都直下地震対策）（平成26年３月閣議決定）に位置付けられている。

具体的な内容については、政府業務継続計画（首都直下地震対策）に基づき作成することとされている。

国土交通省が所管する事務に係る機能が停止または低下する可能性のある首都直下地震発生時等においても、国土交通省防災業務計画に基づく防災対策業務を遅滞なく実施するとともに、業務停止が社会経済活動に重大な影響を及ぼす業務の継続性を確保することを目的に、必要な取り組みを定めるものである。

１．構成

第１章　総則

１．業務継続計画の目的

２．業務継続の基本方針

３．業務継続マネジメントの推進体制

４．想定被害と前提条件

第２章　首都直下地震発生時における対応

１．緊急時の行動手順

２．初動対応事項

３．非常時優先業務の実施

４．業務継続計画の発動、復帰基準

第３章　業務継続への備え

１．非常時優先業務及び管理事務の抽出

２．関係機関との連携体制の確立

３．執行体制

４．執務環境の整備

第４章　代替庁舎

　　１．代替庁舎の場所

　　２．代替庁舎への移転（移転・復帰基準等）

　　３．代替庁舎における執務環境の確保

第５章　継続的改善

※国土交通省業務継続計画の全文は，以下のＨＰにて閲覧可能である。

・国土交通省ＨＰ，http://www.mlit.go.jp/saigai/bcp.html

１６．自転車活用推進法

（最終更新：平成２８年１２月１６日）

極めて身近な交通手段である自転車の活用による環境への負荷の低減、災害時における交通の機能の維持、国民の健康の増進等を図ることが重要な課題であることに鑑み、自転車の活用の推進に関し、基本理念を定め、国の責務等を明らかにし、及び自転車の活用の推進に関する施策の基本となる事項を定めるとともに、自転車活用推進本部を設置することにより、自転車の活用を総合的かつ計画的に推進することを目的としている。

１．構成

第１章　総則

第１条　目的

第２条　基本理念

第３条　国の責務

第４条　地方公共団体の責務

第５条　事業者の責務

第６条　国民の責務

第７条　関係者の連携及び協力

第２章　自転車の活用の推進に関する基本方針

第８条　－

第３章　自転車活用推進計画等

第９条　自転車活用推進計画

第１０条　都道府県自転車活用推進計画

第１１条　市町村自転車活用推進計画

第４章　自転車活用推進本部

第１２条　設置及び所掌事務

第１３条　組織等

第５章　雑則

第１４条　自転車の日及び自転車月間

第１５条　表彰

附則

※自転車活用推進法の全文は，以下のＨＰにて閲覧可能である。

・電子政府の総合窓口（e-Gov）：http://www.e-gov.go.jp/index.html

１７．航空法

（最終更新：平成２９年6月２日）

国際民間航空条約の規定並びに同条約の附属書として採択された標準、方式及び手続に準拠して、航空機の航行の安全及び航空機の航行に起因する障害の防止を図るための方法を定め、並びに航空機を運航して営む事業の適正かつ合理的な運営を確保して輸送の安全を確保するとともにその利用者の利便の増進を図ること等により、航空の発達を図り、もつて公共の福祉を増進することを目的としている。

１．構成

第１章　総則
第２章　登録
第３章　航空機の安全性
第４章　航空従事者
第５章　航空路、空港等及び航空保安施設
第６章　航空機の運航
第７章　航空運送事業等
第８章　外国航空機
第９章　無人航空機
第１０章　雑則
第１１章　罰則
附則

※航空法の全文は，以下のＨＰにて閲覧可能である。
・電子政府の総合窓口（e-Gov）：http://www.e-gov.go.jp/index.html

１８．国会議事堂、内閣総理大臣官邸その他の国の重要な施設等、外国公館等及び原子力事業所の周辺地域の上空における小型無人機等の飛行の禁止に関する法律

(最終更新：平成２８年3月１８日)

この法律は、国会議事堂、内閣総理大臣官邸その他の国の重要な施設等、外国公館等及び原子力事業所の周辺地域の上空における小型無人機等の飛行を禁止することにより、これらの施設に対する危険を未然に防止し、もって国政の中枢機能等及び良好な国際関係の維持並びに公共の安全の確保に資することを目的としている。

１．構成

第１条　目的
第２条　定義
第３条　国の所有又は管理に属する対象施設の敷地等の指定
第４条　対象政党事務所の指定等
第５条　対象外国公館等の指定等
第６条　対象原子力事業所の指定等
第７条　対象施設等の周知
第８条　対象施設周辺地域の上空における小型無人機等の飛行の禁止
第９条　対象施設の安全の確保のための措置
第１０条　経過措置
第１１条　罰則
附則

※国会議事堂、内閣総理大臣官邸その他の国の重要な施設等、外国公館等及び原子力事業所の周辺地域の上空における小型無人機等の飛行の禁止に関する法律の全文は、以下のＨＰにて閲覧可能である。
・電子政府の総合窓口（e-Gov）, http://www.e-gov.go.jp/index.html

１９．無人航空機（ドローン、ラジコン機等）の
安全な飛行のためのガイドライン

（最終改訂：平成３０年３月２７日）

近年、遠隔操作や自動操縦により飛行し写真撮影等を行うことができる無人航空機が開発され、趣味やビジネスを目的とした利用者が急増しています。新たな産業創出の機会の増加や生活の質の向上が図られることは歓迎すべきことです。

一方、このような無人航空機が飛行することで、人が乗っている航空機の安全が損なわれることや、地上の人や建物・車両などに危害が及ぶことは、あってはならないことはもちろんです。

このため、航空法の一部を改正する法律（平成27年法律第67号）により、無人航空機の飛行に関する基本的なルールが定められました。無人航空機の利用者の皆様は、同法及び関係法令を遵守し、第三者に迷惑をかけることなく安全に飛行させることを心がけてください。

また、無人航空機を飛行させる者は、航空法や関係法令を遵守することはもちろんですが、使用する無人航空機の機能及び性能を十分に理解し、飛行の方法及び場所に応じて生じる恐れがある飛行のリスクを事前に検証し、必要に応じてさらなる安全上の措置を講じるよう、無人航空機の飛行の安全に万全を期すことが必要です。

１．構成

3．注意事項

（1）飛行させる場所

（2）飛行させる際には

（3）常日頃から

（4）無人航空機による事故等の情報提供

（5）その他関係法令の遵守等

２０．航空法第１３２条の３の適用を受け無人航空機を飛行させる場合の運用ガイドライン

（最終改正：平成２７年１１月１７日）

航空法第 132 条の 3 並びに同法施行規則第 236 条の 7 及び同規則第 236 条の 8 の適用を受け、国若しくは地方公共団体またはこれらの者の依頼を受けた者が航空機の事故その他の事故に際し捜索、救助の目的のため無人航空機を飛行させる場合であっても、特例適用者が第一義的に負っている安全確保の責務を解除するものではなく、極めて緊急性が高くかつ公共性の高い行為であることから、救助等の迅速化を図るため無人航空機の飛行の禁止空域（航空法第 132 条）及び飛行の方法（航空法第 132 条の 2）に関する規定の適用を除外していることに留意する必要がある。

このため、特例適用者の責任において、その飛行により航空機の航行の安全（注 1）並びに地上及び水上の人及び物件の安全が損なわれないよう許可等を受けた場合と同程度の必要な安全確保を自主的に行って、無人航空機を飛行させる必要がある。本運用ガイドラインは、航空法第 132 条の 3 の適用を受け無人航空機を飛行させる場合の安全確保の方法を示すことにより、特例適用者における効果的な安全確保の運用に資することを目的とするものである。

（注 1）航空法第 132 条の 3 の適用を受ける場合であっても、航空の危険を生じさせる行為等の処罰に関する法律（昭和 49 年法律第 87 号）の規定は適用される。

１．構成

１．目的

２．飛行の安全確保の方法

（１）航空情報の発行手続き

（２）航空機の航行の安全確保

３．飛行マニュアル（参考）

４．大規模災害時の飛行調整（参考）

２１．地方公共団体のための
災害時受援体制に関するガイドライン

（最終更新：平成２９年３月）

「平成28年熊本地震」の対応においては、被災地外の地方公共団体や防災関係機関をはじめ企業、ボランティア団体等により、様々な種類の応援が行われた。熊本県及び県内の被災市町村に対する都道府県からの短期職員派遣状況を見ても、平成28年10月31日現在、延べ46,827人、また、各都道府県調整による民間団体等からの短期派遣は14,405人に及び、災害対応に果たした役割は大きい。

一方で、広域的な応援・受援に具体的な運用方法・役割分担が未だ確立していないこと、応援の受け入れにあたり県と市町村の役割分担が明確でなかったことなど、被災地方公共団体における受援体制が十分に整備されていなかったことから、多くの混乱が見られた。

平成28年12月に取りまとめられた「熊本地震を踏まえた応急対策・生活支援策の在り方について（報告書）」では、今後の広域災害の対応における「受援を想定した体制整備」について、検討を進めるべきこととして提言されているところである。

本ガイドラインでは、「地方公共団体の受援体制に関する検討会」の議論を踏まえ、主に以下を述べる。

１）応援・受援の現状を知る

２）「応援・受援の役割」をしっかりと組織に位置付ける

・被災市町村には受援班／担当を設ける、・被災県には応援・受援本部を設ける

・応援市町村には応援班／担当を設ける、・応援県には応援本部を設ける

３）応援・受援の基礎知識を知る

①災害の局面を意識する

②必要資源を把握する

③人的・物的資源の流れを知る

④資源の管理に必要な情報項目を整理する

⑤応援対象となる業務を整理する

⑥担当業務だけではなくマネジメント業務についても同様に応援対象とする

1．構成

第１章　応援・受援の基本的な考え方

第２章　ガイドライン策定の目的等

１．応援・受援に関する規定

２．応援・受援に関する準備状況

３．ガイドライン策定の目的

４．本ガイドラインの取扱う範囲

第３章　応援・受援の現状

１．人的資源に関する応援・受援の状況

２．カウンターパート方式による人的応援

３．物的資源に関する応援・受援の状況

４．被災市町村における受援体制の状況

５．被災県における応援・受援の状況

６．応援・受援として実施されている業務の状況

第４章　応援・受援の体制（被災県・被災市町村）

１．市町村における受援体制

（１）受援班／担当の設置

（２）受援班／担当の役割

（３）各班／課の業務担当窓口（受援）の配置

２．都道府県における受援体制

（１）応援・受援本部の設置

（２）応援・受援本部の役割

第５章　応援・受援の体制（応援県・応援市町村）

１．応援本部・応援班／担当の設置

２．応援本部・応援班／担当の役割

第６章　応援・受援の体制（自治体以外の主体との連携）

1．ボランティアとの連携

2．ＮＰＯなどのボランティア団体との連携

3．ボランティア団体と情報共有する場の設置

4．医療・保健・福祉分野の専門職能団体との連携

第７章　応援・受援に関する基礎知識

1．災害対応の局面に応じた応援・受援

2．必要資源の種類と調達

3．人的・物的資源の流れ

4．人的資源の「動員」・物的資源の「輸送」の拠点となる広域防災拠点

5．収集すべき人的・物的資源に係る情報項目

6．応援・受援の対象となる業務

7．応援・受援に関するマネジメントの重要性

8．受援に関する費用の整理

第８章　平時からの取組

1．応援・受援業務の災害・防災対策に関する係る重要業務としての位置付け

2．人的資源・物的資源の資源管理の推進

3．応援・受援計画の策定

4．受援体制に関する理解のための研修や訓練の実施

第９章　海外からの支援に対する基本的な考え方

※地方公共団体のための災害時受援体制に関するガイドラインの全文は，以下のＨＰにて閲覧可能である。

・内閣府防災情報のページ http://www.bousai.go.jp/taisaku/chihogyoumukeizoku/index.html

地震・津波被害想定手法

1．気象庁震度階級関連解説表

●人の体感・行動，屋内の状況，屋外の状況

震度階級	人の体感・行動	屋内の状況	屋外の状況
0	人は揺れを感じないが，地震計には記録される。	―	―
1	屋内で静かにしている人の中には，揺れをわずかに感じる人がいる。	―	―
2	屋内で静かにしている人の大半が，揺れを感じる。眠っている人の中には，目を覚ます人もいる。	電灯などのつり下げ物が，わずかに揺れる。	―
3	屋内にいる人のほとんどが，揺れを感じる。歩いている人の中には，揺れを感じる人もいる。眠っている人の大半が，目を覚ます。	棚にある食器類が音を立てることがある。	電線が少し揺れる。
4	ほとんどの人が驚く。歩いている人のほとんどが，揺れを感じる。眠っている人のほとんどが，目を覚ます。	電灯などのつり下げ物は大きく揺れ，棚にある食器類は音を立てる。座りの悪い置物が，倒れることがある。	電線が大きく揺れる。自動車を運転していて，揺れに気付く人がいる。
5弱	大半の人が，恐怖を覚え，物につかまりたいと感じる。	電灯などのつり下げ物は激しく揺れ，棚にある食器類，書棚の本が落ちることがある。座りの悪い置物の大半が倒れる。固定していない家具が移動することがあり，不安定なものは倒れることがある。	まれに窓ガラスが割れて落ちることがある。電柱が揺れるのがわかる。道路に被害が生じることがある。
5強	大半の人が，物につかまらないと歩くことが難しいなど，行動に支障を感じる。	棚にある食器類や書棚の本で，落ちるものが多くなる。テレビが台から落ちることがある。固定していない家具が倒れることがある。	窓ガラスが割れて落ちることがある。補強されていないブロック塀が崩れることがある。据付けが不十分な自動販売機が倒れることがある。自動車の運転が困難となり，停止する車もある。
6弱	立っていることが困難になる。	固定していない家具の大半が移動し，倒れるものもある。ドアが開かなくなることがある。	壁のタイルや窓ガラスが破損，落下することがある。
6強	立っていることができず，はわないと動くことができない。 揺れにほんろうされ，動くこともできず，飛ばされることもある。	固定していない家具のほとんどが移動し，倒れるものが多くなる。	壁のタイルや窓ガラスが破損，落下する建物が多くなる。補強されていないブロック塀のほとんどが崩れる。
7		固定していない家具のほとんどが移動したり倒れたりし，飛ぶこともある。	壁のタイルや窓ガラスが破損，落下する建物がさらに多くなる。補強されているブロック塀も破損するものがある。

●木造建物（住宅）の状況

震度階級	木造建物（住宅）	
	耐震性が高い	耐震性が低い
5弱	−	壁などに軽微なひび割れ・亀裂がみられることがある。
5強	−	壁などにひび割れ・亀裂がみられることがある。
6弱	壁などに軽微なひび割れ・亀裂がみられることがある。	壁などのひび割れ・亀裂が多くなる。 壁などに大きなひび割れ・亀裂が入ることがある。 瓦が落下したり，建物が傾いたりすることがある。倒れるものもある。
6強	壁などにひび割れ・亀裂がみられることがある。	壁などに大きなひび割れ・亀裂が入るものが多くなる。 傾くものや，倒れるものが多くなる。
7	壁などのひび割れ・亀裂が多くなる。 まれに傾くことがある。	傾くものや，倒れるものがさらに多くなる。

（注1） 木造建物（住宅）の耐震性により2つに区分けした。耐震性は，建築年代の新しいものほど高い傾向があり，概ね昭和56年（1981年）以前は耐震性が低く，昭和57年（1982年）以降には耐震性が高い傾向がある。しかし，構法の違いや壁の配置などにより耐震性に幅があるため，必ずしも建築年代が古いというだけで耐震性の高低が決まるものではない。既存建築物の耐震性は，耐震診断により把握することができる。
（注2） この表における木造の壁のひび割れ，亀裂，損壊は，土壁（割り竹下地），モルタル仕上壁（ラス，金網下地を含む）を想定している。下地の弱い壁は，建物の変形が少ない状況でも，モルタル等が剥離し，落下しやすくなる。
（注3） 木造建物の被害は，地震の際の地震動の周期や継続時間によって異なる。平成20年（2008年）岩手・宮城内陸地震のように，震度に比べ建物被害が少ない事例もある。

●鉄筋コンクリート造建物の状況

震度階級	鉄筋コンクリート造建物	
	耐震性が高い	耐震性が低い
5強	−	壁，梁（はり），柱などの部材に，ひび割れ・亀裂が入ることがある。
6弱	壁，梁（はり），柱などの部材に，ひび割れ・亀裂が入ることがある。	壁，梁（はり），柱などの部材に，ひび割れ・亀裂が多くなる。
6強	壁，梁（はり），柱などの部材に，ひび割れ・亀裂が多くなる。	壁，梁(はり)，柱などの部材に，斜めやX状のひび割れ・亀裂がみられることがある。 1階あるいは中間階の柱が崩れ，倒れるものがある。
7	壁，梁（はり），柱などの部材に，ひび割れ・亀裂がさらに多くなる。 1階あるいは中間階が変形し，まれに傾くものがある。	壁，梁（はり），柱などの部材に，斜めやX状のひび割れ・亀裂が多くなる。 1階あるいは中間階の柱が崩れ，倒れるものが多くなる。

（注1） 鉄筋コンクリート造建物では，建築年代の新しいものほど耐震性が高い傾向があり，概ね昭和56年（1981年）以前は耐震性が低く，昭和57年（1982年）以降は耐震性が高い傾向がある。しかし，構造形式や平面的，立面的な耐震壁の配置により耐震性に幅があるため，必ずしも建築年代が古いというだけで耐震性の高低が決まるものではない。既存建築物の耐震性は，耐震診断により把握することができる。
（注2） 鉄筋コンクリート造建物は，建物の主体構造に影響を受けていない場合でも，軽微なひび割れがみられることがある。

● 地盤・斜面等の状況

震度階級	地盤の状況	斜面等の状況
5弱	亀裂※1や液状化※2が生じることがある。	落石やがけ崩れが発生することがある
5強		
6弱	地割れが生じることがある。	がけ崩れや地すべりが発生することがある。
6強	大きな地割れが生じることがある。	がけ崩れが多発し，大規模な地すべりや山体の崩壊が発生することがある※3。
7		

※1 亀裂は，地割れと同じ現象であるが，ここでは規模の小さい地割れを亀裂として表記している。
※2 地下水位が高い，ゆるい砂地盤では，液状化が発生することがある。液状化が進行すると，地面からの泥水の噴出や地盤沈下が起こり，堤防や岸壁が壊れる，下水管やマンホールが浮き上がる，建物の土台が傾いたり壊れたりするなどの被害が発生することがある。
※3 大規模な地すべりや山体の崩壊等が発生した場合，地形等によっては天然ダムが形成されることがある。また，大量の崩壊土砂が土石流化することもある。

● ライフライン・インフラ等への影響

ガス供給の停止	安全装置のあるガスメーター（マイコンメーター）では震度５弱程度以上の揺れで遮断装置が作動し，ガスの供給を停止する。 さらに揺れが強い場合には，安全のため地域ブロック単位でガス供給が止まることがある※。
断水，停電の発生	震度５弱程度以上の揺れがあった地域では，断水，停電が発生することがある※。
鉄道の停止，高速道路の規制等	震度４程度以上の揺れがあった場合には，鉄道，高速道路などで，安全確認のため，運転見合わせ，速度規制，通行規制が，各事業者の判断によって行われる。（安全確認のための基準は，事業者や地域によって異なる。）
電話等通信の障害	地震災害の発生時，揺れの強い地域やその周辺の地域において，電話・インターネット等による安否確認，見舞い，問合せが増加し，電話等がつながりにくい状況（ふくそう）が起こることがある。そのための対策として，震度６弱程度以上の揺れがあった地震などの災害の発生時に，通信事業者により災害用伝言ダイヤルや災害用伝言板などの提供が行われる。
エレベーターの停止	地震管制装置付きのエレベーターは，震度５弱程度以上の揺れがあった場合，安全のため自動停止する。運転再開には，安全確認などのため，時間がかかることがある。

※ 震度６強程度以上の揺れとなる地震があった場合には，広い地域で，ガス，水道，電気の供給が停止することがある。

● 大規模構造物への影響

長周期地震動※による超高層ビルの揺れ	超高層ビルは固有周期が長いため，固有周期が短い一般の鉄筋コンクリート造建物に比べて地震時に作用する力が相対的に小さくなる性質を持っている。しかし，長周期地震動に対しては，ゆっくりとした揺れが長く続き，揺れが大きい場合には，固定の弱いＯＡ機器などが大きく移動し，人も固定しているものにつかまらないと，同じ場所にいられない状況となる可能性がある。
石油タンクのスロッシング	長周期地震動により石油タンクのスロッシング（タンク内溶液の液面が大きく揺れる現象）が発生し，石油がタンクから溢れ出たり，火災などが発生したりすることがある。
大規模空間を有する施設の天井等の破損，脱落	体育館，屋内プールなど大規模空間を有する施設では，建物の柱，壁など構造自体に大きな被害を生じない程度の地震動でも，天井等が大きく揺れたりして，破損，脱落することがある。

※ 規模の大きな地震が発生した場合，長周期の地震波が発生し，震源から離れた遠方まで到達して，平野部では地盤の固有周期に応じて長周期の地震波が増幅され，継続時間も長くなることがある。

（出典：気象庁ホームページ）

災害時応援協定

1．災害時相互協力に関する申し合わせの例

国土交通省○○地方整備局，○○県○○部，○○県○○部（以下「構成機関」という。）は，大規模な災害が発生し又はその恐れがある場合の相互応援に関し，地域防災計画に定める応援・協力をより円滑に行うために，次のとおり申合せを行う。

ただし，「大規模災害時の○○相互応援に関する協定」等，各県間で既に締結されている相互応援に関する協定において応援を行う場合はこれによらない。

（目的）

第１条　この申し合せは，各地方公共団体が管轄する区域において，国土交通省所管公共施設に係わる災害が発生し，又は発生するおそれがある場合の相互応援の内容を定め，もって災害の拡大の防止と被災施設の応急復旧に資することを目的とする。

（応援内容）

第２条　応援の内容は，次の各号に揚げる内容とする。

一　情報の収集・提供（現地情報連絡員（リエゾン）の派遣を含む）

二　構成機関の職員の派遣

三　災害に係る専門家の派遣

四　構成機関が保有する車両，建設機械，応急組立橋等応急復旧資機材の貸し付け

五　構成機関が保有する通信機器等の貸し付け及び操作員の派遣

六　通行規制等の措置

七　構成機関の関係団体等に対する要請が必要な場合の協力

八　必要最小限の災害緊急対応

九　その他必要と認められる事項

（被災状況調査並びに連絡）

第３条　大規模な災害が発生し，被災を受けた構成機関は，他の構成機関からの応援が必要な場合は，前文の但し書きにかかわらずその状況を○○地方整備局に連絡するものとする。

２　○○地方整備局は被災に関する情報を構成機関及び関係機関に連絡するものとする。

（応援要請の手続き）

第４条　応援を要請する構成機関は，第２条に定める応援内容を明らかにし，口頭もしくは電話により応援を要請し，後日，応援した構成機関に対し，速やかに文書で応援要請手続きを行うものとする。

（応援要請によらない応援）

第５条　災害が発生し，被災による連絡不能又は大規模な災害に伴う進行性のある災害が発生等のため被災した構成機関から応援の要請がないが特に緊急を要し，要請を待ついとまがないと認められる場合においては，第４条の規定にかかわらず，構成機関は第２条の規定に関し独自の判断により応援できるものとする。

（応援の実施）

第６条　第４条の規定により応援要請を受けた場合もしくは第５条の規定により応援の判断をした場合，構成機関は相互に協議の上，応援を行うものとする。

（応援の終了）

第７条　第６条の応援の終了については，現地の状況等を踏まえ，相互に協議のうえ終了するものとする。

（費用負担）

第８条　第４条及び第５条に基づく第２条二から九の応援に要する費用は，応援を受けた構成機関の負担とする。ただし，別に定める場合及び応援を受けた構成機関と応援を行った構成機関の間で協議した結果，合意が得られた場合についてはこの限りではない。

（他の協定等との関係）

第９条　この申合せは構成機関が既に締結している他の相互応援協定等による応援及び新たな相互応援協定等を妨げるものではない。

（その他）

第 10 条　この申合せの実施に関し必要な事項及びこの申合せに定めのない事項は，構成機関が協議して定めるものとする。

２　この申合せを円滑に実施するために，別途応援の詳細を定めるものとする。

2．全国都道府県における災害時の広域応援に関する協定

（趣旨）

第１条　この協定は、災害対策基本法（昭和36年法律第223号）第５条の２及び第８条第２項第12号の規定に基づき、地震等による大規模災害が発生した場合において、各ブロック知事会（以下「ブロック」という。）で締結する災害時の相互応援協定等では被災者の救援等の対策が十分に実施できない場合に、応援を必要とする都道府県（以下「被災県」という。）の要請に基づき、全国知事会の調整の下に行われる広域応援を、迅速かつ円滑に遂行するため、必要な事項を定めるものとする。

２　前項の規定は、武力攻撃事態等における国民の保護のための措置に関する法律（平成16年法律第112号）が適用される事態に準用する。

（広域応援）

第２条　全国知事会の調整の下、都道府県は被災県に対し、ブロックにおける支援体制の枠組みを基礎とした複数ブロックにわたる全国的な広域応援を実施する。

２　都道府県は、相互扶助の精神に基づき、被災県の支援に最大限努めなくてはならない。

３　第１項による広域応援の内容は、被災地等における住民の避難、被災者等の救援・救護及び災害応急・復旧対策に係る人的・物的支援、施設若しくは業務の提供又はそれらの斡旋とする。

４　都道府県は、第１項における広域応援の実効性を高めるため、日頃より、都道府県間及びブロック間における連携を強め、自律的な支援が可能となる体制を構築することに努める。

（カバー（支援）県の設置）

第３条　都道府県は、各ブロック内で被災した都道府県ごとに支援を担当する都道府県（以下「カバー（支援）県」という。）を協議のうえ、定めるものとする。

２　カバー（支援）県は、被災県を直接人的・物的に支援するほか、国や全国知事会等との連絡調整に関し、被災県を補完することを主な役割とする。

３　カバー（支援）県について必要な事項は、各ブロックの相互応援協定等で定め、その内容を全国知事会に報告するものとする。

（幹事県等の設置等）

第４条　被災県に対する応援を円滑に実施するため、各ブロックに幹事県等（ブロックにおける支援本部等を含む。以下同じ。）を置く。

２　幹事県等は、原則として第７条第１項に掲げる各ブロックの会長都道府県又は常任世話人県をもって充てる。ただし、ブロック内の協議により、会長都道府県又は常任世話人県以外の都道府県を幹事県等とした場合は、この限りでない。

３　幹事県等は、被災県に対する応援を速やかに行うため、自らのブロック内の総合調整

を行い、大規模かつ広域な災害等の場合には、自らが属するブロック内の被災県からの要請に応じて全国知事会に対し、広域応援の要請を行うものとする。

4　幹事県等が被災等によりその事務を遂行できなくなったブロックは、当該ブロック内で速やかに協議のうえ、幹事県等に代って職務を行う都道府県（以下「幹事代理県」という。）を決定し、幹事代理県となった都道府県はその旨を全国知事会に報告するものとする。

5　各ブロックの幹事県等は、幹事県等を定めたときはその都道府県名を毎年４月末日までに全国知事会に報告するものとする。幹事県等を変更したときも同様とする。

6　各都道府県は、広域応援に関する連絡担当部局をあらかじめ定め、毎年４月末日までに全国知事会に報告するものとする。連絡担当部局を変更したときも同様とする。

7　全国知事会は、第５項又は前項による報告を受けた場合には、その状況をとりまとめのうえ、速やかに各都道府県に連絡するものとする。

（災害対策都道府県連絡本部の設置）

第５条　いずれかの都道府県において、震度６弱以上の地震が観測された場合又はそれに相当する程度の災害が発生したと考えられる場合、全国知事会は、被災情報等の収集・連絡事務を迅速かつ的確に進めるため、災害発生後速やかに、全国知事会事務総長を本部長とする災害対策都道府県連絡本部（以下「連絡本部」という。）を設置する。

2　連絡本部は、被災県及び被災県のカバー（支援）県並びに被災県の所属するブロックの幹事県等に対して被災情報等の報告を求める。

3　連絡本部の組織等必要な事項は、別に定めるところによるものとする。

（緊急広域災害対策本部の設置）

第６条　第２条第１項の広域応援に係る事務を迅速かつ的確に実施するため、全国知事会は、全国知事会会長を本部長とする緊急広域災害対策本部（以下「対策本部」という。）を設置する。

2　対策本部は、前条第１項の連絡本部が設置されている場合は、その事務を引き継ぎ情報収集・連絡事務を行うとともに、広域応援に係る調整、広域応援実施に係る記録・データの整理事務を行う。

3　対策本部は、前項の事務を行うにあたり、別に定めるところにより、東京事務所長会の代表世話人への連絡を通して、各都道府県東京事務所から職員の応援を得るものとする。

4　対策本部の組織等必要な事項は、別に定めるところによるものとする。

（広域応援の要請）

第７条　被災県は、次の表の自ら所属するブロック以外のブロックを構成する都道府県に対し、全国知事会を通じて広域応援を要請する。

ブロック知事会名	構成都道府県名
北海道東北地方知事会	北海道　青森県　秋田県　岩手県　山形県　宮城県　福島県　新潟県
関東地方知事会	東京都　群馬県　栃木県　茨城県　埼玉県　千葉県　神奈川県　山梨県　静岡県　長野県
中部圏知事会	富山県　石川県　岐阜県　愛知県　三重県　長野県　静岡県　福井県　滋賀県
近畿ブロック知事会	福井県　三重県　滋賀県　京都府　大阪府　奈良県　和歌山県　兵庫県　鳥取県　徳島県
中国地方知事会	鳥取県　島根県　岡山県　広島県　山口県
四国知事会	徳島県　香川県　愛媛県　高知県
九州地方知事会	福岡県　佐賀県　長崎県　大分県　熊本県　宮崎県　鹿児島県　沖縄県　山口県

2　複数のブロックに所属する都道府県の所属ブロックについては、別に定めるところによるものとする。

3　被災県は、広域応援を要請しようとするときは、速やかに全国知事会又は自らが所属するブロックの幹事県等に対し、被害状況等を連絡するとともに、必要とする広域応援の内容に関する次の事項を記載した文書を提出するものとする。ただし、いとまのない場合は、電話又はファクシミリ等により広域応援要請の連絡を行い、後日文書を速やかに提出するものとする。

(1)　資機材及び物資等の品目並びにそれらの数量

(2)　施設、提供業務の種類又は斡旋の内容

(3)　職種及び人数

(4)　応援区域又は場所及びそれに至る経路

(5)　応援期間（見込みを含む。）

(6)　前各号に掲げるもののほか必要な事項

4　前項の連絡を受けた幹事県等は、速やかに、被災県の被害状況及び広域応援の要請内容等を全国知事会に連絡するものとする。

5　全国知事会は、第３項又は前項の連絡を受け、第２条第１項で規定する広域応援を実施するときは、速やかに全都道府県へその旨を連絡するとともに、各ブロック幹事県等と連携し、応援県を被災県ごとに個別に割り当てる対口支援方式を基本として被災県に対する広域応援実施要領を作成し、全都道府県に広域応援の内容を連絡するものとする。

6　広域応援実施要領で被災県を応援することとされた都道府県は、最大限その責務を果たすよう努めなくてはならない。

7　第３項又は第４項による連絡をもって、被災県から各都道府県に対して広域応援の要請があったものとみなす。

8　通信の途絶等により第３項又は第４項の連絡がなされず、かつ、広域応援の必要があると全国知事会会長が認める場合は、第２条第１項に規定する広域応援を実施する。この場合、被災県から各都道府県に対して広域応援の要請があったものとみなす。

（経費の負担）

第８条　広域応援を行った都道府県が当該広域応援に要した経費は、原則として広域応援を受けた被災県の負担とする。

ただし、被災県と広域応援を行った都道府県との間で協議した結果、合意が得られた場合については、この限りではない。

2　被災県は、費用を支弁するいとまがない場合等やむを得ない事情があるときは、広域応援を行う都道府県に当該費用の一時繰替え（国民保護に関しては「立替え」と読み替える。以下同じ。）支弁を求めることができるものとする。

3　被災県は、前項の繰替え支弁がなされたときは、原則として年度内に繰替え支弁をした都道府県に対し繰戻しをしなければならない。

（ブロック間応援）

第９条　幹事県等の調整の下、被災県からの要請に基づき、被災県が属するブロックに対してその隣接ブロックは、応援を行う（以下「ブロック間応援」という。）。

2　前項の応援の要請は、被災県の所属するブロックの幹事県等又は被災県から応援を要請するブロックの幹事県等へなされることを基本とする。

3　前項の応援については、第２条第３項及び第８条の規定を準用する。

4　被災県の所属するブロックの幹事県等又は被災県は、第１項の応援の要請をしたことを速やかに全国知事会へ連絡するものとし、連絡を受けた全国知事会は、被災県が応援を要請したブロックに対し、協力を要請するものとする。

5　第１項及び前項の要請を受けたブロックは、最大限その責務を果たすよう努めなくてはならない。

（他の協定との関係）

第10条　この協定は、都道府県がブロック及び個別に締結する災害時の相互応援協定等を妨げるものではない。

（訓練の実施）

第11条　全国知事会及び都道府県は、この協定に基づく応援が円滑に行われるよう、必要な訓練を適時実施するものとする。

（その他）

第12条　この協定の実施に関し、必要な事項又はこの協定に定めのない事項については、全国知事会会長が別に定めるものとする。

3．九州・山口９県災害時応援協定

（趣旨）
第１条　この協定は、福岡県、佐賀県、長崎県、熊本県、大分県、宮崎県、鹿児島県、沖縄県及び山口県（以下「九州・山口９県」という。）並びに国内において、災害対策基本法（昭和36年法律第223号）第２条第１号に規定する災害等が発生し、被災県独自では十分に災害応急や災害復旧・復興に関する対策が実施できない場合において、九州・山口９県が効率的かつ効果的に被災県への応援を行うために必要な事項について定めるものとする。

（支援対策本部の設置）
第２条　本協定の円滑な運用を図るため、九州地方知事会に九州･山口９県被災地支援対策本部（以下「支援対策本部」という。）を置き、事務局は九州地方知事会会長県に置くものとする。

（支援対策本部の組織）
第３条　支援対策本部は、本部長、本部事務局長、本部事務局次長及び本部事務局員をもって組織する。
２　本部長は、九州地方知事会長をもって充てる。
３　本部長は、支援対策本部を統括し、これを代表する。
４　本部長は、必要に応じ九州･山口９県の知事に対して本部事務局員となる職員の派遣を求めることができる。
５　本部事務局の組織については、別に定めるものとする。
６　九州・山口９県は、支援対策本部との連絡調整のための総合連絡担当部局及び第５条第１号から第５号までの応援の種類ごとに担当部局をあらかじめ定めるものとする。

（本部長の職務の代行）
第４条　本部長が被災等により職務を遂行できないときは、九州地方知事会副会長が本部長の職務を代行する。
２　本部長及び九州地方知事会副会長が被災等により職務を遂行できないときは、その他の知事が協議の上、本部長の職務を代行する知事を決定するものとする。
３　前条第１項の規定にかかわらず本部長の職務が代行される場合は、事務局は職務を代行する知事の指定する職員をもって組織する。

（応援の種類）
第５条　応援の種類は、次のとおりとする。
一　職員の派遣
二　食料、飲料水及び生活必需品の提供
三　避難施設及び住宅の提供
四　緊急輸送路及び輸送手段の確保
五　医療支援
六　物資集積拠点の確保
七　災害廃棄物の処理支援
八　その他応援のため必要な事項

（応援要請の手続）
第６条　応援を受けようとする被災県は、災害の状況、応援を要請する地域及び必要とする応援の内容を明らかにして、本部長に応援を要請するものとする。
２　本部長は、災害の実態に照らし、被災県からの速やかな応援の要請が困難と見込まれるときは、前項の規定による要請を待たないで、必要な応援を行うことができるものとする。この場合には、前項の規定による要請があったものとみなす。
３　第１項の規定にかかわらず、被災県は、隣接県等に個別に応援を要請することができる。
４　第１項及び第２項の規定による応援要請に係る手続等の細目は、前条第１号から第５号までに定める応援の種類ごとに別に定める。

（応援の実施）

第７条　本部長は、前条第１項により応援要請があった場合又は前条第２項の規定により必要な応援を行う場合は、被災県以外の九州・山口各県に対し、応援する地域の割り当て又は応援内容の調整を行うものとする。

２　応援地域を割り当てられた県（以下「応援担当県」という。）は、当該地域において応援すべき内容を調査し、必要な応援を実施するものとする。

３　応援担当県は、応援地域への応援の状況を本部長に随時報告するものとし、本部長は報告に基づき、各応援担当県間の応援内容の調整を行うものとする。

４　第１項の規定による応援地域の割当ては、各県が行う自主的な応援を妨げるものではない。

５　前条第３項の規定による個別の応援を実施する各県は、第５条各号の応援の種類ごとに応援を実施するものとし、応援の状況を本部長に随時報告するものとする。

（他の圏域の災害への対応）

第８条　全国知事会及び他のブロック知事会等に属する被災県からの応援要請については、支援対策本部において総合調整を行う。

（経費の負担）

第９条　応援に要した経費は、原則として応援を受けた被災県の負担とする。

２　応援を受けた被災県が前項の経費を支弁するいとまがなく、かつ応援を受けた被災県から要請があった場合には、応援担当県は、当該経費を一時繰替支弁するものとする。

（平常時の事務）

第１０条　支援対策本部は、他の条項において定めるもののほか、次の各号に掲げる事務を行う。

一　各県における関係部局の連絡先、応援能力等応援要請時に必要となる資料をとりまとめて保管するとともに、各県からの連絡により、それらを更新し、各県へ提供すること。

二　各県間の会合の開催等により、情報及び資料の交換等を主宰すること。

三　情報伝達訓練等防災訓練の実施に関すること。

四　他の広域防災応援協定の幹事県等との情報交換等を行うこと。

五　前各号に定めるもののほか、協定の円滑な運用を図るために必要な事務に関すること。

２　各県の担当部局は、年１回、応援の実施のため必要な事項を相互に確認し、各県内の関係機関に必要な情報を提供するものとする。

（補則）

第１１条　この協定の実施に関し必要な事項及びこの協定に定めのない事項は、各県が協議して定める。

２　この協定は、各県が個別に締結する災害時の相互応援協定を妨げるものではない。

附則

１　この協定は、平成２３年１０月３１日から適用する。

２　九州･山口９県災害時相互応援協定は、廃止する。

３　九州･山口９県被災地支援対策本部設置要領は、廃止する。

附則

１　この協定は、平成２９年１０月３１日から適用する。

２　平成２３年１０月３１日に締結された協定は、廃止する。

４．熊本県建設技術アドバイザー支援制度要綱

（目的）
第１条　熊本県土木部（以下「県」という。）及び熊本県退職者建設技術協会（以下「協会」という。）は、熊本県建設技術アドバイザー（以下「アドバイザー」という。）を市町村へ派遣し、技術支援を行うことにより、市町村が行う公共土木施設の災害復旧事業等を円滑かつ効率的に進め、県民の生活及び社会経済活動等の早期安定化を図るものとする。

（アドバイザーの登録）
第２条　県は、協会長が推薦する協会員をアドバイザーに登録するものとする。

（市町村への支援）
第３条　県は、市町村から技術者の支援依頼があり、その必要が認められる場合には、「熊本県建設技術アドバイザーの技術支援に関する協定」（以下「協定」という。）に基づき、協会にアドバイザーの派遣要請を行うものとする。
２　協会は、県から派遣要請を受けたときには、直ちに支援活動を実施するアドバイザーを登録された者の中から選任し、県に回答するとともに市町村への支援活動を開始するものとする。

（支援の内容）
第４条　アドバイザーの支援活動は、次のとおりとする。
（１）市町村が管理する公共土木施設の災害復旧事業に関するもの
（２）市町村が管理する道路等の公共土木施設の維持管理に関するもの
（３）その他、熊本県土木部長が必要と認めるもの
２　アドバイザーは、県職員として長年培った経験や専門的知見を以て、中立的な立場で助言を行うものとし、市町村の事業の実施に関して責任を負うものではない。

（講習会の開催）
第５条　県は、協会員に対して、災害復旧実務及び道路等の公共土木施設の維持管理に関する講習を行うものとする。
２　アドバイザーに登録された者は、２年毎に講習会を受講しなければならない。

（その他）
第６条　この要綱に定めるもののほか、アドバイザーの支援活動に関し必要な事項は別に定めるものとする。

附　則
この要綱は、平成２９年７月７日から施行する。

地震時の対応時系列（事例紹介）

1. 平成7年兵庫県南部地震時の阪神国道工事事務所・兵庫国道工事事務所の対応例

	阪神国道工事事務所	兵庫国道工事事務所
1月17日		
5:46	地震発生	
	交通機関：不通 ライフライン：遮断 参集職員：17日；23名　18日；44名 19日；55名　20日；56名（全職員66名） 避難住民：17日；63名，4月23日で解消	出勤者　17日　事務所23名（内10名現場）出張所14名 出勤者　18日　事務所32名　出張所22名
	（国道43号）阪神高速深江地区ピルツ工法区間（約460m）倒壊	・（国道2号）通行止め ○岩屋交差点（岩屋高架橋倒壊のため） ○新聞会館前（ポートライナー桁落下） ○浜手ＢＰ（橋脚クラック，桁移動） ○中突堤～神戸駅前（阪神公団ピア倒壊） 路面段差により通行規制等 ○夙川，田中交差点，徳井町，天神橋，管公橋　等 ○その他（火災，家屋倒壊などにより通行規制等） ○灘桜口交差点，須磨駅前，神戸中央区吾妻通，生田川等 ・（国道28号）通行止め ○淡路町中心部家屋倒壊により通行止め（12:00までに開放） ・（国道43号）通行止め ○甲子園高架橋西（阪神公団ピア倒壊） ○西宮本町（阪神公団ピア倒壊） ○西宮川東（阪神公団ピア倒壊） ○芦屋打出（歩道橋損傷） ○深江地区（阪神公団ピア倒壊） ○岩屋高架（岩屋高架橋倒壊のため） ※順次，緊急車両に限定通行 路面段差により通行規制等 西宮から神戸まで全線段差発生 尼崎市域は断続的に段差発生 ・（国道171号）通行止め　○門戸高架橋（桁落下のため） ・（国道175号）通行規制等 ○黒田庄（道路亀裂）交互交通 ・（国道176号）通行規制　○生瀬地区（土砂崩れによる）
ＡＭ		・（国道2号）パト出発（東方面は西宮出張所で実施） ・（国道176号）阪神国道と連絡，生瀬地区の復旧応援依頼 生瀬地区土砂撤去（片側交互交通）
6:20		・（国道28号）広田橋橋台背面陥没確認
7:15		・（国道28号）浦川橋橋台背面陥没の報告（警察より） 維持業者に出動指示
8:00		・（国道28号）広田，浦川2橋の応急復旧指示
8:20		・（国道43号）パト（西宮より西へ）出発
8:30		・（国道43号）パト（西宮より東へ）出発
9:00	・体制の確認 ・職員の安否確認 ・被災状況の確認	・（国道171号）パト出発
9:30		・（国道175号）黒田庄，応急工事のため一時通行止め
10:15	・兵庫国道と連絡をとり，兵庫国道へ応援を決定 ・（国道176号）土砂崩れ被災情報現場に職員を派遣	
10:20		・（国道2号）甲子園～大阪府境　異常なしの確認 ・（国道28号）広田橋応急復旧完了，規制解除
10:30		・（国道171号）門戸高架橋の桁撤去作業について阪神国道に依頼 撤去担当　当初阪神が段取り，途中より局工事課，浪速国道
10:40	・災害対策支部設置 ・（国道171号）門戸高架橋の被害発生の情報により職員を調査に派遣（交通整理，機材の手配）17日撤去着手	
11:45		・（国道28号）浦川橋応急復旧完了，規制解除

	阪神国道工事事務所	兵庫国道工事事務所
		・（国道28号）明石市域内市道通行止のため28号通行止 橋梁点検の結果異常なし ・（国道43号）岩屋高架橋倒壊による交通整理に事務所より 西宮本町～打出交差点間（L=2km）通行止め（警察） 甲子園高架橋西3/4規制とすべく作業 精道～大日間下り線　1/4規制とすべく作業
15:00	・（国道176号）再度現場に出動して，交通整理員1名を配置	
16:25	・（国道43号）交通整理のため，職員2名を派遣	
16:50		・（国道175号）黒田庄，応急工事完了
21:00	・事務所近接のグランドに避難している避難住民を事務所に収容開始	・（国道171号）青木～若山交差点間（含む門戸L=2km）通行止め区間拡大
22:50	・避難住民40名収容	
23:00	・芦屋市に食料等の応援依頼	
1月18日		
	・災害対策支部の組織編成 ○総務班：総務，宿舎，避難者対応 ○対策班：国道176号，宿舎庁舎，迂回路調査等対応 ○工務班：国道43号対応	・本日以降 他事務所，他機関等より支援物資の応援 （ライフ）西宮維持出張所　水道復旧（ガスは4/10） ・（国道2号）段差部概ね解消
0:05	・宝塚方面宿舎の職員の安否確認	
1:00		・神戸維持，発電機故障により（ライフライン全てストップ），職員は事務所へ移動
4:30		・ガス漏れにより岩屋付近通行止（その後ガス爆発の恐れから区域拡大）
6:00		・緊急輸送ルートの指定（道交法5条）
6:22		・東灘でガス爆発の恐れによる避難勧告
9:00	・（国道43号）本局，兵国の要請により重機の手配 ・（国道176号）土砂崩れ現場3交替制で交通整理	・（国道2号）武庫川東詰め下り車線通行止め （緊急輸送ルート関連） 通行止め区間を若宮まで延伸（中突堤～ ・（国道175号）黒田庄，本復旧工事のため全面通行止め（～23:00）
10:30 ～	・職員等の安否確認（19日19時全員安否確認） ・宿舎の被災状況の把握（1月21日までに一応調査済）	
PM		・（国道2号）パト，段差部解消作業指示 ・（国道43号）岩屋高架橋撤去開始 撤去の担当　兵庫国道，途中より奈良国道から応援
13:15	・（国道2号）民家看板対応に職員派遣	
18:30		・ガス爆発の恐れによる避難勧告解除
1月19日		
	・（国道2号）緊急物資輸送路に指定（災対基本法による） ・（国道171号）門戸高架橋撤去完了（23日阪急今津線運行） ・簡易トイレ4基出張所に依頼　垂水JCTより20日16時着 ・自転車10台猪名川工事に購入依頼（20日20時着）	・他地建からの応援開始 ・（国道2号）早朝，ＪＲ塩屋駅付近交通規制解除 直轄国道上に倒壊した阪神高速の撤去決定，作業開始 撤去担当事務所　（波止場地区）兵庫国道 ・（国道171号）甲武橋以東の応急復旧については大阪国道に依頼
7:00		・神戸維持出張所発電機復旧により事務所より移動
7:20		・（国道171号）門戸高架橋，軌道部の撤去ほぼ完了
9:00		・（国道175号）黒田庄，本復旧工事のため全面通行止め（～21:10）
10:30	・所内体制整備ミーティング	
10:40	・（国道176号）小規模落石発生，調査職員派遣16:30浮き石処理決定	
13:00		・（国道43号）13:00倒壊した阪神高速を直轄で撤去が決定の連絡 撤去の担当　（甲子園地区）京都国道 （本町地区）福井工事 （川東地区）和歌山工事 （深江地区）阪神国道，紀南工事 警察協議など総合調整は阪神国道
13:05	・（国道43号）倒壊した阪神高速道路を直轄で撤去する決定連絡	
16:45	・（国道43号）本局応援チーム到着	
18:00		・（国道43号）深江地区阪高桁撤去の為準備工事開始 （緑地帯の撤去）
19:00	・（国道43号）深江工区で撤去工事の準備工開始（植栽帯一部撤去）	

	阪神国道工事事務所	兵庫国道工事事務所
20:00		・（国道2号）災対法76条による交通規制（当初は大阪府境～籾取交差点間）
21:10		・（国道175号）黒田庄，本復旧完了
23:59		・（国道171号）北村高架橋の応急復旧は大阪国道に
1月20日		
		・（国道2号）本日より毎日パトロール実施 ・他地建よりの応援開始 ・（安否）非常勤職員を含み全員の安否確認完了 （ライフ）明石維持出張所　水道復旧（明石のライフライン全て復旧）
0:10	・（国道176号）浮き石撤去開始 ・（国道176号）浮き石撤去の事前に関係機関と協議（警察，関電，ＮＴＴ等）	・（国道176号）生瀬地区転石撤去のため一時通行止め（～1/20 2:30）
2:30	・（国道176号）浮き石撤去工事終了するが一部残ったため車線規制継続，交通整理員4交替に変更	
	・宿舎等のライフライン現況調査 ・本局，他事務所から応援職員到着 ・他事務所から給水車到着 ・福井工事から復旧の応援者5名が到着 ・猪名川工事に毛布50枚購入依頼（23日12時着）	
1月21日		
	・避難住民に日用品等の要望についてアンケートする ・本局職員の応援	・（体制）事務所，出張所とも指名待機 事務所＝25名程度，出張所＝2～3名程度 ・（国道2号）若宮～京橋間の通行規制実施
3:00		・（国道2号）大阪ガスに尼崎・西宮共同溝について，ガス漏れの点検要請（1/23　9：30大阪ガスより異常なしの報告） ・（国道43号）深江地区桁撤去開始 1/28 0:00　　4車線確保　甲子園，本町，川東 2車線確保　深江，岩屋 1/30 21:00　全線4車線確保 ※2号から岩屋交差点への進入禁止（信号の設置ができず）
9:00	・西宮警察署名塩派出所に連絡，付近の信号現示を変更してもらう	
15:00	・（国道43号）深江工区で撤去工事開始	
20:00	・本局より国道176号に関する代替路の状況連絡	
1月22日		
	・本局職員の応援 ・（国道176号）浮き石処理，復旧工法決定Ｈ鋼建て込みによる片側通行 ・（国道43号）撤去工事の騒音，振動についての地元からの苦情多数	
21:30	・本局からの応援を得て自転車による迂回路調査（尼崎市～神戸市東部）を実施（23日6:00に成果を本局へ報告）	
1月23日		
	・宿舎等の全壊により取り壊しの決定 ・本局，他事務所職員の応援	・（国道171号）阪急今津線運行
18:00		・（国道2号）瓦木交差点付近陥没（1/24　4：00　工事完了）（震災後最初の陥没）
1月24日		
	・宿舎等の全壊により取り壊しの決定 ・本局，他事務所職員の応援 ・被災職員の宿舎，自宅等の損壊状況等について本局へ報告	
12:35	・本局の指示により浜手バイパス復旧対策調査に着手	
1月26日		
		・（国道2号）倒壊家屋の本格的撤去作業開始 倒壊した阪神高速（中突堤～神戸駅前）の撤去開始（阪公にて）
1月27日		
	・（国道43号）本町工区撤去完了	
1月28日		
	・（国道43号）2車線確保，バスレーン設置（17k）	

	阪神国道工事事務所	兵庫国道工事事務所
17:30	・野坂大臣国道43号視察，状況説明（31日0:00までに撤去完了予定）	
23:16		・（国道43号）にバス専用レーン設定（西宮～灘区）
1月30日		
	・（国道43号）4/8車線確保，深江工区及び甲子園工区撤去完了，2号浜手ＢＰ被災状況目視調査開始	・ＪＲが神戸駅以西開通（西方面鉄道による通勤可）
10:40	・所内体制整備ミーティング	
1月31日		
	・（国道176号）Ｈ鋼建て込み完了し職員による交通整理完了 ・西宮市が森具地区を区画整理に指定し協力依頼あり	・（国道43号）全線4車線通行可能
2月1日		
	・非常体制を継続するが夜間及び休日において総務班，対策班，工務班に各2名が待機 ・緊急を要する本来業務開始 ・（国道43号）緊急物資輸送路に指定（災対基本法による）	・（国道43号）災害対策基本法による交通規制（今津～岩屋）
15:00		・（国道2号）岩屋交差点部交通開放（２号からの交差点進入は通禁であった） ・（国道43号）岩屋交差点への2号からの進入可能
2月2日		
	・芦屋以西の職員はバス通勤とする（～3/31） ・（国道43号）川東工区撤去完了	
10:30		・近畿技術へ地下探査の依頼
15:00		・（国道176号）生瀬地区応急復旧完了（片側交互交通解除）
2月4日		
		・（体制）事務所は４班体制に　出張所は3班体制に 橋梁点検打ち合わせ（再度全橋梁の点検指示） （国道43号）阪神高速の緊急補強箇所の1次対策完了
2月5日		
	・（国道176号）全面通行止めによる浮き石撤去実施（6:00～14:00，迂回路とした県道等で渋滞発生するも事前広報，職員約30名による交通整理により大きな混乱なく終了） ・現地参加職員数約25名	
2月6日		
	・出張所待機者1名とする ・各管理職に携帯電話配布	・国道2号（若宮～神戸市域）について明石維持で応援パト事務所に簡易トイレ設置
3:00頃		・（国道2号）税関前～若宮交通開放（中突堤～神戸駅前間の阪公桁撤去完了）
2月7日		
1:30		・（国道2号）代替バス通行に伴うＪＲ住吉駅前バス停設置
2月8日		
	・（国道176号）災害復旧工事，兵庫国道に引き渡す	・応急復旧工事の積算説明会（第1回）開催 （国道176号）阪神国道より引継ぎ（生瀬地区）
2月10日		
		・国道43号のバス専用レーン短縮（御影～岩屋）
2月11日		
		・（国道2号）ポートライナーの復旧工事発注
2月18日		
		・（ライフ）西宮維持出張所　ガス復旧 （西宮（出）のライフライン全て復旧）
2月20日		
	・事務所水道給水開始 ・（国道43号）バスレーン短縮（3.8km）	
2月23日		
		・応急復旧工事の積算のための応援派遣（5名）
2月25日		
	・（国道2号）道路交通による規制（生活・復興関連物資輸送） ・（国道43号）道路交通法による規制（復興物資輸送）	

	阪神国道工事事務所	兵庫国道工事事務所
2月27日		
		・「被災した道路橋の復旧に係る仕様について」発表
3月1日		
	・(国道2号) 国道2号浜手バイパス復旧に併任発令 (31日解除), 復旧工法検討調査に着手 (3月末まで)	・国道2号 (若宮～神戸市域) について明石維持の応援パト終了
3月2日		
		・(国道43号) 阪神高速損傷部のペント設置概ね完了
3月3日		
		・他地建等 (除く近畿地建) の応援終了 (延べ1,139人)
3月4日		
		・(体制) 事務所は10名体制に 明石, 洲本維持は夜間待機無し (～17:00) ・(ライフ) 神戸維持出張所　水道復旧 (ガスは4/10)
3月9日		
		・応急復旧の積算説明会 (第2回) 開催
3月10日		
		・国道171号大阪国道 (応援) より引き取る (国道2号) 阪神高速損傷部のペント設置概ね完了
3月12日		
		・国道43号のバス専用レーン廃止
3月13日		
	・(国道2号) バスレーン廃止	・(ライフ) 事務所　水道復旧 (ガスは3/24)
3月14日		
		・直轄国道復旧計画発表 1. 国道２号ポートライナー　：H7.8月末予定, 2. 国道２号浜手ＢＰ　：H8.7月頃予定, 3. 国道43号岩屋高架　：H8.3月末予定, 4. 国道171号門戸高架　：H7.12月末予定
3月16日		
		・阪神高速神戸線の復旧計画発表 (神戸線全線) H8年内共用予定, うち (摩耶～京橋) H7年度末予定
3月24日		
		・(ライフ) 事務所　ガス復旧 (事務所のライフライン全て復旧)
3月28日		
	・事務所ガス供給開始	
3月31日		
		・(体制) 事務所は6名体制に　出張所は夜間待機無し (西宮, 神戸維持は～22:00) 事務所から出張所への応援廃止 ・(国道43号) 岩屋高架橋下部工事発注 ・(国道171号) 門戸高架橋復旧工事発注
4月1日		
		・ＪＲが全線開通 (鉄道による通勤可)
4月10日		
	・第二警戒体制に移行　休日, 夜間2名, 出張所待機無し	・震災復旧対策室開室式 (ライフ) 神戸維持出張所　ガス復旧 (事務所関係のライフライン全て復旧)
4月15日		
	・避難者他に移転 (約42名)	
4月17日		
		・(国道43号) 岩屋高架橋上部工事発注
4月23日		
	・避難者, 仮設住宅等に全員移転	
4月24日		
	・平常体制に移行	

2. 平成16年新潟県中越地震時の政府・国土交通本省・北陸地方整備局・長岡国道事務所の連携対応の例

	地震の状況	政府，国土交通本省，新潟県，関係機関等の動き	北陸地方整備局の動き	長岡国道事務所の動き
10月23日(土)　1日目				
17:56	中越地方を震源とする地震発生 M 6.8，震度7	高速道路（関越道：月夜野～長岡，北陸道：朝日～日東道：中条等）通行止め JR上越新幹線(越後湯沢～燕三条)運行停止 国土交通省内に新潟県中越地震国土交通省非常災害対策本部を設置 新潟県は災害対策本部を設置	長岡国道事務所は地震災害の非常体制を発令 新潟国道事務所は警戒体制を発令 金沢河川国道（道路）事務所は注意体制を発令	災害対策支部設置（非常体制発令）
17:57				国道17号川口町牛ヶ島，通行止め
17:59	余震発生 M5.3，震度5強		松本砂防事務所は警戒体制を発令	
18:00		政府が官邸対策室を設置	本局は災害対策本部を設置し，地震災害の非常体制を発令。以降，本部会議を随時開催 信濃川河川事務所は非常体制を発令 越後丘陵公園事務所は非常体制を発令 富山河川国道事務所は注意体制を発令	直轄国道の異常時巡回開始
18:03	余震発生 M6.3，震度5強			
18:05			千曲川河川事務所は警戒体制を発令	
18:07	余震発生 M5.7，震度5強		高田河川国道事務所は警戒体制を発令	
18:10			新潟港湾・空港整備事務所は非常体制を発令 飯豊山系砂防事務所は警戒体制を発令	
18:11	余震発生 M6.0，震度6強			
18:14			湯沢砂防事務所は非常体制を発令	
18:20			金沢港湾・空港整備事務所は注意体制を発令	
18:25			横川ダム工事事務所は注意体制を発令	湯沢維持管内パトロール開始
18:30			阿賀野川河川事務所は警戒体制を発令 大石ダムの目視点検を完了し，異常なしを確認	小出維持管内パトロール開始
18:34	余震発生 M6.5，震度6強			
18:36	余震発生 M5.1，震度5弱			
18:37	余震発生 M5.3，震度5強			
18:40			阿賀川河川事務所は注意体制を発令	
18:45			川口町天納地先の道路崩壊により国道17号は全面通行止め 信濃川下流河川事務所は警戒体制を発令 高田河川国道事務所は非常体制を発令（警戒体制から移行）	長岡維持管内パトロール開始 国道17号川口町天納地内，通行止め 国道17号小出町坂木～原虫野　段差，警察により徐行指示 国道116号　0.73kp，歩道部陥没，延長線上車道部空洞あり
18:50			羽越河川国道事務所は注意体制を発令 三国川ダム管理所は警戒体制を発令	
19:00		政府が緊急参集チーム会議を開催 第1回新潟県災害対策本部会議	和南津トンネル（川口町）覆工コンクリート崩落により国道17号は全面通行止め 長岡市十日町交差点の路面陥没により国道17号（下り線）は全面通行止め 地震災害（道路）第一報を発表。通信状況が悪いため新潟市内の報道機関に自転車で届ける	国道17号和南津トンネル，通行止め 柏崎維持管内パトロール出発 国道17号十日町交差点付近陥没あり 堀之内橋付近路肩段差あり国道8号比角跨線橋　段差あり
19:20		新潟県は総務省消防庁に対し，緊急消防援助隊の派遣を要請	北陸防災ヘリコプターは被災状況調査のため新潟空港を離陸 北魚沼郡小出町板木橋取付部の段差により国道17号は全面通行止め	国道17号板木橋，通行止め
19:25		防災担当大臣記者会見		
19:30			大川ダムの点検を完了し，異常なしを確認	
19:34				国道8号豊田橋ジョイント部　段差あり
19:36	余震発生 M5.3，震度5弱			
19:40			みちのく号（東北地整）は新潟空港に向けて仙台空港を出発 長岡市大積橋取付部の段差により国道8号は片側通行規制	

	地震の状況	政府，国土交通本省，新潟県，関係機関等の動き	北陸地方整備局の動き	長岡国道事務所の動き
19:45	余震発生 M5.7，震度6弱		道路部職員（5名）による道路先遣隊が本局を出発	
19:48	余震発生 M4.4，震度5弱			
19:50			長岡市稲葉地先の路面亀裂により国道8号（上り線）は車線規制	国道8号見附大橋～上新田南隆起あり，通行止め 国道8号稲葉川橋，車線規制
19:55			長岡市宮本地先の観音橋の取付部の段差により国道8号は全面通行止め 三国川ダムの点検を完了し，異常なしを確認	
19:57				長岡市観音橋ジョイント部隆起あり，手前路面陥没あり，　通行止め，宮本橋ジョイント　段差あり
20:00			記者発表（第1報：災害対策本部設置及び所管施設の被害状況）	
20:05			見附大橋付近の路面隆起及び段差により国道8号は全面通行止め	
20:10			新潟東港・西港及び直江津港の岸壁に異常なしを確認。新潟空港の異常なしを確認	
20:15			金沢営繕事務所は注意体制を発令	国道8号福島江橋，池之島高架橋　段差あり
20:20			長岡市妙見地先から小千谷市三仏生地先の路面陥没により国道17号は全面通行止め	国道17号越の大橋～小千谷大橋，陥没，通行止め
20:25			柏崎・比角跨線橋取付部の段差により国道8号は全面通行止め	国道8号比角跨線橋，通行止め 国道116号　9号BOX　段差あり
20:30			阿賀野川・胡桃山排水機場，満願寺水門の点検を完了し，異常なしを確認 信濃川下流・新潟大堰，西川排水機場の点検を完了し，異常なしを確認 みちのく号（東北地整）は新潟空港に到着	国道17号中沢高架橋，長倉高架橋　段差あり
20:35			金沢河川国道（道路）は施設点検を完了し，注意体制を解除	
20:45			柏崎市長崎新田地先から上高町交差点区間の路面陥没等により国道116号は全面通行止め	国道116号　1.32kp　段差あり，通行止め
20:50			関川及び保倉川の巡視点検を完了し，異常なしを確認	
20:51			姫川の巡視点検を完了し，異常なしを確認	
20:55			信濃川下流・蒲原大堰の施設点検を完了し，異常なしを確認	
20:58				国道8号宮本橋，通行止め
21:00			補助港湾は施設点検を完了し，異常なしを確認金沢港湾・空港整備事務所は施設点検を完了し，注意体制を解除 赤崎・滝坂地すべり箇所の施設点検を完了し，異常なしを確認 記者発表（第2報：所管施設の被害概況，防災ヘリによる調査について）	
21:05		政府先遣隊出発 新潟県知事は自衛隊に対し災害派遣を要請		
21:10			ヘリ「みちのく号」は被災状況調査のため，新潟空港を離陸。3名搭乗	
21:15			信濃川・長生橋右岸上流堤防の天端亀裂を確認	
21:17			信濃川下流・鳥屋野排水機場の施設点検を完了し，異常なしを確認	
21:25			荒川の巡視点検を完了し，異常なしを確認	
21:30			富山河川国道事務所は巡視点検を完了し，注意体制を解除	
21:40		JHは高速道路の通行規制を一部解除（北陸道：三条～中条，磐越道：新潟中央～津川）		
21:45		ニュース：長岡市妙見地先の土砂崩落で乗用車3台が巻き込まれた（2台発見，1台捜索中）		国道8号見附市今町4路面段差，BOX内壁クラックあり
21:55				国道17号小出町板木橋，全面通行止
22:00			千曲川・篠井川排水機場の施設点検を完了し，異常なしを確認 柏崎・比角跨線橋（国道8号）の応急復旧を完了し，全面通行止めを解除	国道8号比角跨線橋，復旧作業完了，通行規制解除

	地震の状況	政府，国土交通本省，新潟県，関係機関等の動き	北陸地方整備局の動き	長岡国道事務所の動き
22:10		JHは高速道路の通行規制を一部解除（北陸道：朝日～柿崎）		
22:30			記者発表（第3報：所管施設の被害概況）	国道8号大積ジョイント73.5kp，BOX段差あり
22:35			長岡市大積橋取付部の段差により国道8号は全面通行止め	
22:40				国道17号長岡市横枕隆起あり
22:45			長岡市長倉橋取付部の段差により国道17号（上り線）は通行止め	国道17号長倉地先，片側車線通行止め
23:00		政府先遣隊現地到着	越後丘陵公園事務所は非常体制から警戒体制へ移行	
23:01				国道8号亀貝IC，車線減少
23:05				国道17号小千谷市三仏生，陥没あり
				国道116号2.0BOX隆起あり，5.18kp水路BOX沈下，3.66kp9号BOX　段差あり
23:06				国道17号八幡跨線橋　段差あり
23:20				国道17号浦佐跨線橋　段差あり
23:25			小千谷市山寺地先の路面段差により国道17号は全面通行止め	国道17号小千谷道の駅「ちぢみの里」前　段差あり，通行不可
			金沢営繕事務所は注意体制を解除	国道17号小千谷市山寺地内，全面通行止
		政府が新潟県庁に現地連絡調整室を設置		
23:35				国道8号大積橋，通行止め
23:45				国道17号川口町小相川1車線分30～40m全くなし
				国道17号小千谷地区陥没，通行止め
10月24日(日)　2日目				
		新潟県知事は，小千谷市，長岡市等の29市町村に災害救助法を適用（適用日：H16年10月23日）		
		国土交通省は，現地に担当官を派遣（～10/26）		
		国土交通省は政府の現地連絡調整室に道路災害対策の担当官を派遣		
0:00			記者発表（第4報：所管施設の被害概況）	国道8号柏崎市豊田橋の段差復旧作業完了
			高田河川国道事務所は非常体制から警戒体制へ移行	
0:25				川口町天納にKu-SAT設置
0:45				国道17号中沢高架橋，通行止め
0:50			長岡市高畑地先から十日町地先の路面陥没により国道17号は全面通行止め	国道17号中沢IC～小千谷方面（高畑）通行止め　長岡市高畑～十日町，通行止め
			寺泊町下桐地先の路面段差により国道116号は車線規制	
1:30		政府が災害対策関係省庁連絡会議を開催		
2:10			記者発表（第5報：所管施設の被害概況）	
2:15		新潟県は第九管区海上保安本部に対して災害救助活動の派遣を要請		
5:10			記者発表（第6報：所管施設の被害概況）	
6:40				国道8号柏崎バイパス半田中中央交差点～希望ヶ丘交差点通行止め
7:50		政府が非常災害対策本部を設置		
		国土交通省が非常災害対策本部を設置		
8:55			羽越河川国道事務所は巡視点検を完了し，注意体制を解除	
9:00		気象庁が「平成16年新潟県中越地震」と命名		
9:10				柏崎・湯沢管内の道路情報板・ITVほぼ復旧
9:30		政府調査団（団長：村田防災担当大臣）が被災地を視察		
10:25				国道17号越の大橋の歩道部通行止め
11:00			阿賀川河川事務所は巡視点検を完了し，注意体制を解除	
11:20			新潟港湾空港整備事務所は非常体制から注意体制へ移行	
12:00			記者発表（第7報：所管施設の被害概況）	
			横川ダム工事事務所は工事現場の異常なしを確認し，注意体制を解除	
12:15		北側国土交通大臣が被災地を視察		
13:00		JHは関越自動車道の応急復旧を実施し，緊急車両の通行を確保		

	地震の状況	政府，国土交通本省，新潟県，関係機関等の動き	北陸地方整備局の動き	長岡国道事務所の動き
13:25				衛星通信車堀之内ST到着
14:00			国道17号・長岡市長倉橋の応急対策を完了し，上り線の通行止めを解除	国道17号長倉高架橋，開放
			国道17号・小出町板木橋の応急対策を完了し，通行止めを解除	国道17号板木橋，開放
14:10			阿賀野川河川事務所は巡視点検を完了し，警戒体制を解除	
14:21	余震発生 M5.0，震度5強			
14:55				衛星通信車（上越防災C）川口町和南津トンネル着
15:00			飯豊山系砂防事務所は施設点検を完了し，警戒体制を解除	
15:20				国道17号和南津橋，片側交互通行
15:30			三国川ダムは施設点検を完了し，警戒体制を解除	
16:00			松本砂防事務所は施設点検を完了し，警戒体制を解除	
			国道116号・寺泊町下桐地先の応急対策を完了し，通行規制を解除	
			道路部先遣隊(2名)が山古志村役場に到着	
17:00			国道17号・長岡市高畑地先から十日町地先の応急対策の進捗により，上り線を一部車線規制で交通解放	国道8号柏崎バイパス，通行規制解除
17:10				災害対策本部車（新潟防災C）川口町天納着
				照明車（信濃川下流）川口町天納着
17:30			信濃川下流河川事務所は巡視点検を完了し，警戒体制を解除	
17:38				国道17号長岡市高畑～十日町地内，復旧作業完了，片側車線解放
18:00			湯沢砂防事務所は施設点検を完了し，非常体制から警戒体制へ移行	照明車（新潟防災C）川口町和南津着
18:30			記者発表(第8報：所管施設の被害概況)	
			国道8号・見附大橋付近の応急対策の進捗により，上り線を一部車線規制で交通解放	
19:00			国道116号・柏崎市長崎新田地先から上高町交差点の応急対策を完了し，通行止めを解除	
19:10			新潟港湾・空港整備事務所は注意体制を解除	
19:15				国道116号長崎から刈羽村農協前，規制解除
10月25日(月)　3日目				
		政府は新潟県庁に設置した現地連絡調整室を現地支援対策室に格上げ		
		泉田新知事（新潟県）就任		
		山古志村は一部の村民を除き全村避難完了		
		国総研・土研は道路専門家を派遣し，新潟県等に対し応急復旧に関する支援を実施		
0:28	余震発生 M5.3，震度5弱			
0:39				国道8号大積水路BOX復旧作業完了 0：45開放
0:45			国道8号・長岡市宮本橋及び大積橋の応急対策を完了し，通行止めを解除	国道8号宮本橋　片側交互通行
				国道8号大積橋　通行規制解除
1:00			国道17号・川口町天納地先の仮迂回路を設置し，緊急車両の通行規制を解除	国道17号川口町天納地内，仮迂回路を設置し，緊急車両等の通行可（1車線）
			川口町牛ヶ島地先の土砂崩落により国道17号は片側交互通行を実施	
1:30			三国川ダムは余震により注意体制を発令	
4:30			国道8号・長岡市観音橋の応急対策を完了し，通行止めを解除	
			通行止めを実施していた国道8号は全線開通	
6:04	余震発生 M5.8，震度5強			
6:20			信濃川下流河川事務所は注意体制を発令	

	地震の状況	政府, 国土交通本省, 新潟県, 関係機関等の動き	北陸地方整備局の動き	長岡国道事務所の動き
6:25		JHは高速道路の通行止めを実施中（緊急車両は部分的に通行可能）	阿賀野川河川事務所は注意体制を発令	
		・北陸道：三条・燕IC～柏崎IC		
		・関越道：長岡JCT～水上IC（上り），長岡JCT～月夜野IC（下り）		
8:07				国道17号長岡市山谷沢川入り口, 照明柱灯具脱落, 撤去指示
8:15				国道8号宮本1丁目観音橋～宮本東方, 法面崩落
9:00			三国川ダム管理所は施設点検で異常なしを確認し, 注意体制を解除	
9:30			記者発表（第9報：所管施設の被害概況）	
9:35				国道17号川口町牛ヶ島法面クラック有り, 通行止め
10:00			関東地方整備局に災害対策機械（照明車5台）の派遣を要請。以降, 関係地方整備局へ随時要請	
10:30			関係業界団体に対して災害協定にもとづく応援及び避難所に対する仮設トイレの派遣協力を要請	国道17号川口町前島地区, 通行規制
			川口町牛ケ島地先の土砂崩落危険の高まりにより国道17号を全面通行止め	
11:05			阿賀野川河川事務所は施設点検で異常なしを確認し, 注意体制を解除	
12:00		本省記者発表「直轄国道の被災と復旧について」		国道17号和南津地内衛星通信車到着
13:00			記者発表（第10報：所管施設の被害概況）	
16:00			記者発表（第11報：所管施設の被害概況）	
16:30				国道8号長岡市稲葉川橋, 車線規制解除
				国道8号長岡市亀貝IC, 車線規制解除
17:00			国道17号・川口町天納地先の応急対策の進捗により, 緊急車両の通行規制を解除	
17:30				国道17号川口町和南津トンネル（湯沢側）ITV設置
17:35			信濃川下流河川事務所は巡視点検で異常なしを確認し, 注意体制を解除	
18:30			国道17号・長岡市妙見地先から小千谷市三仏生地先の応急対策を完了し, 緊急車両の通行規制を解除	
			これにより和南津トンネルを除き, 国道17号は全線で地域交通に開放	
20:00			対策本部会議	
			記者発表（第12報：所管施設の被害概況）	
20:05		(社)日本土木工業協会北陸支部, (社)日本道路建設業協会北陸支部, (社)プレストレスト・コンクリート建設業協会北陸支部は協力して避難所への仮設トイレの設置を開始	小千谷市の避難所に照明車5台を配置し, 以降, 随時, 要請のあった自治体に対して災害対策機械等による支援を実施	
			整備局内に判定支援調整現地本部（本部長：住宅局建築指導課企画専門官）を関係機関と共同で設置	
10月26日(火)　4日目				
		小泉内閣総理大臣が被災地を視察		
		国道交通省は政府の現地支援対策室に土砂災害対策の担当官を派遣		
6:05				国道8号見附大橋, 車線減少
9:00			対策本部会議。以降は9時と16時の2回／日開催	
11:00			記者発表（第13報：所管施設の被害概況）	
11:13				国道8号見附大橋, 片側車線通行止め
13:00			対策本部会議	
			記者発表（第14報：所管施設の被害概況）	
15:00			記者発表（第15報：所管施設の被害概況及び災害対策機械による自治体支援）	
16:15			国道17号・和南津トンネルの応急復旧工事に着手	国道17号和南津トンネル応急復旧工事着手
18:30				国道8号見附大橋, 車線規制
				国道8号長岡市新組跨線橋対面通行
20:00			記者発表（第16報：所管施設の被害概況, 関係機関との連携, 土砂災害危険箇所等の緊急点検）	

	地震の状況	政府，国土交通本省，新潟県，関係機関等の動き	北陸地方整備局の動き	長岡国道事務所の動き
22:00		ＪＨは高速道路の通行規制を一部解除（規制区間：関越道上り：長岡IC～六日町IC，関越道下り：月夜野IC～長岡IC）		
10月27日(水)　5日目				
		国土交通省は，土研の砂防専門家を長岡市妙見の土砂崩落現場に派遣し，技術指導を実施		
		新潟県の要請に基づき，河川局砂防部等からなる土砂災害対策緊急支援チームを派遣（～10/31）		
0:50				照明車（東北技術）川口町天納着
1:00				照明車（福島河川国道）川口町牛ヶ島着
1:25				照明車川口町（郡山国道）和南津着
7:30		新潟空港の24時間運用開始		
10:00			記者発表（第17報：所管施設の被害概況，自治体への支援状況）	
10:40	余震発生 M6.1，震度6弱		三国川ダム管理所は警戒体制を発令	
10:45			信濃川下流河川事務所は警戒体制を発令	
			新潟港湾・空港整備事務所は警戒体制を発令	
10:50			阿賀野川河川事務所は注意体制を発令	
			湯沢砂防事務所は非常体制を発令（警戒体制から移行）	
11:02			長岡市宮本地先の路面陥没により国道8号は通行止め	
11:45			新潟港湾・空港整備事務所は警戒体制から注意体制に移行	
12:00			妙見土砂崩落の行方不明者捜索支援のため，現地本部（本部長：新潟県副知事）へ職員と災害対策機械を派遣	
13:00		余震のため，JHは高速道路の通行規制区間を拡大		
		・北陸道：柏崎IC～三条燕IC		
		・関越道：（上り）長岡JCT～湯沢IC，（下り）月夜野IC～長岡JCT		
13:40			阿賀野川河川事務所は巡視点検で異常なしを確認し，注意体制を解除	
14:00			記者発表（第18報：所管施設の被害概況，自治体への支援状況）	
14:25			新潟港湾・空港整備事務所は施設点検で異常なしを確認し，注意体制を解除	
15:30			三国川ダム管理所は施設点検で異常なしを確認し，警戒体制を解除	
			庁舎の被災により，信濃川河川事務所・長岡出張所及び妙見堰管理支所庁舎を閉鎖	
16:00			記者発表（第19報：所管施設の被害概況，自治体への支援状況）	
17:40			湯沢砂防事務所は非常体制から警戒体制に移行	
20:00			記者発表（第20報：所管施設の被害概況，自治体への支援状況）	
			新潟県中越地震下水道災害復旧支援本部（本部長：新潟県土木部都市局長）を新潟県，北海道，東北各県及び政令市等と共同で新潟県建設技術センター内に設置	
			土砂災害対策緊急支援現地本部（本部長：国総研危機管理技術研究センター長）を湯沢砂防事務所破間川出張所に設置	
10月28日(木)　6日目				
		岩井国土交通副大臣が被災地を視察		
9:00			国道8号・長岡市宮本地先の応急対策を完了し通行止めを解除	
11:00			記者発表（第21報：所管施設の被害概況，自治体への支援状況）	
11:02				国道8号長岡市宮本地内，全面通行止め，迂回路確保（県道）
13:15				橋梁点検車（新潟防災C）小千谷大橋着作業開始

	地震の状況	政府, 国土交通本省, 新潟県, 関係機関等の動き	北陸地方整備局の動き	長岡国道事務所の動き
14:30			信濃川下流河川事務所は巡視点検で異常なしを確認し, 警戒体制を解除	
16:00			記者発表 (第22報:所管施設の被害概況, 自治体への支援状況)	
20:00			記者発表 (第23報:所管施設の被害概況, 自治体への支援状況)	
22:00			記者発表 (第23報補:国道17号の通行止め解除)	
10月29日(金) 7日目				
		岩井国土交通副大臣が被災地を視察		
AM				橋梁点検車 (新潟防災C) 長岡大橋着
10:30			記者発表 (第24報:所管施設の災害対策の状況, 自治体への支援状況)	
15:00			記者発表 (第25報:整備局管内における災害対策の状況)	
20:00			国道17号・小千谷市高梨地先～川口町野田地先間を交通開放	国道8号小千谷市三仏生～川口町野田交差点, 車線規制解除
21:00			記者発表 (第26報:整備局管内における災害対策の状況)	
			市町村道の道路災害の復旧支援本部 (本部長:道路調査官) を整備局内に設置	
23:00			記者発表 (第26報補足:市町村道の災害緊急調査の応援派遣について)	
PM				橋梁点検車 (新潟防災C) 越の大橋着
10月30日(土) 8日目				
		蓮見国土交通副大臣が被災地を視察	新潟県の芋川河道閉塞応急対策を支援するため, 排水ポンプ, 監視カメラを派遣	
		岩井国土交通副大臣が被災地を視察	新潟県庁及び長岡・小出地域振興局へ芋川の現地映像の配信を開始	
6:05				国道8号新組跨線橋, 通行規制解除
9:50				標識車 (柏崎維持) 木津交差点設置完了
				標識車 (小出維持) 堀之内除雪基地前設置完了
				標識車(新潟国道)252号交差点設置完了
				標識車(新潟国道)美佐島交差点設置完了
16:00			記者発表 (第27報:整備局管内における災害対策の状況)	
16:15				国道17号和南津トンネル応急復旧工事着手
17:00				国道8号見附大橋, 復旧作業完了, 開放
				国道17号長倉橋～妙見, 復旧作業完了, 開放
				橋梁点検車 (新潟防災C) 長岡大橋着
19:30			本部会議を臨時開催	
10月31日(日) 9日目				
16:00			記者発表 (第28報:整備局管内における災害対策の状況)	
			土砂災害危険箇所等の現地調査を完了	
22:30				国道17号川口町天納町地内, 迂回路 (2車線) 完成
				国道17号専用の携帯情報サイトサービス開始
				和南津トンネル (長岡側) ITV設置
				橋梁点検車十日町高架橋着
11月 1日(月) 10日目				
		市町村合併により魚沼市, 南魚沼市が発足新潟県は都道県職員の応援を得て公共土木施設災害復旧体制を強化		
		衆議院・参議院災害対策特別委員会は合同現地調査を実施		
14:10		新潟県の要請により緊急消防援助隊は撤収		
14:30			記者発表 (第29報:国道17号和南津トンネル2日開通予定)	
16:00			記者発表 (第30報:整備局管内における災害対策の状況)	
11月 2日(火) 11日目				
10:00			記者発表 (第31報:国道17号和南津トンネルの開通)	
11:00				標識車 (湯沢維持) 野田交差点設置完了

	地震の状況	政府, 国土交通本省, 新潟県, 関係機関等の動き	北陸地方整備局の動き	長岡国道事務所の動き
14:00			妙見堰管理支所の鉄塔を撤去	
			新潟県中越地震国土交通省復旧・支援対策現地連絡会議を開催	
16:20			国道17号・和南津トンネルを片側交互で交通解放	国道17号和南津橋, 通行規制解除
			これにより国道17号は全線開通	国道17号和南津トンネル緊急復旧が完了し, 片側交互通行開始
17:30			高田河川国道事務所は警戒体制から注意体制へ移行	
			記者発表 (第32報:整備局管内における災害対策の状況)	
22:00			記者発表 (国道291号の災害復旧事業を国の直轄事業で実施することを決定)	
11月　3日(水)　12日目				
10:30				照明車 (東北技術) 川口町天納発
11:00				照明車 (東北技術) 川口町牛ヶ島着
16:00			記者発表 (第33報:整備局管内における災害対策の状況)	
22:00			記者発表 (国道291号の直轄権限代行による災害復旧事業及び芋川等の直轄砂防による支援について)	
			市町村道の道路災害の復旧支援本部の緊急調査を完了	
11月　4日(木)　13日目				
		JR上越新幹線 (長岡～燕三条) 運行再開		
8:57	余震発生 M5.2, 震度5強		新潟港湾・空港整備事務所は注意体制を発令	
9:00			信濃川下流河川事務所は注意体制を発令	
9:25			新潟港湾・空港整備事務所は施設点検で異常なしを確認し, 注意体制を解除	
11:50			信濃川下流河川事務所は巡視点検で異常なしを確認し, 注意体制を解除	
15:25			川口町牛ヶ島地先のセンサー交換のため国道17号は全面通行止め	
16:05			国道17号・川口町牛ヶ島地先の片側交互通行を再開	
17:00			記者発表 (第34報:市町村道の緊急調査結果の報告について)	
11月 5日(金)　14日目				
		芋川流域の東竹沢地区及び寺野地区の砂防事業が直轄砂防災害関連緊急事業として採択される		
9:00			整備局内に中越地震復旧対策準備室 (室長:企画部広域計画課長) を設置	
10:00			記者発表 (整備局内に「中越地震復旧対策準備室」を設置)	
			北陸地方整備局は関係市町村長に対して市町村道の被災調査成果報告書を手渡す	
13:30		第1回国土交通省復旧・支援対策現地連絡会議を開催		
15:00			記者発表 (第35報:災害対策状況)	
			判定支援調整現地本部の名称を建築住宅関係復興支援本部に改める	
16:00		関越自動車道全線開通。長岡ICから小出ICの通行止めを解除し, 暫定2車線で通行開始		橋梁点検車 (新潟防災C) 越の大橋着
17:00			芋川の直轄事業化により, 湯沢砂防事務所は警戒体制から非常体制に移行	
17:30			信濃川河川事務所は応急対策の進捗により, 非常体制から警戒体制に移行	
			新潟県中越地震下水道災害復旧支援本部による概略調査を完了	
11月 6日(土)　15日目				
		天皇・皇后両陛下が被災地をご訪問		
2:53	余震発生 M5.1, 震度4			
3:00			信濃川下流河川事務所は注意体制を発令	
8:20			信濃川下流河川事務所は巡視点検で異常なしを確認し, 注意体制を解除	

	地震の状況	政府, 国土交通本省, 新潟県, 関係機関等の動き	北陸地方整備局の動き	長岡国道事務所の動き
11月 8日(月)　17日目				
		新潟県は中越地震復旧・復興本部を設置	被災市町村の災害復旧事業に係る応援派遣本部（本部長：技術調整管理官）を設置。関係地方整備局の協力を得て応援活動を開始	
			越後丘陵公園の駐車場を陸上自衛隊の活動拠点として提供	
9:30			下水道地震対策技術検討委員会を設置し，第1回委員会を開催	
11:16	余震発生 M5.9，震度5弱			
11:20			信濃川下流河川事務所は警戒体制を発令	
11:30			阿賀野川河川事務所は注意体制を発令	
			妙見土砂崩落の行方不明者捜索支援のために設置していた現地本部を撤収	
14:30			記者発表（第36報：被害と復旧状況パンフレットの配布）	
			記者発表（第37報：被災市町村の災害復旧事業に必要となる作業を国土交通省が支援します）	
14:45			阿賀野川河川事務所は巡視点検で異常なしを確認し，注意体制を解除	
16:00			記者発表（第38報：災害対策状況）	
18:45			信濃川下流河川事務所は巡視点検で異常なしを確認し，警戒体制を解除	
21:30			記者発表（第39報：「天然ダム」に対する直轄砂防事業での対応（直轄砂防事業関連緊急事業の採択）について）	
11月 9日(火)　18日目				
		新潟県知事は，三条市，加茂市等の24市町村に災害救助法の適用を追加（適用日：10月23日）		
		堀之内町竜光地区に出ていた避難勧告を解除		
11月10日(水)　19日目				
3:43	余震発生 M5.1，震度5弱	余震のため，JHは高速道路を一部通行止め		
3:50			信濃川下流河川事務所は注意体制を発令	
4:15			長岡国道事務所は巡視点検を開始	
4:50		JHは余震による通行止めを解除		
6:30			長岡国道事務所は巡視点検で異常なしを確認	
9:15		JRは上越新幹線脱線車両の撤去作業を再開	信濃川下流河川事務所は巡視点検で異常なしを確認し，注意体制を解除	
11:30			記者発表（第40報：山古志村東竹沢地区の天然ダム対策について）	
17:00			記者発表（第41報：災害対策状況について）	
			直轄河川の応急対策が完了（1箇所を除く）	
11月11日(木)　20日目				
		国道291号災害復旧事業の権限代行が告示される		国道291号災害復旧事業の権限代行を告示，工事着手
8:30			長岡国道事務所は応急対策の進捗により非常体制から警戒体制へ移行	非常体制から警戒体制へ移行
11:00			中越地震復旧対策準備室を中越地震復旧対策室に改称	
17:00			新潟国道事務所は警戒体制から注意体制へ移行	
11月12日(金)　21日目				
			湯沢砂防事務所内に芋川河道閉塞現地対策室（室長：湯沢砂防事務所長，総括：河川局砂防部保全課長）を設置	
2:24	余震発生 M4.3，震度4			
2:47			長岡国道事務所は巡視点検を開始	
4:08			長岡国道事務所は巡視点検で異常なしを確認	
11:00			記者発表（第42報：芋川河道閉塞現地対策室の設置について）	

	地震の状況	政府，国土交通本省，新潟県，関係機関等の動き	北陸地方整備局の動き	長岡国道事務所の動き
16:00			災害対策本部を中越地震復旧対策室へ移設し，名称を中越地震復旧対策会議とすることを決定。出席者は局長，次長，関係部長とし，毎日1回開催（土・日曜を除く）	
18:00			記者発表（第43報：災害対策状況について）	
11月15日(月)　24日目				
17:00			記者発表（第44報：芋川河道閉塞対策検討委員会の設置及び第1回委員会の開催について）	
11月16日(火)　25日目				
		JRは上越新幹線の脱線車両の撤去作業を完了		
11月17日(水)　26日目				
		中野，伊達国土交通大臣政務官が被災地を視察		
11:00			記者発表（第45報：国道17号の通行規制の解除（2車線開通））	
14:00			芋川河道閉塞対策検討委員会を設置。第1回委員会を開催	
17:00			記者発表（第46報：東竹沢地区河道閉塞箇所ポンプ排水吐出し口における侵食状況とその対策について）	
11月18日(木)　27日目				
6:00			国道17号・川口町牛ヶ島地先の応急対策の完了で片側通行規制を解除し，2車線開通	国道17号川口町牛ヶ島地内，2車線開通
9:00		新潟県災害対策本部の18日午前9時現在のまとめで，中越地震の避難者は初めて1万人を割る		
11:00			記者発表（第47報：「国道291号災害復旧技術検討委員会」の設置及び第1回委員会の開催のお知らせ）	
11月19日(金)　28日目				
17:00			記者発表（第48報：東竹沢仮排水路の計画変更について）	
11月22日(月)　31日目				
21:00			記者発表（第49報：東竹沢地区河道閉塞箇所の侵食対策工の変更について）	
11月23日(火)　32日目				
14:00			国道291号災害復旧技術検討委員会の第1回委員会を開催	
11月24日(水)　33日目				
		政府が新潟県中越地震復旧・復興支援会議を設置		
17:30		政府が新潟県中越地震復旧・復興支援第1回会議を開催		
11月25日(木)　34日目				
		土木学会が被災地を視察		
16:00			記者発表（第50報：第2回芋川河道閉塞対策検討委員会開催のお知らせ）	
11月26日(金)　35日目				
		土木学会が被災地を視察		
		国土交通省内に新潟県中越地震国土交通省災害復旧・復興支援本部（本部長：事務次官）を設置		
11:00			第2回芋川河道閉塞対策検討委員会を開催	
16:00		関越自動車道（長岡IC～小出IC）を暫定2車線から4車線で通行開始		
17:00		国土交通省が災害復旧・復興支援本部第1回本部会議を開催		
11月29日(土)　38日目				
		JR信越本線柏崎～長岡間が運転再開		
9:30			中越地震復旧対策会議で，今後は会議を月，水，金の週3回とすることを決定	
11月30日(火)　39日目				
17:00		山古志村復旧支援関係省庁会議を開催(東京)		
12月 1日(水)　40日目				
11:00			記者発表(第51報：第2回「国道291号災害復旧技術検討委員会」開催のお知らせ)	
12月 2日(木)　41日目				
		林田内閣府副大臣が被災地を視察		

	地震の状況	政府, 国土交通本省, 新潟県, 関係機関等の動き	北陸地方整備局の動き	長岡国道事務所の動き
12月 4日(土)　43日目				
10:00			第2回国道291号災害復旧技術検討委員会を開催	
15:00			記者発表（第52報：東竹沢地区の仮設排水管からの排水を開始します）芋川・東竹沢地区の河道閉塞箇所で仮設排水管による排水を開始	
12月 5日(日)　44日目				
			国道291号の復旧工事用道路完成。山古志村梶金地区に残されていた自家用車を搬出	
12月 8日(木)　47日目				
		村田防災担当大臣が被災地を視察		
		全国治水砂防協会が被災地を視察		
12月10日(金)　49日目				
		山古志村民の仮設住宅への入居開始		
		参議院国土交通委員会が被災地を視察		
13:30		山古志村復旧・復興支援部会を設置。第1回会議を開催（東京）		
14:45			中越地震復旧応援派遣本部の活動を完了し, 派遣本部を解散	
12月13日(月)　52日目				
			大韓民国建設交通部　来局	
12月15日(水)　54日目				
15:00			記者発表（第53報：27日に国道17号が全線車線開通）	
17:00			記者発表（第54報：芋川河道閉塞対応の工事現場の公開について）	
17:30		第2回山古志村復旧・復興支援部会開催（東京）		
12月17日(金)　56日目				
		岩井国土交通副大臣が来局	信濃川河川事務所は警戒体制から注意体制に移行	
			湯沢砂防事務所は芋川工事現場を公開	
14:30			震災復興に向けた意見交換会（新潟県庁内）に整備局長出席	
12月19日(日)　58日目				
			芋川・寺野地区の応急対策（表面排水路工）が完了	
12月20日(月)　59日目				
15:00			記者発表（第55報：中越地震被災地への除雪車支援について）	
12月21日(火)　60日目				
15:00		新潟県の要請により自衛隊の災害派遣部隊が全て撤収		
		新潟県の要請により第九管区海上保安本部の災害救助派遣部隊が撤収		
12月22日(水)　61日目				
		仮設住宅への入居等により全ての避難所を閉鎖	整備局は自治体支援のため除雪機械を被災自治体へ引き渡し	
12月24日(金)　63日目				
			記者発表（第56報：26日に国道17号が全線2車線開通）	
12月26日(日)　65日目				
15:00			国道17号和南津トンネルの片側通行規制を解除し, 2車線で交通開放	国道17号川口町和南津トンネル, 2車線開通
12月27日(月)　66日目				
		JR上越線小出～宮内間, 飯山線越後川口～十日町間が運転再開	長岡国道事務所は警戒体制から注意体制に移行	警戒体制から注意体制に移行
12月28日(金)　67日目				
		JR上越新幹線の長岡～越後湯沢間が運転再開	新潟県中越地震北陸地方整備局復旧・復興本部を本局内に設置	
10:00			記者発表（第57報：新潟県中越地震復旧・復興本部の設置について）	
			山古志村・東竹沢の芋川河道閉塞対策（芋川仮排水路）が完了	
16:30			記者発表（第58報：東竹沢地区において仮排水路工事が完了	
17:00			災害対策本部は非常体制から注意体制に移行	
			湯沢砂防事務所は非常体制から警戒体制に移行	

3. 平成16年新潟県中越地震時のＪＨ日本道路公団（現在の東日本高速道路㈱）の情報公開対応の例

	対策本部会議（北陸支社）	情報公開・記者発表等の対応（本社・支社）
10月23日(土)　1日目		
17:56	地震発生	
19:00	第1回本部対策会議開催	
21:00	第2回本部対策会議開催	
23:00	第3回本部対策会議開催	23日取材件数合計＝18件
10月24日（日）　2日目		
2:00	第4回本部対策会議開催 ・関越道　越後川口SA滞留車あり（台数不明） ・山本山TN坑口付近の滞留車27台のうち2台は高速バス。乗客はバス会社手配のバスを側道につけ搬送の予定（9名*2台） ・【応急復旧】長岡～小千谷間は4業者，小千谷～堀之内間は加賀田組が対応予定	
4:00		【記者発表】4:00現在 新潟県中越地方を震源とする地震に伴う高速道路等の通行止めの状況等について
5:30		【記者発表】5:30現在 新潟県中越地方を震源とする地震に伴う高速道路等の通行止めの状況等について
7:30		【記者発表】7:30現在 新潟県中越地方を震源とする地震に伴う高速道路等の通行止めの状況等について
9:00	第5回本部対策会議開催	
12:00	第6回本部対策会議開催	
13:00	緊急交通路としての通路を確保（発災から約19時間後）	
16:00	第7回本部対策会議開催	
16:30		【記者発表】16:30現在 新潟県中越地震に伴う高速道路等の通行止の状況と日本道路公団の取り組みについて
19:30		【記者発表】19:30現在 お客様の本線外への避難完了について
		24日取材件数合計＝32件
10月25日（月）　3日目		
9:40	第8回本部対策会議開催	
13:00		【記者発表】13:00現在 新潟県中越地震に伴う高速道路の応急復旧状況等について
19:00	第9回本部対策会議開催	
23:00		【記者発表】23:00現在 新潟県中越地震に伴う高速道路の通行止め区間の応急復旧状況について
		25日取材件数合計＝9件
10月26日（火）　4日目		
9:30	第10回本部対策会議開催	
18:40	第11回本部対策会議開催 応急復旧は当初4車線開放を目指していたが，とりあえず緊急車両用の最低2車線確保を目指すように方向転換を決定	
21:45		【記者発表】21:45現在 新潟県中越地震に伴う高速道路の通行止め区間の一部解除について
		26日の取材件数合計＝24件
10月27日（水）　5日目		
13:10		【記者発表】13:10現在 新潟県中越地震の余震に伴う高速道路の緊急交通路の通行再開について
15:20		【記者発表】15:20現在 新潟県中越地震に伴う高速道路の通行止め区間の一部解除について

	対策本部会議（北陸支社）	情報公開・記者発表等の対応（本社・支社）
10月27日（水）　5日目		
22:00	第12回本部対策会議開催 早期の4車線復旧を目指し，その計画立案のために本部から20～30名の現地派遣を決定	
	発災から約100時間後　緊急車両が迅速かつ円滑に走行できる通行車線（片側1車線）を確保	27日の取材件数合計＝18件
10月28日（木）　6日目		
17:45	第13回本部対策会議開催 ・料金所出口渋滞緩和のための予備機設置を検討 ・現地派遣の30名（災害復旧対策本部）の任務完了。撤退指示	
20:45		【記者発表】20:45現在 新潟県中越地震に伴う高速道路の応急復旧状況について
		28日の取材件数合計＝14件
10月29日（金）　7日目		
11:10	第14回本部対策会議開催 ・本日12：00に小出～長岡IC以外の区間を通行止め解除の予定 ・高速バス運行再開の検討	
12:05		【記者発表】12:05現在 新潟県中越地震に伴う高速道路状況の通行止め区間の一部解除について
20:10		【記者発表】20:10現在 緊急交通路を路線バスが走行します。 －関越自動車道（上下）長岡IC～小出IC－
		29日の取材件数合計＝23件
10月30日（土）　8日目		
		30日の取材件数合計＝12件
11月1日（月）　10日目		
18:20	第15回本部対策会議開催 ・今週中の一般車解放に向けた復旧状況の確認・検討 ・芋川橋上流の天然ダム決壊に対する安全確認の徹底	1日の取材件数合計＝5件
11月2日（火）　11日目		
9:45	第16回本部対策会議開催 ・副総裁，衆参両議院災害特別委員会の現地視察（11/1） ・芋川橋損傷状況検討 ・料金所渋滞対策検討 ・和南津TN本日中に開通予定（国道17号全通）	
19:00	第17回本部対策会議開催 ・マスコミ現地案内（9社16名，本日開催）の報告 ・開通（一般供用）に向けた課題や問題点の確認	2日の取材件数合計＝9件
11月3日（水）　12日目		
22:00	第１８回本部対策会議開催 ・5日または6日の規制解除に向けた状況確認 ・一般供用後のSA・PAの売店，トイレ，GS等の状況報告	3日の取材件数合計＝6件
11月4日（木）　13日目		
9:20	第19回本部対策会議開催 ・規制解除に向けた付加車線（渋滞対策）の検討確認 ・規制解除の協議および広報に関する問題点の検討確認	
17:45		【記者発表】17:45現在 新潟県中越地震に伴う高速道路の復旧状況について
18:35	第20回本部対策会議開催 規制解除に向けた渋滞対策，料金諸対策，休憩施設対策，広報等に関する最終確認	4日の取材件数合計＝6件
11月5日（金）　14日目		
13:30		【記者発表】13:30現在 新潟県中越地震に伴う高速道路の通行止め区間の解除について
16:00	一般車両が片側1車線で通行可能（前線通行止め解除）	
18:05	第21回本部対策会議開催 ・規制解除（一般供用）後の状況及び対応の確認 ・土木学会現地視察（明日予定）のスケジュール等確認	5日の取材件数合計＝13件

4．平成２３年東北地方太平洋沖地震時の東北地方整備局の対応例

	東北地方整備局の動き	全国ほかの動き
2011年		
3月11日		
14:46	東北地方整備局、非常体制へ 局庁舎停電、断水、自家発電自動作動	平成23年(2011年)東北地方太平洋地震発生 M8.8(暫定値、後に修正)、 宮城県栗原市で震度7
14:49		気象庁が太平洋沿岸に大津波警報発令 宮城県に最大6mの津波警報
15:08		余震、M7.4
15:14		政府が緊急災害対策本部を設置
15:15	整備局長から最初の指示	余震、M7.7
15:18〜50		太平洋沿岸各地に津波の最大波が襲来
15:20	宮城県ヘリエゾン到着	
15:21	釜石港湾事務所が浸水	
15:23	防災ヘリ「みちのく号」仙台空港離陸	
15:25		
15:26	気仙沼維持出張所が浸水	
15:45		国土交通省第1回緊急災害対策会議開催
16:02	仙台空港浸水	
16:04	塩釜港湾、東北技術の2事務所が浸水	
16:10	国道4号など、3路線3箇所で全面通行止め	
16:12		全閣僚出席の緊急災害対策本部会議が開かれる
16:20		気象庁が「平成23年(2011年)東北地方太平洋沖地震」と命名
17:30	宮城県知事から「東北自動車道を一刻も早く通れるようにしてもらいたい」と局長に依頼の電話	
19:00	全職員の85%まで安否確認終了	
19:03		政府が福島第一原発事故に基づき「原子力緊急事態宣言」を発令
19:35	郡山国道、福島県鏡石町ヘリエゾン派遣。以後、各市町村へ順次派遣	
21:05	TEC-FORCE(テック・フォース)先遣隊、中部地整(名古屋)1班出発、以後各地整より順次集合場所の郡山国道事務所へ	
21:23		政府が、福島第一原発半径3km圏内の住民へ避難指示 半径10km圏内住民に屋内退避を指示
22:00	国土交通省第4回緊急災害対策本部会議(TV会議)で整備局長状況報告と意見具申。大臣より指示『とにかく人命救助を第一に。局長は国土交通省代表のつもりで全部やってほしい』	
23:33	局長指示『前提として太平洋沿岸に大被害。最悪を想定して準備 ①情報収集 ②救援・輸送ルートの啓開、③県・自治体の応援』	
3月12日		
	「くしの歯」ルート12本を特定	土木研究所CAESARによる被災橋梁調査着手
0:20	本省が大型浚渫兼油回収船(白山、青龍丸、海翔丸)へ出動待機要請	
0:30	本省へ排水ポンプ車10台要請	
3:59		長野県北部地震、M6.7、震源地は長野県北部栄村で震度6強
6:00	宮城県山元町で道路(国道6号)啓開着手	
6:05	みちのく号福島空港離陸	
7:00	国土交通省第5回緊急災害対策本部会議(TV会議)で整備局長現状報告	
9:00	釜石市で道路啓開着手	
9:38	TEC-FORCE先遣隊、中部地整1班4名が郡山国道に到着	
10:00	宮古市で国道45号道路啓開作業着手 (社) 日本埋立浚渫協会東北支部が東北地方整備局へ参集	
11:00		緊急輸送路として東北自動車道、常磐自動車道が通行可能になる

	東北地方整備局の動き	全国ほかの動き
12:45	海翔丸（大型浚渫兼油回収船）北九州港を出港	
14:00	「くしの歯」9ルート通行可能になる	
15:36		東京電力福島第一原発1号機水素爆発
16:00	(社) 日本埋立浚渫協会東北支部に航路啓開を要請	
18:50	白山（大型浚渫兼油回収船）新潟港を出港	
20:00	国土交通省第8回緊急災害対策会議（TV 会議） 「くしの歯」ルート13本を特定 「くしの歯」11ルート通行可能になる 河川は河口部を除いて点検終了。リエゾンを4県、12市町に派遣などを報告	
20:20		大津波警報が津波警報に移行 福島第一原発半径20㎞圏内へ避難指示
22:00	5河川239箇所の堤防等で被害、道路は6路線41箇所全面通行止め、9港湾で被害確認	
3月13日		
	くしの歯ルート16本に特定 石巻市、東松島市より要請のあった排水ポンプ車が稼動 支援物資第一弾（照明車）が陸前高田市に到着 青龍丸（大型浚渫兼油回収船）名古屋港を出港 TEC－FORCE結団式、64班232名現地へ出発 国土交通省第11回緊急災害対策本部会議（TV 会議）で整備局長現状報告	気象庁が本震のマグニチュードを9.0に修正 津波警報が津波注意報に移行（7時30分） 津波注意報解除（17時58分）
3月14日		
	「くしの歯」14ルート通行可能になる 八戸港・久慈港・釜石港・宮古港・仙台塩釜港（仙台港区）航路啓開開始 白山（大型浚渫兼油回収船）宮古港港内調査開始 物資調達班を編制 「現在業務執行中の工事及び業務の一時中止」の通知を発出 東北地整ホームページに「東日本大震災関連情報サイト」開設	福島第一原発3号機で水素爆発
3月15日		
	「くしの歯」15ルートが通行可能に TEC －FORCE（国土技術政策総合研究所）隊が被災港に向け久里浜出発 青龍丸（大型浚渫兼油回収船）釜石港に接岸し支援物資陸揚げ	福島第一原発4号機で出火 福島第一原発周辺30㎞範囲へ屋内退避指示 仙台空港1，500m滑走路の瓦礫撤去。 ヘリコプターの運用開始 天皇陛下が国民へ向けビデオメッセージ
3月16日		
	国土交通省第16回緊急災害対策本部会議（TV 会議）で整備局長現状報告 仙台空港排水作業開始 仙台塩釜港（塩釜港区）オイルタンカー入港のため航路調査開始	仙台空港、自衛隊等の救援機に限定して1，500m滑走路の運用開始
3月17日		
	石巻港・仙台塩釜港（塩釜港区）航路啓開開始 海翔丸（大型浚渫兼油回収船）、仙台塩釜港（仙台港区）に接岸し、支援物資陸揚げ	
3月18日		
	くしの歯作戦終了。国道45号、6号の97％が通行可能とし啓開完了 TEC－FORCE総合司令部を編成 小名浜港航路啓開開始	警察庁発表の死者数が阪神・淡路大震災の6,434人を超える
3月19日		
	応急仮設橋により水尻橋が通行可能になる 東北地整ホームページに「被災された市町村の臨時掲示板」を開設	

	東北地方整備局の動き	全国ほかの動き
3月20日		
	国土交通省第20回緊急災害対策本部会議(TV 会議)で整備局長現状報告 大船渡港航路啓開開始	
3月21日		
	仙台塩釜港にオイルタンカーが入港 整備局長、被災自治体の市町村長に『人的支援、日用品や資機材などのニーズをリエゾンに申しつける』ことなど、国交省の支援活動の活用を促す手紙を発信	
3月22日		
	整備局長、再度、被災自治体の市町村長に手紙発信。末尾に『私のことを整備局長と思わず、「ヤミ屋のオヤジ」と思って下さい』との文言を付記 東北地整ホームページの「東日本大震災関連情報」ページで英語版を公開 他地整TEC－FORCEをリエゾンに投入開始国土交通省第22回緊急災害対策本部会議(TV 会議)で整備局長現状報告 全職員に対する非常食の配布終了	
3月23日		
	航路啓開作業の完了。太平洋側 10 港にて緊急支援物資の受入れ可能に 4県31市町村に96名のリエゾンを派遣(ピーク)	「がんばろう！日本」をスローガンに、選抜 高校野球大会が開幕
3月25日		
		警察庁集計の死者数が1万人を超える
3月27日		
	相馬港調査開始	
3月28日		
	国土交通省第25回緊急災害対策本部会議(TV 会議)で整備局長現状報告	
3月29日		
		仙台空港の3, 000m滑走路が使用可能 になる
3月30日		
	「がんばろう！ 東北」ステッカーの使用開始	
3月31日		
	草加市町会連合会から大槌町にランドセル、学用品多数寄贈(東北地方整備局ホームページの「被災された市町村の臨時掲示板」がキッカケに) 被災自治体への資・機材の提供活動(ヤミ屋のオヤジ)終了	
4月4日		
	仮橋により二十一浜橋応急復旧	
4月5日		
	国土交通省第34回緊急災害対策本部会議(TV 会議)で整備局長現状報告	
4月7日		
		宮城県北部、M7.2、中部で震度6強の余震
4月8日		
	国土交通省第37回緊急災害対策本部会議(TV 会議)で整備局長現状報告	
4月10日		
	国道45号迂回路含めて全線通行可能に	
4月11日		
	一時中止の工事・業務を柔軟に再開できる旨の通知を発出	平成23年度予算 成立 余震、M7.0
4月12日		
		原子力安全・保安院が福島第一原発事故を「レベル7」に引き上げる
4月13日		
		仙台空港、民間機使用可能に 羽田、大阪など各空港との空路再開
4月14日		
		政府の復興構想会議が初会合

	東北地方整備局の動き	全国ほかの動き
4月16日		
		大畠国交大臣が現地入り。搭乗予定のみちのく号が連日の飛行で故障で離陸できず、代替ヘリで現地へ
4月22日		
	警戒区域内の国道6号全線の被災状況調査、被災箇所の迂回路設定を実施（2日間）	福島第一原発半径20km圏内を「警戒区域」に設定(双葉町・大熊町・富岡町・南相馬市・浪江町・葛尾村・田村市・川内村・楢葉町) 福島第一原発「計画的避難区域」に設定(飯舘村・浪江町・川俣町・南相馬市・葛尾村) 福島第一原発半径20km～30km圏内への屋内退避指示の解除
4月25日		
	国土交通省第42回緊急災害対策本部会議（TV 会議）で整備局長現状報告	
5月2日		
		平成23年度第1次補正予算　成立
5月3日		
		自衛隊が福島第一原発10km圏内で不明者捜索を開始
5月6日		
	原発影響範囲の国道6号について、迂回路を経由して通行確保	
5月9日		
	「三陸南沿岸・石巻海岸地区環境等検討懇談会」設立、開催（宮城県、国）	
5月18日		
	宮古市と南三陸町で復旧・復興を支援する「カウンターパート」（東北地方整備局）が活動開始（以後10人が3県32市町村を担当、順次本格的に活動）	
5月24日		
		東京電力が福島第一原発2号機・3号機もメルトダウンの恐れがあると発表
5月30日		
	国土交通省第48回緊急災害対策本部会議（TV 会議）で整備局長現状報告	
6月4日		
	市町村へのリエゾン派遣終了	
6月20日		
		復興基本法成立
6月25日		
		「復興構想会議」が「復興への提言」を首相に答申
6月26日		
		平泉（岩手県）が世界遺産に登録
7月11日		
	被害規模の大きかった延長約12kmの河川堤防の緊急復旧工事完了 東北地整、「非常体制」から「警戒体制」へ体制移行	
7月16日～17日		
		東北六魂祭（仙台市内）
7月23日		
		仙台空港アクセス鉄道、一部区間運行再開
7月29日		
	国土交通省行政関係功労者・東日本大震災関係者功労者表彰式開催	
8月		
	太平洋岸の港湾で「産業・物流復興プラン」を策定 （大船渡港8月3日、八戸港・久慈港8月4日、宮古港・石巻港8月5日、釜石港・仙台塩釜港・相馬港・小名浜港・8月8日）	
8月15日		
	復興道路等の未事業化区間のルートと出入口の位置を決定	
8月31日		
	国道6号（原発影響範囲を含む）の迂回路解消	

	東北地方整備局の動き	全国ほかの動き
4月16日		
		福島第一原発「警戒区域」を解除(避難指示解除準備区域、居住制限区域、帰還困難区域に見直し)(南相馬市)
4月21日		
	「復興道路」全区間の中心杭設置式完了(全18区間)	
4月24日		
	三陸沿岸道路等用地連絡調整会議設立(国交省、岩手県、被災12市町村)	
5月18日		
		復興推進会議(第2回)
5月26日～27日		
		東北六魂祭(盛岡市内)
6月4日		
		前田国交大臣から羽田国交大臣へ
7月13日		
		福島復興再生基本方針 閣議決定
7月14日		
	大船渡港 湾口防波堤災害復旧事業着工式	
7月17日		
		福島第一原発「計画的避難区域」を見直し(避難指示解除準備区域、居住制限区域、帰還困難区域)(飯舘村)
7月20日		
	海岸堤防復旧に震災がれきを本格活用へ	
8月5日		
	防災集団移転促進事業岩沼市玉浦西地区起工式	
8月10日		
		福島第一原発「警戒区域」を解除(避難指示解除準備区域に見直し)(楢葉町)
9月		
		避難者数約33万人(※最大47万人)
9月4日		
		「原子力発電所の事故による避難地域の原子力被災者・自治体に対する国の取組方針」(グランドデザイン)公表
9月28日		
		「復興推進委員会平成24年度中間報告」公表
10月19日		
		復興推進会議(第3回)
11月3日		
	三陸沿岸道路(歌津～本吉)、「即年着工」起工式(以後11月18日(宮古～田老)にて「即年着工」起工式)震災後事業化区間として初の着工	
11月4日		
	東北横断自動車道釜石秋田線釜石花巻道路(釜石～釜石西)「即年着工」起工式	
11月9日		
		原子力災害復興推進チーム(第1回)
11月14日		
	河川整備基本方針策定(北上川、鳴瀬川、名取川、阿武隈川)	
11月20日		
	河川整備計画策定(北上川、鳴瀬川、名取川、阿武隈川)	
11月22日		
		「東日本大震災からの復興の状況に関する報告」取りまとめ、国会報告
11月25日		
	東北横断自動車道釜石秋田線(宮守～東和間)開通式、復興支援道路として初の開通	

	東北地方整備局の動き	全国ほかの動き
4月16日		
		福島第一原発「警戒区域」を解除(避難指示解除準備区域、居住制限区域、帰還困難区域に見直し)(南相馬市)
4月21日		
	「復興道路」全区間の中心杭設置式完了(全18区間)	
4月24日		
	三陸沿岸道路等用地連絡調整会議設立(国交省、岩手県、被災12市町村)	
5月18日		
		復興推進会議(第2回)
5月26日～27日		
		東北六魂祭(盛岡市内)
6月4日		
		前田国交大臣から羽田国交大臣へ
7月13日		
		福島復興再生基本方針　閣議決定
7月14日		
	大船渡港　湾口防波堤災害復旧事業着工式	
7月17日		
		福島第一原発「計画的避難区域」を見直し(避難指示解除準備区域、居住制限区域、帰還困難区域)(飯舘村)
7月20日		
	海岸堤防復旧に震災がれきを本格活用へ	
8月5日		
	防災集団移転促進事業岩沼市玉浦西地区起工式	
8月10日		
		福島第一原発「警戒区域」を解除(避難指示解除準備区域に見直し)(楢葉町)
9月		
		避難者数約33万人(※最大47万人)
9月4日		
		「原子力発電所の事故による避難地域の原子力被災者・自治体に対する国の取組方針」(グランドデザイン)公表
9月28日		
		「復興推進委員会平成24年度中間報告」公表
10月19日		
		復興推進会議(第3回)
11月3日		
	三陸沿岸道路(歌津～本吉)、「即年着工」起工式(以後11月18日(宮古～田老)にて「即年着工」起工式)震災後事業化区間として初の着工	
11月4日		
	東北横断自動車道釜石秋田線釜石花巻道路(釜石～釜石西)「即年着工」起工式	
11月9日		
		原子力災害復興推進チーム(第1回)
11月14日		
	河川整備基本方針策定(北上川、鳴瀬川、名取川、阿武隈川)	
11月20日		
	河川整備計画策定(北上川、鳴瀬川、名取川、阿武隈川)	
11月22日		
		「東日本大震災からの復興の状況に関する報告」取りまとめ、国会報告
11月25日		
	東北横断自動車道釜石秋田線(宮守～東和間)開通式、復興支援道路として初の開通	

	東北地方整備局の動き	全国ほかの動き
11月27日		
		復興推進会議(第4回)
12月1日		
	仙台東部道路仙台港IC完成式	
12月7日		
		余震、M7.3
12月10日		
		福島第一原発「警戒区域」を解除(避難指示解除準備区域、居住制限区域、帰還困難区域に見直し)(大熊町)
12月16日		
		第46回衆議院議員選挙(投票日)
12月22日		
		JR気仙沼線(柳津～気仙沼間)でBRT運行開始
12月26日		
		安倍内閣発足太田国交大臣へ
2013年		
1月6日		
		NHK 大河ドラマ「八重の桜」が放送開始
1月10日		
		復興推進会議(第5回)
1月19日		
	阿武隈川河口部堤防復旧事業着工式	
1月25日		
		平成24年度補正予算案　閣議決定 「除染・復興加速のためのタスクフォース」設置
1月27日		
	旧北上川堤防護岸復旧事業着工式	
1月29日		
	岩沼海浜緑地復旧・復興工事着工式	復興推進会議(第6回) 平成25年度予算案　閣議決定
2月1日		
		福島復興再生総局　発足
2月9日		
	相馬福島道路 相馬西道路起工式	
2月22日		
	陸前高田市 防災集団移転促進事業着工式	
2月26日		
	南三陸町 防災集団移転促進事業着工式	
3月2日		
		JR大船渡線(気仙沼～盛間)でBRT運行開始
3月3日		
	復興加速化会議開催(仙台市)	
3月7日		
		復興推進会議(第7回)
3月10日		
	宮古盛岡横断道路 簗川道路開通式	
3月11日		
		東日本大震災2周年追悼式開催
3月16日		
		JR石巻線(渡波～浦宿間)、JR常磐線(亘理～浜吉田間)運行再開
3月23日		
	仙台湾南部海岸(空港区間)堤防完成式	
3月24日		
	上北自動車道　上北道路開通式	
3月25日		
	生コン用骨材に河川・ダム湖の堆積川砂を本格活用へ	
3月27日		
	三陸沿岸道路 田老～岩泉　起工式	

5．平成２８年熊本地震時の国土交通本省・九州地方整備局の対応例

日 時	本省・九州地方整備局の動き	九州地方整備局道路部の動き
平成28年4月14日		
21:26	【前震】マグニチュード:6.5 最大震度:7　震央地名:熊本地方	
	・「本省」「九州地方整備局」他　非常体制発令 ・リエゾン6名派遣準備　(熊本県・市・益城町)	・災害対策室に道路室を立ち上げ:非常体制
21:40		・熊本管内異常時巡回開始 (直轄管内全面通行止め箇所無し) ・23時50分に巡回終了
22:07	【余震】マグニチュード:5.8 最大震度:6弱　震央地名:熊本地方	
22:36	・リエゾン派遣2名活動開始(熊本県庁)	
22:38	【余震】マグニチュード:5.0 最大震度:5弱　震央地名:熊本地方	
23:00	・第1回非常災害対策本部会議開催 ・リエゾン派遣2名活動開始(益城町役場)	
23:30	・地震概要発表(気象庁発表)第1報	
23:43	【余震】マグニチュード:5.1 最大震度:5弱　震央地名:熊本地方	
平成28年4月15日		
0:03	【余震】マグニチュード:6.4 最大震度:6強　震央地方:熊本地方	
0:06	【余震】マグニチュード:5.0 最大震度:5強　震央地方:熊本地方	
0:30	・リエゾン計13名活動開始 (熊本県庁・熊本市役所・益城町・グランメッセ対策本部・御船町役場・嘉島町役場)	
1:00	・第2回非常災害対策本部会議開催	
1:53	【余震】マグニチュード:4.8 最大震度:5弱　震央地方:熊本地方	
3:30	・地震概要発表(気象庁発表)第2報 ・速報値M6.4→M6.5に更新 ・リエゾン計17名活動開始	
6:05	・防災ヘリ上空調査開始:はるかぜ号九州地整	
8:41	・防災ヘリ上空調査開始:愛らんど号四国地整	
10:00	・内閣府災害対策室設置	
10:30	・地震名命名　発表(気象庁発表)第4報	
11:00	・TEC-FORCE30名到着 中国地整・四国地整・近畿地整応援含む	
14:00	・TEC-FORCE40名体制:中国地整6名・四国地整8名・近畿地整7名応援	
17:00	・第3回非常災害対策本部会議開催	
18:00		・第1回九州縦貫道通行止めに関する連絡会
19:00	・TEC-FORCE 68名体制(未到着21名含む)	
平成28年4月16日		
1:25	【本震】マグニチュード:7.3 最大震度:7　震央地点:熊本地方	
	・大分河川国道事務所(震度6弱)が非常体制 福岡、北九州、佐賀、長崎、佐伯、延岡の6事務所が警戒体制	・国道57号81k100南阿蘇村　(土砂崩落等) 全面行止め開始 ※全面通行止めは現在も継続中
1:44	【余震】マグニチュード:5.4 最大震度:5弱　震央地点:熊本地方	
1:45	【余震】マグニチュード:5.9 最大震度:6弱　震央地点:熊本地方	
2:07		・国道3号184k360松崎跨線橋　(20cm段差) 全面通行止め開始

日 時	本省・九州地方整備局の動き	九州地方整備局道路部の動き
2:27		・国道57号83k700立野跨線橋 (50cm段差) 全面通行止め開始
2:51		・国道57号111k360江津齋藤橋 (7cm段差) 全面通行止め開始
3:03	【余震】マグニチュード:5.9 最大震度:5強 震央地点:阿蘇地方	
3:09	【余震】マグニチュード:4.2 最大震度:5弱 震央地点:阿蘇地方	
3:30	・地震概要発表(気象庁発表)第7報 ・速報値M7.1→M7.3に更新	
3:31		・道路情報管理官より熊本以外の 各事務所長へ道路啓開班の派遣依頼
		・国道3号184k100坪井川橋 (15cm段差) 全面通行止め開始
3:55	【余震】マグニチュード:5.8 最大震度:6強 震央地点:阿蘇地方	
5:00		・道路啓開の開始(適宜、応急復旧を実施)
6:00		・特殊車両の迂回路:県道339号・ 主要地方道23号
6:40		・国道57号125k300宇土跨線橋 (30cm段差) 全面通行止め開始
7:00	・第4回非常災害対策本部会議開催	
7:11	【余震】マグニチュード:5.4 最大震度:5弱 震央地点:大分県中部	
7:23	【余震】マグニチュード:4.8 最大震度:5弱 震央地点:熊本地方	
8:40		・国道3号184k100坪井川橋 (15cm段差) 全面通行止め解除
9:17		・道路啓開調査をもとにした「通行可能道路 マップ」(後の九州通れるマップ)を作成し 本省へ送付(当初は手書き)
9:48	【余震】マグニチュード:5.4 最大震度:6弱 震央地点:熊本地方	
9:50	【余震】マグニチュード:4.5 最大震度:5弱 震央地点:熊本地方	
14:00	・第5回非常災害対策本部会議開催	
16:00		・国道57号83k700立野跨線橋 (50cm段差) 全面通行止め解除
16:02	【余震】マグニチュード:5.4 最大震度:5弱 震央地点:熊本地方	
17:00		・手書きだった「通行可能道路マップ」(後の 九州通れるマップ)をパワーポイントで作成
20:00		・国道57号125k300宇土跨線橋 (30cm段差) 全面通行止め解除
21:00		・国道3号184k360松崎跨線橋 (20cm段差) 全面通行止め解除
21:05		・国道210号60k280日田市天瀬町 (落石のおそれ)全面通行止め開始 51k280～64k640
22:10		・国道57号111k360江津齋藤橋 (7cm段差) 全面通行止め解除
―	・地震の詳細把握のため、マルチコプター投入調査(白川・黒川合流地点付近) ・土研・国総研による国道3号, 国道57号等被災箇所調査着手	【阿蘇大橋地区】 ◇調査・計測関係 4月16日 現地調査(熊本大学 北園教授) ドローンにて上空より調査 18日～19日 土研・国総研現地調査 21日 専門家(土木研究所)に相談し 山頂部及び腹部に設置する伸縮計、 傾斜計の位置検討。 作業開始・中止のための管理基準検 討完了 22日 午前 ドローンによるレーザー計測 21日～28日 計測装置設置

日 時	本省・九州地方整備局の動き	九州地方整備局道路部の動き
平成28年4月17日		
10:00	・第6回非常災害対策本部会議を開催	・通行可能道路マップ(後の九州通れるマップ)を各事務所(道路啓開班)へ情報提供
13:30		・防災課を通じて通行可能道路マップ (後の九州通れるマップ)を九州防災連絡会 へ情報提供
16:39	・防災ヘリ:はるかぜ号、愛らんど号、ほくりく号の3機体制の開始	
18:20	・TEC-FORCE派遣強化:17日出発式 (九地整66名＋全国各地整105名応援)	
22:30		・南阿蘇東海大阿蘇キャンパスアクセス道 応急対策実施(TEC-FORCE隊)、車両 進入可能に
平成28年4月18日		
10:00	・第7回非常災害対策本部会議開催	
―		・国道57号の応急復旧に向けた作業の着手(阿蘇大橋地区斜面崩壊)
20:41	【余震】マグニチュード:5.8 最大震度:5強　震央地点:阿蘇地方	
―	・局、事務所職員を熊本河川国道事務所へ派遣開始 ・4/18～5/8　第1陣(局2～5名・事務所3名) ・5/9～6/6　第2陣(局4名・事務所6名) ・6/7～　〃　(局2名・事務所6名)	【自治体支援(広域迂回ルート確保)】 ミルクロードの啓開(小型車通行可) ＜調査・計測関係＞ ・18日～19日　土研・国総研現地調査
平成28年4月19日		
9:30	・TEC-FORCE土砂災害現地調査チームによる危険個所調査開始	
17:40	・第8回非常災害対策本部会議開催	
17:52	【余震】マグニチュード:5.5 最大震度:5強　震央地点:熊本地方	
20:47	【余震】マグニチュード:5.0 最大震度:5弱　震央地点:熊本地方	
平成28年4月20日		
12:00		・国道443号(益城町寺迫地区) 大規模陥没復旧完了 九州道から益城町中心部等へ支援物資の 円滑な輸送や渋滞緩和に寄与
16:15	・第9回非常災害対策本部会議開催	
平成28年4月21日		
8:00	・沖縄TEC-FORCE到着 (これにより全国TEC-FORCE集結)	
12:30	・「土砂災害現地調査チーム」調査報告 立野地区、山王谷地区(19日調査分)	
15:45	・第10回非常災害対策本部会議開催	
―		・第2回九州縦貫道通行止めに関する連絡会
平成28年4月22日		
10:00		・グリーンロード南阿蘇(25km)大型車両の利用が可能(熊本市内から南阿蘇方面への東西軸が回復)
11:00	・土砂災害現地調査チームによる 降雨後状況調査結果報告	
16:45	・第11回非常災害対策本部会議開催	
17:00	・土木学会調査班による現地調査	
19:00	・土砂災害対策アドバイザー班設置 (九地整災害対策本部内)	
―		・第3回九州縦貫道通行止めに関する連絡会
平成28年4月23日		
9:30	・自治体へ個別技術的助言実施 熊本市:造成地亀裂関連(21日) 甲佐町:急傾斜亀裂関連(22日)	
13:00		・植木IC～益城熊本空港IC 高速バス通行可(九州自動車道)
―	・安部内閣総理大臣:現地視察	

日 時	本省・九州地方整備局の動き	九州地方整備局道路部の動き
平成28年4月24日		
10:15	・第12回非常災害対策本部会議開催	
17:00	・土砂災害対策アドバイザー班活動開始 (5班15名体制)	
平成28年4月25日		
7:00		・八女市北矢部地区:国道442号　走行可能
16:50	・第13回非常災害対策本部会議開催	
—		・第4回九州縦貫道通行止めに関する連絡会
平成28年4月26日		
7:00	・激甚災害の指定(計12の措置適用)	
14:40	・第14回非常災害対策本部会議開催	
—		・第5回九州縦貫道通行止めに関する連絡会
平成28年4月27日		
10:00	・社会資本整備審議会道路分科会 第23回国土幹線道路部会開催	
12:20	・第15回非常災害対策本部会議	
平成28年4月28日		
18:40	・第16回非常災害対策本部会議開催	
19:00	・土砂災害現地調査チームによる報告 (13市町村　8:30～13:00) ・TEC-FORCE緊急調査・点検成果報告 (熊本県知事　15:30～)	
—		・第6回九州縦貫道通行止めに関する連絡会
平成28年4月29日		
7:00		・九州横断自動車道とのリダンダンシー復旧 ・国道210号51k280～64k640日田市天瀬町～玖珠郡玖珠町（落石のおそれ） 全面通行止め解除
9:00	・九州自動車道全線一般開放 九州を南北に連絡する大動脈が回復	
15:09	【余震】マグニチュード:4.5 最大震度:5強　震央地点:大分県中部	
—	・石井国土交通大臣:現地視察①～4月30日	
平成28年4月30日		
11:40	・第17回非常災害対策本部会議開催	
18:00	・(新規)緊急的砂防事業 阿蘇大橋地区-土留壁工、斜面対策	
平成28年5月1日		
—		【自治体支援(広域迂回ルート確保)】 グリーンロードの啓開(片側交互通行解除)
平成28年5月2日		
15:45		
平成28年5月4日		
12:00	・新たな斜面崩落確認(阿蘇大橋西側) ・5月2日～3日 TEC-FORCE担当チーム現地調査実施	
22:00	・阿蘇大橋西側斜面崩壊詳細発表 (崩壊ケ所、規模、現地体制)	
—	・第2回熊本地震により被災した公共土木施設に対する災害緊急調査を実施～5月5日	
平成28年5月5日		
9:00	・阿蘇大橋地区土砂災害:緊急対策工事着手	
平成28年5月9日		
10:40	・湯布院IC～日出JCT(17km):一般開放	
13:30		・第1回阿蘇大橋地区復旧会議開催 (阿蘇大橋地区の被災状況について)
15:25	・第19回非常災害対策本部会議開催	

日 時	本省・九州地方整備局の動き	九州地方整備局道路部の動き
平成28年4月24日		
10:15	・第12回非常災害対策本部会議開催	
17:00	・土砂災害対策アドバイザー班活動開始 (5班15名体制)	
平成28年4月25日		
7:00		・八女市北矢部地区:国道442号 走行可能
16:50	・第13回非常災害対策本部会議開催	
―		・第4回九州縦貫道通行止めに関する連絡会
平成28年4月26日		
7:00	・激甚災害の指定(計12の措置適用)	
14:40	・第14回非常災害対策本部会議開催	
―		・第5回九州縦貫道通行止めに関する連絡会
平成28年4月27日		
10:00	・社会資本整備審議会道路分科会 第23回国土幹線道路部会開催	
12:20	・第15回非常災害対策本部会議	
平成28年4月28日		
18:40	・第16回非常災害対策本部会議開催	
19:00	・土砂災害現地調査チームによる報告 (13市町村 8:30～13:00) ・TEC-FORCE緊急調査・点検成果報告 (熊本県知事 15:30～)	
―		・第6回九州縦貫道通行止めに関する連絡会
平成28年4月29日		
7:00		・九州横断自動車道とのリダンダンシー復旧 ・国道210号51k280～64k640日田市天瀬町～玖珠郡玖珠町 (落石のおそれ) 全面通行止め解除
9:00	・九州自動車道全線一般開放 九州を南北に連絡する大動脈が回復	
15:09	【余震】マグニチュード:4.5 最大震度:5強 震央地点:大分県中部	
―	・石井国土交通大臣:現地視察①～4月30日	
平成28年4月30日		
11:40	・第17回非常災害対策本部会議開催	
18:00	・(新規)緊急的砂防事業 阿蘇大橋地区-土留壁工、斜面対策	
平成28年5月1日		
―		【自治体支援(広域迂回ルート確保)】 グリーンロードの啓開(片側交互通行解除)
平成28年5月2日		
15:45		
平成28年5月4日		
12:00	・新たな斜面崩落確認(阿蘇大橋西側) ・5月2日～3日 TEC-FORCE担当チーム現地調査実施	
22:00	・阿蘇大橋西側斜面崩壊詳細発表 (崩壊ケ所、規模、現地体制)	
―	・第2回熊本地震により被災した公共土木施設に対する災害緊急調査を実施～5月5日	
平成28年5月5日		
9:00	・阿蘇大橋地区土砂災害:緊急対策工事着手	
平成28年5月9日		
10:40	・湯布院IC～日出JCT(17km):一般開放	
13:30		・第1回阿蘇大橋地区復旧会議開催 (阿蘇大橋地区の被災状況について)
15:25	・第19回非常災害対策本部会議開催	

	東北地方整備局の動き	全国ほかの動き
4月16日		
		福島第一原発「警戒区域」を解除(避難指示解除準備区域、居住制限区域、帰還困難区域に見直し)(南相馬市)
4月21日		
	「復興道路」全区間の中心杭設置式完了(全18区間)	
4月24日		
	三陸沿岸道路等用地連絡調整会議設立(国交省、岩手県、被災12市町村)	
5月18日		
		復興推進会議(第2回)
5月26日～27日		
		東北六魂祭(盛岡市内)
6月4日		
		前田国交大臣から羽田国交大臣へ
7月13日		
		福島復興再生基本方針　閣議決定
7月14日		
	大船渡港　湾口防波堤災害復旧事業着工式	
7月17日		
		福島第一原発「計画的避難区域」を見直し(避難指示解除準備区域、居住制限区域、帰還困難区域)(飯舘村)
7月20日		
	海岸堤防復旧に震災がれきを本格活用へ	
8月5日		
	防災集団移転促進事業岩沼市玉浦西地区起工式	
8月10日		
		福島第一原発「警戒区域」を解除(避難指示解除準備区域に見直し)(楢葉町)
9月		
		避難者数約33万人(※最大47万人)
9月4日		
		「原子力発電所の事故による避難地域の原子力被災者・自治体に対する国の取組方針」(グランドデザイン)公表
9月28日		
		「復興推進委員会平成24年度中間報告」公表
10月19日		
		復興推進会議(第3回)
11月3日		
	三陸沿岸道路(歌津～本吉)、「即年着工」起工式(以後11月18日(宮古～田老)にて「即年着工」起工式)震災後事業化区間として初の着工	
11月4日		
	東北横断自動車道釜石秋田線釜石花巻道路(釜石～釜石西)「即年着工」起工式	
11月9日		
		原子力災害復興推進チーム(第1回)
11月14日		
	河川整備基本方針策定(北上川、鳴瀬川、名取川、阿武隈川)	
11月20日		
	河川整備計画策定(北上川、鳴瀬川、名取川、阿武隈川)	
11月22日		
		「東日本大震災からの復興の状況に関する報告」取りまとめ、国会報告
11月25日		
	東北横断自動車道釜石秋田線(宮守～東和間)開通式、復興支援道路として初の開通	

日 時	本省・九州地方整備局の動き	九州地方整備局道路部の動き
平成28年10月17日		
―		・村道栃の木～立野線の長陽大橋ルートの公表（H29夏応急復旧開通予定）
―		・ミルクロードの冬季対策工事着手 （ライブカメラ、照明灯、距離標等設置）
平成28年10月24日		
―		・ミルクロードの渋滞・安全対策工事着手 （二重峠交差点の改良工事に着手）
平成28年11月2日		
―		・国道57号北側復旧ルートの工事着手 （工事用道路等の工事着手）
平成28年11月17日		
―		・ミルクロードの道路照明灯が完成
平成28年12月6日		
15時15分		・第4回阿蘇大橋地区復旧技術検討会 （斜面下部における有人化施工着手等）
平成28年12月12日		
―		・ミルクロードの冬季対策強化 （ライブカメラ映像の公表開始）
平成28年12月14日		
―		・ミルクロードの渋滞対策・安全対策強化 （二重峠交差点の左折レーン完成）
平成28年12月21日		
―		・ミルクロードの冬季対策強化 （待避所の整備完了）
平成28年12月24日		
11時00分		・俵山トンネルルート（県道熊本高森線）の開通
平成29年2月15日		
―		・ミルクロードに非常用電話を設置

各道路啓開計画のタイムライン

1．首都直下地震道路啓開計画（最終更新：平成２８年６月）

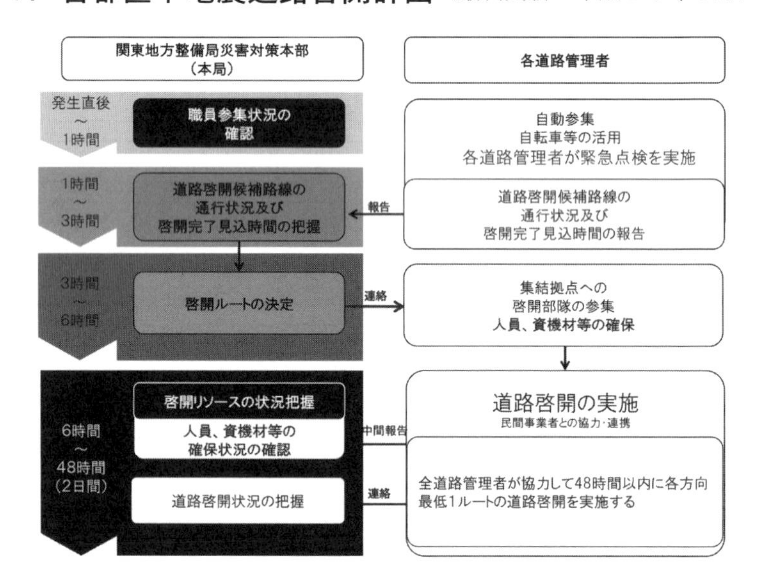

2．中部版　くしの歯作戦（最終改訂：平成３０年５月）

3. 南海トラフ地震に伴う津波浸水に関する和歌山県道路啓開計画（最終改訂：平成２９年８月）

3.1 発災時の行動計画

(1)タイムラインの作成

- 発災後、安否確認を行った後、ただちに参集し、緊急点検の実施・被害情報の収集に着手
- 24時間・48時間・72時間以内で、目標進出ルートの道路啓開を完了

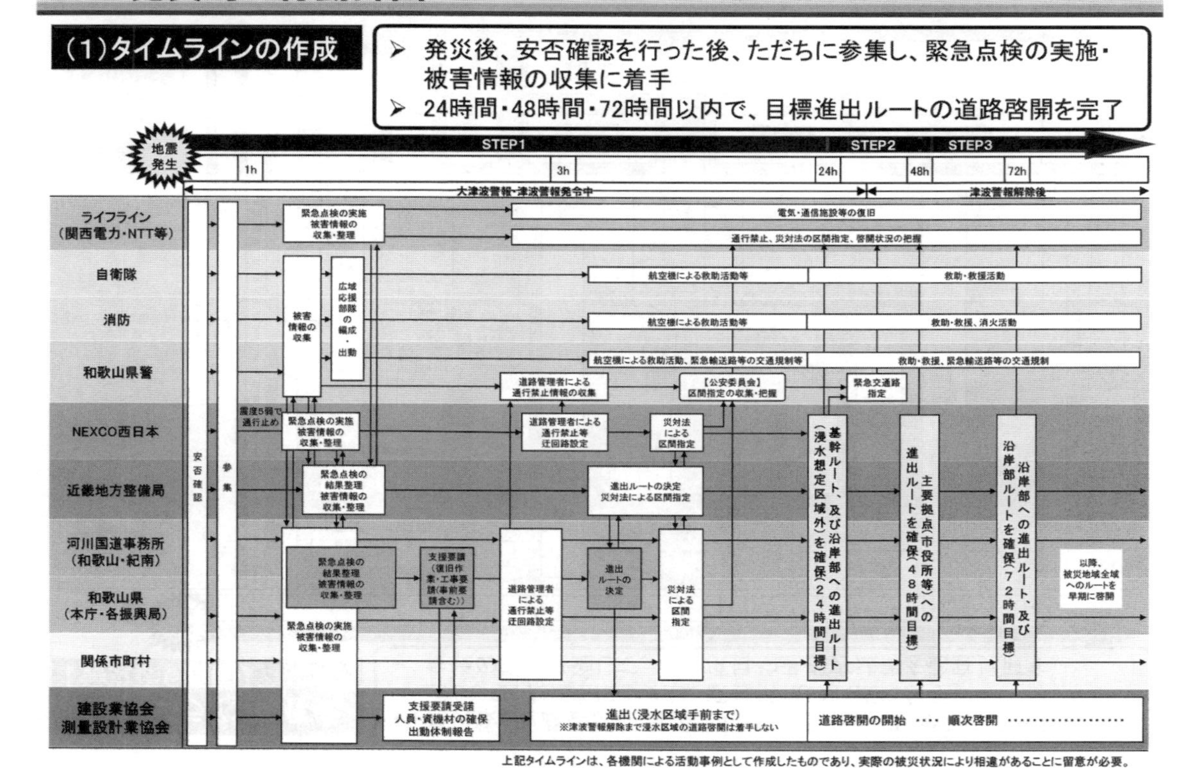

上記タイムラインは、各機関による活動事例として作成したものであり、実際の被災状況により相違があることに留意が必要。

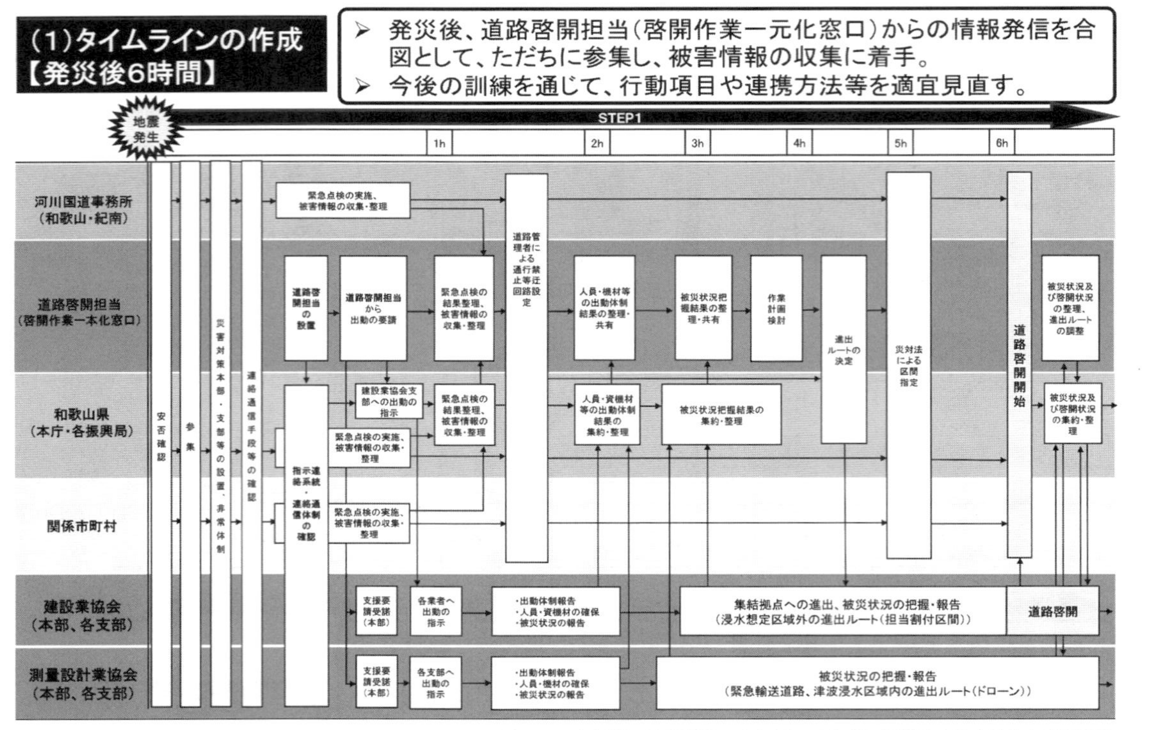

上記タイムラインは、各機関による活動事例として作成したものであり、実際の被災状況により相違があることに留意が必要。

4．四国広域道路啓開計画（最終改訂：平成２９年３月）

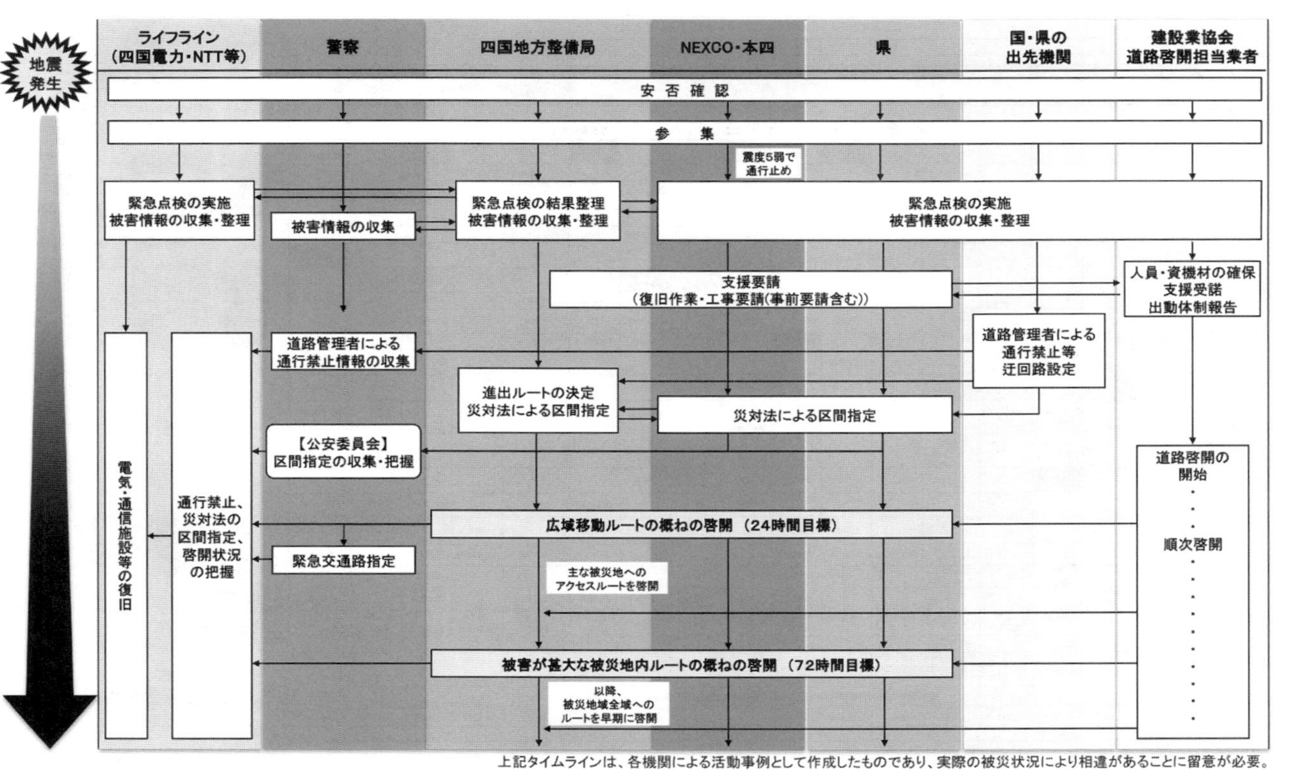

上記タイムラインは、各機関による活動事例として作成したものであり、実際の被災状況により相違があることに留意が必要。

5．九州道路啓開計画（最終改訂：平成２８年３月）

南海トラフ地震における九州における道路啓開タイムライン（イメージ）

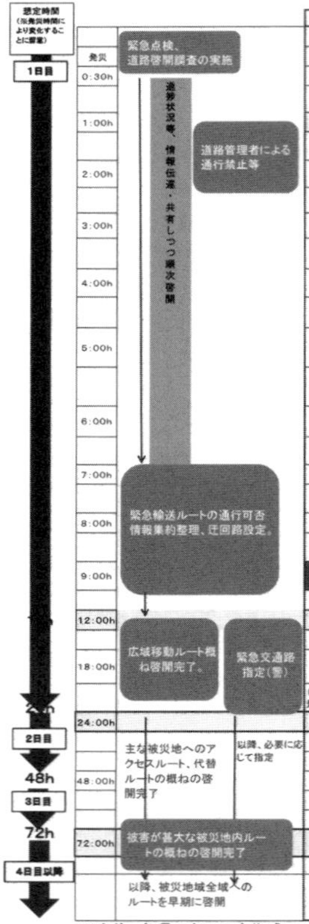

想定時間（※発災時間により変化することに留意）

1日目 → 24h → 2日目 → 48h → 3日目 → 72h → 4日目以降

		西側事務所											東側事務所						
		北九州①	北九州②	福岡①	福岡②	佐賀	長崎	熊本①	熊本②	八代	鹿児島①	鹿児島②	大分	佐伯	延岡	宮崎①	宮崎②	大隅①	大隅②
発災	緊急点検、道路啓開調査の実施	発災後、ただちに事務所参集し道路啓開調査着手。道路啓開担当調査員は幅広に事前指定。																	
0:30h	道路状況等、情報伝達・共有しつつ順次啓開																		
													①各事務所管理区間の啓開調査（「大津波・津波警報発令区間外」）。 ②通行止め（侵入抑制）措置						
1:00h		事務所出発																	
	道路管理者による通行禁止等	東九州道 小倉東IC	九州道 小倉南IC	都市高速（名島）	都市高速（名島）	長崎道 佐賀大和IC	長崎道 長崎芒塚IC	R57	熊本IC	八代IC	九州道 鹿児島IC	九州道 鹿児島IC	R10、R210調査	R10、R57（現道、中九州道）調査	東九州道 延岡IC	R220、宮崎IC	R10	R220、大隅縦貫道	R220（志布志方面）
2:00h		行橋IC		太宰府IC		鳥栖IC	東彼杵IC	大津町	松橋IC	松橋IC	薩摩吉田IC					田野IC	東九州道 宮崎西IC		
		R10		大分道					R218		隼人西IC			弥生スポーツ公園(R10)		（主）日南高岡線		東九州道	
3:00h		豊前IC		甘木IC	福岡前原道路	広川IC	佐賀大和IC				東九州道	えびのJCT	日出町役場	大分県央飛行場(R57)	佐伯IC			末吉財部IC	以降、浸水箇所を確認しつつ、代替ルートを調査
					R202					えびのIC	末吉財部IC	宮崎道					都農IC（R10宮崎方面へ）	折り返し	
4:00h			太宰府IC	天瀬高塚IC	県境	植木IC	久留米IC			折り返し	R10 宮崎県境							曽於弥五郎IC	
								朝地IC		人吉IC	R222	都城IC				日南市役所	以降、浸水箇所を確認しつつ、代替ルートを調査	（主）垂水南之郷線	
5:00h		速見IC		道の駅ゆふいん		八代IC	南関IC	道の駅おおの	宮崎県境	（市）下林北園成寺線、（主）人吉水上線、（市）園成寺鶴線、（市）七地里作線					都農IC	（主）日南志布志線		（主）志布志福山線	
		日出BP、大分空港道路						中九州道	高千穂町			宮崎IC			R10（日向方面へ）	（主）都城串間線			
6:00h		大分空港		大分IC		人吉IC	益城熊本空港IC	犬飼IC	高千穂町総合公園	R219		折り返し			以降、浸水箇所を確認しつつ、代替ルートを調査。	R220		R220	
		日出BP、大分空港道路		大分河川国道				R10				清武JCT				串間市役所		県境	
7:00h	緊急輸送ルートの通行可否情報集約整理、迂回路設定。	速見IC				えびのJCT	松橋IC	佐伯IC	北方延岡道路蔵田交差点		[illegible]					県境		折り返し	
		日出IC		大分米良IC		宮崎道	R218	東九州道経由	（県）延岡インター線	宮崎県境	R220（宮崎方面へ）	高鍋IC						R220号啓開作業着手	
8:00h		R10		臼杵IC		都城IC	美里町												
				東九州道				延岡市北川はゆま	延岡市役所										
9:00h		[illegible]		佐伯IC		宮崎IC	R265												
						宮崎河川国道	R327	R10啓開着手	延岡河川国道	西都IC		（主）石川内高城高鍋線啓開着手							
12:00h	広域移動ルート概ね啓開完了。／緊急交通路指定（警）			北川はゆま			椎葉村												
				門川IC						（主）荒武新富線 啓開着手									
18:00h				R10号啓開着手		（県）388、（県）376号啓開着手	R327号啓開着手												
		（主）●号啓開着手		門川町役場			日向市役所			[illegible]		高鍋町役場							
24:00h		担当する広域移動ルート等の概ねの道路啓開完了（防災拠点へのアクセス確保）。被災地内（国道10号、国道220号）の啓開に向け、代替ルートの啓開作業に随時着手																	
	主な被災地へのアクセスルート、代替ルートの概ねの啓開完了／以降、必要に応じて指定																		
48:00h		代替ルート、被災地内ルートの啓開作業、※大津波警報解除後より着手																	
72:00h	被害が甚大な被災地内ルートの概ねの啓開完了	被災地内ルート（国道10号、国道220号）の概ねの道路啓開完了																	
	以降、被災地域全域へのルートを早期に啓開																		

※今後、各県においても作成

○○市役所　当面の目的地：追加調査について本部より指示

地震対応時の報告様式事例

1. 国土交通省の様式例

○道路災害体制及び災害発生状況　様式例

様式（道路防災）－2

道路災害体制及び災害発生状況

○○地方整備局　道路管理課
平成　年　月　日　時

第　報

1. 支部・本部の体制状況

事象内容：

○　本部（道路班）体制
○　支部　　　　　注意体制－－－
　　　　　　　　　警戒体制－－－
　　　　　　　　　非常体制－－－
　　　　　　　　　計

	注意体制	警戒体制	非常体制	警戒体制	注意体制	体制解除	備　考
	月日　時間	月日　時間	月日　時間	月日　時間	月日　時間	月日　時間	

○地震災害報告　様式例

発　信		所属氏名	
発　信		所属氏名	

様式(道路防災)－６用紙

地震災害報告（第　報）

機関名：

報　告　主　文

現在

詳細について資料を添えて報告する。　　　　　　は今回の新規報告事項である。

1. 路　線　名	
2. 発　表　元	
3. 地震発生時刻	
4. 震　源　地	
5. 津波注意報	
6. 震度４以上	
7. 対応処置等	
8. 気象状況	
9. 交通規制等	
10. マスコミ等	
11. そ　の　他	
12. 参　　　考	

○地震災害報告　様式例

事務所名：

発　信		所属・氏名
受　信		所属・氏名

平成　年　月　日　現在				発生年月日			○○地方整備局		
路線名	府県名	箇　所　名	距離標番　号	被害状況	交　通状　況	復　旧見　込	被　害概算額	気象状況	備　考

標準断面図　（T＝）

○異常時（地震）巡回チェックリスト　様式例

様式：道－1－1

異常時（地震）巡回チェックリスト（全　　葉の内　　）（案）

巡回日：平成　　年　　月　　日

1/50,000路線図で約10kmごとに1枚作成する

管理担当事務所名						
管理担当出張所名						
巡回担当区域	区					
巡回区分	往　路			復　路		
実施日時	自	時	分	自	時	分
	至	時	分	至	時	分
巡回実施者名	1.			1.		
	2.			2.		
	3.			3.		
受信完了時刻等	受信	時	分	受信	時	分
	受信者			受信者		
備　考						

区分			巡回・点検施設等		巡回・点検チェックポイント
往路			道路通行の確保状況		V：異常なし　△：通行注意要す　×：通行不可
復路	道路構造物本体	道路	平坦道路		1. 大きな路面陥没　2. 亀裂　3. 路上障害物
			低盛土～高盛土		1. 大きな路面陥没　2. 路体沈下　3. 崩壊
			斜面		1. 大規模斜面崩壊　2. 大きな落石
			切土のり面		3. 大きな道路決壊　4. 擁壁の倒壊
		橋梁	全体		1. 落橋
			橋面		高欄・地覆の　1. ずれ　2. 折れ角　3. 蛇行
					縦断線形の　1. 折れ角
					伸縮部の　1. ひらき　2. 盛り上り　3. 段差
			橋梁側面	上部工	不連続な　1. たわみ　2. 桁の落ち込み
				下部工	1. 沈下　2. 傾斜　3. 大きなひびわれ
					4. コンクリートの剥離・かけ落ち
		トンネル			1. 坑口周辺の大崩壊　2. 覆工の大規模な崩落
		洞門・ｽﾉｰｼｪｯﾄﾞ			屋根・受台の　1. 破損　2. 傾斜　3. ひびわれ
		横断歩道橋			1. 落橋　2. 橋脚の大破損
		カルバート			1. 大きな路面陥没
		地下横断歩道			
		キャブ・電線共同溝			1. 路面上への突出　2. 本体の大破損
	道路構造物以外		沿道施設		1. 道路上に建築物等の大きな倒壊があるか
					2. 道路施設の被害が重大な影響を与えていないか
			占用施設		1. 道路機能に大きな影響を与えていないか
			その他		1. 大規模な浸水　2. 津波有
					3. 大規模な火災有　4. 車両の滞留有

※　空欄には点検チェックポイント欄の該当する項目の番号を記入する。異常の無い場合はV印のチェックを記入する。

○異常時（地震）巡回チェックリスト　様式例

異常時（地震）の巡回チェックリスト　総括表

（　　月　　日　　：　現在）

事務所

出張所	工　区	号線	区　　間	延　長	開始時刻	往路点検 異常の有無 被災状況	往路点検 完了時刻	復路点検 異常の有無 被災状況	復路点検 完了時刻
記載例）									
○○維持	○工区	○号	0.0 kp ～ 10.0 kp	10.0 km	9：20	異常なし	10：19	異常なし	11：50
	△工区	○号	10.0 kp ～ 20.5 kp	10.5 km	9：23	○○kp路面陥没	10：22	その他の箇所異常なし	11：55
	◇工区	△号	100.5 kp ～ 110.0 kp	9.5 km	9：19	異常なし	10：10	異常なし	11：40
			kp ～ kp	km	：		：		：
			kp ～ kp	km	：		：		：
			kp ～ kp	km	：		：		：
			kp ～ kp	km	：		：		：
			kp ～ kp	km	：		：		：
			kp ～ kp	km	：		：		：
			kp ～ kp	km	：		：		：
			kp ～ kp	km	：		：		：
			kp ～ kp	km	：		：		：
			kp ～ kp	km	：		：		：
			kp ～ kp	km	：		：		：
			kp ～ kp	km	：		：		：
			kp ～ kp	km	：		：		：
			kp ～ kp	km	：		：		：

※　年度毎に更新（年度当初に道路管理課へ報告する）
- 工区割は、維持管理業務によるものとする。
- 年度途中において、BPの供用等工区割に変更が生じた場合は、速やかに道路管理課へ報告する。

○道路構造物損傷の報告　様式例

第　1　報

【報告日:○年○月○日】

ふりがな　ふりがな

国道○号　○○○kp　道路構造物名【所在地】
報告事項(○○について)

確認日時：平成○年○月○日（○）　AM○○
概　　要：報告概要を記述する。
誰が、何をしているとき、何を確認したかを簡潔に。

位置図 （インターネット等の地図で可）	全景写真

報告する損傷写真を掲載 損傷状況が把握できる写真(携帯写真可　2～4枚) 簡単な状況説明等のコメントを加える

○道路構造物損傷の報告　様式例

第２報以降　【報告日：○年○月○日】

側面図、平面図、断面図

報告する損傷写真を掲載

損傷状況が把握できる全体写真
（1枚）、近傍写真（2～3枚）
状況説明、撮影方向等のコメント
を加える

補足情報の記述
①構造物諸元等
（橋梁例：　橋長、幅員、橋梁形式、架設竣工年、24時間交通量及び大型車混入率、　適用示方書等）

②点検・補修履歴（年月、内容）

③今後の予定

④その他

○国土交通省が地方公共団体から要請を受け緊急調査した際の様式例

市町村名:○○市（第　班）

市道の災害状況の緊急調査（箇所別調査票）

路線名　:

被害延長:

地先名　:

写真番号:　　　～

箇所番号:

調査日時:

被害内訳

工　種	種　別	形式等	単位	被害数量	単価(千円)	金額(千円)	備　考
土　工	盛土		m^3				
	切土		m^3				
	法面		m^2				
構造物							
（橋梁）			m^2				
（BOX）			m				
（側溝）			m				
（擁壁）			m				
など							
舗　装			m^2				
付属物							
（標識）			m				
（防護柵）			m				
など							
その他							
バイパス	1車又は2車	盛土又は切土 H≒　m					
合　計(直接工事費)							

メ モ

○国土交通省が地方公共団体から要請を受け緊急調査した際の様式例

市町村名：　　市（第　班）

市道の災害状況の緊急調査（箇所別調査票）

路線名　：	被害延長：
地先名　：	写真番号：
箇所番号：	調査日時：

被害状況、現地スケッチ等
・被害状況【　　　　　　　　　　　】（例）道路陥没、土砂崩れ、道路決壊等 ・現場状況スケッチ
メ　モ

2. 地方公共団体の様式例

○道路交通規制状況　様式例

道路交通規制状況　（　　　による通行規制　　　）　（第　1　報）

（規制原因）

☒は、通行規制の解除を示します。

○月○日○○時○○分 現在

○○土木事務所

番号	事務所	前回との変更箇所	道路種別	路線名	箇所名	交通規制の原因	交通規制状況				迂回路		備考
						理由等	種別	規制日時	解除予定日時	解除日時	有無	路線名	
1													
2													
3													
4													
5													
6													
7													
8													
9													
10													
11													
12													
13													
14													
15													
16													
17													
18													
19													
20													

道路種別	規制箇所数	うち規制中
一般国道（指定区間外）	○個所（全面○個所）	○個所（全面○個所）
主要地方道	○個所（全面○個所）	○個所（全面○個所）
一般県道	○個所（全面○個所）	○個所（全面○個所）
合計	○個所（全面○個所）	○個所（全面○個所）

道路交通規制状況ＦＡＸ送信先

1、道路交通情報センター（○○センター）
2、道路交通情報センター（整備局駐在）
3、道路交通情報センター（高速○○ｾﾝﾀｰ）
4、交通管制センター（県警）
5、交通規制課（県警）
6、○○市
7、○○地方整備局（道路管理課）
8、○○河川国道事務所
9、県危機対策課
10、○○地方整備局（地域道路課）
11、○○県道路公社

○被災状況報告　様式例

県関係分

被災状況報告（第　　報）（　月　日　時）

事務所名：　　　　　事務所　　　報告者　　　　班

工種	河川 路線　名等	被災箇所		状況	工　法	延長	法長	面積	概算工事費 （千円）	応急復旧	内未成 内転属	交通規制 の状況	摘　　要
		市町村名	字名										

○道路交通規制調査　様式例

様式1

〇〇〇第　　号
平成　年　月　日

道路管理課長　　様

〇〇地域整備部長
〇〇地区振興事務所長

通　行　規　制　調　査　表

下記のとおり交通規制の必要を生じましたので報告(通知)します。

記

路線番号 路線名等	通行条件 規制期間	工事箇所、延長、幅員 工事内容	交通量(台／12h) 路線バスの有無	迂回路 路線名、所要時間
路線番号、路線名	① 全面通行止 ② 大型車通行止 ③ 片側交互通行 (誘導員による)	工事箇所、規制延長、幅員		
工事名	平成　年　月　日 (午前　時　分) から 平成　年　月　日 (午前　時　分) まで 終日・毎日 但し、	規制に係る工事内容(具体的に)	事前通行規制区間の有無	
工事期間 平成　年　月　日 から 平成　年　月　日 まで (工期　日)			備考	
発注者連絡先				
施工業者連絡先				

位置図

記入要領
1 通行規制箇所を赤色の×印で記入する。
2 標識等設置箇所を◎で記入する。
3 迂回路がある場合は緑色で記入する。
4 縮尺は5万分の1とし、必要があれば拡大図も添付する。

○災害報告　様式例

発信者	受信者	確認時間
		：

様式２

機関名：

災害報告（第１報）

１．路線名：

２．発生場所：

３．発生日時：　平成　　年　　月　　日（　）　　　　時　　分頃

４．災害（事故）概要：

５．対応措置等：

６．気象状況：天候、警報・注意報、降雨降雪状況、路面状況等

７．通行規制・迂回路：

８．マスコミ等：

９．その他：事前規制の有無、交通量、バス路線、孤立集落の有無等

（添付資料）
※ＦＡＸ：位置図、平面図、横断図、迂回経路図、新聞記事等
　メール：被災状況写真（電子データ）、応急的な処理完了後の写真（電子データ）
　添付資料は随時、送信すること。

○通行規制の解除　様式例

様式3

○○○第　　　号
平成　年　月　日

様

○○地域整備部長
○○地区振興事務所長

通行規制の解除について（通知）

平成○○年○○月○○日付け○○第○○号で通知したことについて、下記により通行規制を解除します。

記

路線名	規制箇所	解除日時	通行条件	備考

参考文献

1） 「災害対策基本法」, 2018 年 6 月 27 日改正

2） 「道路交通法」, 2017 年 6 月 2 日改正

3） 一般社団法人建設電気技術協会：「平成 28 年熊本地震被害調査団電気通信施設被害調査報告（詳報版）」, http://www.kendenkyo.or.jp/topic.html#2

4） 神田忠司・稲澤太志・松本幸司：「大規模災害時の災害対策検討支援ツールキットの作成」, 第 31 回日本道路会議, 2015.10
https://www.data.jma.go.jp/svd/eqev/data/nteq/forecastability.html

5） 気象庁:「南海トラフ地震の予測可能性の現状と「南海トラフ地震に関連する情報」の運用開始に至る経緯」,
https://www.data.jma.go.jp/svd/eqev/data/nteq/forecastability.html

6） 気象庁：「南海トラフ地震に関連する情報の種類と発表条件」,
https://www.data.jma.go.jp/svd/eqev/data/nteq/info _ criterion.html

7） 気象庁：「気象庁震度階級関連解説表」,
https://www.jma.go.jp/jma/kishou/know/shindo/kaisetsu.html

8） 気象庁：「2010 年 2 月 27 日 15 時 34 分頃にチリ中部沿岸で発生した地震について（第 5 報）」, 2010 年 3 月 1 日 10 時 00 分記者発表

9） 気象庁：「緊急速報メールの配信について」,
http://www.jma.go.jp/jma/kishou/know/tokubetsu-keiho/kinsoku.html

10） 気象庁：「緊急地震速報（警報）及び（予報）について」,
https://www.data.jma.go.jp/svd/eew/data/nc/shikumi/shousai.html

11） 気象庁：「平成 28 年（2016 年）熊本地震調査報告」, 気象庁技術報告, 第 135 号, 2018 年 9 月

12） 九州道路啓開等協議会：「九州道路啓開計画（初版）」, 2016 年 3 月

13） 経済産業省：「石油の緊急時供給体制に係る課題への対応について」, 総合資源エネルギー調査会資源・燃料分科会（第 6 回）・石油・天然ガス小委員会（第 4 回）合同会合, 資料 3-1, 2014 年 5 月 19 日

14） 国土交通省：「道路啓開計画」,
http://www.mlit.go.jp/road/bosai/measures/index4.html

15） 国土交通省：「統合災害情報システム（DiMAPS）」,
http://www.mlit.go.jp/saigai/dimaps/index.html

16） 国土交通省：「災害時における衛星画像等の活用強化～災害時の情報提供協力に関する JAXA との協定締結について～」, 2017 年 5 月 18 日記者発表

17） 国土交通省：「災害時における衛星画像等の活用を促進～災害時の衛星画像活用のためのガイドブックを作成～」, 2018 年 3 月 27 日記者発表

18） 国土交通省九州地方整備局：「平成 28 年熊本地震災害に関する情報」,

http://www.qsr.mlit.go.jp/bousai_joho/tecforce/
19) 国土交通省九州地方整備局：「九州通れるマップ」，
http://www.qsr.mlit.go.jp/bousai_joho/tecforce/access.html
20) 国土交通省国土技術政策総合研究所：「公共土木施設の地震・津波被害想定マニュアル（案）」，国土技術政策総合研究所資料，No.485，2008年7月
21) 国土交通省国土技術政策総合研究所：「道路管理者における地震防災訓練実施の手引き（案）」，国土技術政策総合研究所資料，No.581，2010年2月
22) 国土交通省東北地方整備局：「災害初動期指揮心得」，2013年3月
23) 国土交通省道路局：「災害対策基本法に基づく車両移動に関する運用の手引き」，2014年11月
24) 国土交通省水管理・国土保全局：「TEC-FORCE（緊急災害対策派遣隊）について」，
http://www.mlit.go.jp/river/bousai/pch-tec/pdf/TEC-FORCE.pdf
25) 国土地理院：「第9回　UTMグリッド地図　その1」，
http://www.gsi.go.jp/chubu/minichishiki9.html
26) 国土地理院：「第10回　UTMグリッド地図　その2」，
http://www.gsi.go.jp/chubu/minichishiki10.html
27) 国立研究開発法人宇宙航空研究開発機構（JAXA）：「国土交通省との人工衛星等を用いた災害に関する情報提供協力に係る協定締結について」，2017年5月22日記者発表
28) 国立研究開発法人宇宙航空研究開発機構（JAXA）：「国土交通省の大規模津波防災総合訓練で「だいち2号」を利用」，2018年11月5日記者発表
29) 猿渡基樹・前田安信・片岡正次郎：「光ファイバ線路監視を活用した道路被災把握の可能性」，第8回インフラ・ライフライン減災対策シンポジウム講演集，p71-76，2018年1月
30) 資源エネルギー庁石油流通課：「災害時の燃料供給体制の維持のために」，2017年4月
31) 四国道路啓開等協議会：「四国広域道路啓開計画」，2016年3月
32) 首都直下地震道路啓開計画検討協議会：「首都直下地震道路啓開計画（改訂版）」，2016年6月
33) 首藤伸夫：「津波強度と被害」，東北大学災害科学国際研究所災害リスク研究部門津波工学研究室津波工学研究報告，第09号（1992）
34) 地震調査研究推進本部：「統合災害情報システム（DiMAPS）の概要について」，
https://www.jishin.go.jp/resource/column/topic15win_p8/
35) 中央防災会議：「防災基本計画」，2018年6月
36) 中央防災会議：「大規模地震防災・減災対策大綱」，2014年3月
37) 中央防災会議幹事会：「大規模地震・津波災害応急対策対処方針」，2017年12月21日

３８） 中央防災会議防災対策実行会議熊本地震を踏まえた応急対策・生活支援策検討ワーキンググループ：「熊本地震を踏まえた応急対策・生活支援策の在り方について（報告書）」, 2016 年 12 月検討」, 第 6 回インフラ・ライフライン減災対策シンポジウム講演集, p65-68, 2016 年 1 月
３９） 中央防災会議防災対策実行会議南海トラフ沿いの地震観測・評価に基づく防災対応検討ワーキンググループ「南海トラフ沿いの地震観測・評価に基づく防災対応のあり方について（報告）」, 2017 年 9 月
４０） 中部地方幹線道路協議会：「中部版「くしの歯作戦」（平成 30 年 5 月改訂版）」, 2018 年 5 月
４１） 内閣府：「我が国の地震対策の概要」,
http://www.bousai.go.jp/jishin/gaiyou _ top.html
４２） 内閣府：「大規模災害発生時における地方公共団体の業務継続の手引き」, 2016 年 2 月
４３） 内閣府：「地方公共団体のための災害時受援体制に関するガイドライン」, 2017 年 3 月
４４） 中山大介：「ヘリコプター搭載型衛星通信設備（ヘリサット）について」, 建設電気技術研究発表会, 2018.11
４５） 長屋和宏・片岡正次郎・松本幸司：「大規模津波を想定した道路管理に関する検討」, 第 6 回インフラ・ライフライン減災対策シンポジウム講演集, p65-68, 2016 年 1 月
４６） 南海トラフ地震に伴う津波浸水に関する和歌山県道路啓開協議会：「南海トラフ地震に伴う津波浸水に関する和歌山県道路啓開計画」, 2016 年 3 月
４７） 南海トラフ沿いの大規模地震の予測可能性に関する調査部会：「南海トラフ沿いの大規模地震の予測可能性について」, 2017 年 8 月
４８） 吉村和洋:「国土交通省デジタル陸上移動通信システム（K−λ）の整備について」, 建設電気技術研究発表会, 2016.11

執筆者名簿（50音順）

畦　地　拓　也
運　上　茂　樹
片　岡　正次郎
窪　田　智　則
坂　本　智　典
猿　渡　基　樹
外　崎　高　広
中　村　　　泰
松　本　康　弘
横　田　昭　人
石　川　　　昭
河　島　陽　平
日下部　毅　明
酒　井　章　光
笹　原　壮　雄
澤　田　　　守
長　友　浩　信
福　崎　昌　博
山　井　秀　明

道路震災対策便覧（震災危機管理編）

令和元年 8月8日　改訂版第1刷発行

編　集　公益社団法人 日本道路協会
発行所　東京都千代田区霞が関3－3－1

印刷所　睦美マイクロ株式会社
発売所　丸善出版株式会社
東京都千代田区神田神保町2-17

ISBN978-4-88950-609-9 C2051

日本道路協会出版図書案内

	図書名	ページ	本体価格	発行年
	交通工学			
	クロソイドポケットブック（改訂版）	369	3,000円	S49. 8
	自転車道等の設計基準解説	73	1,200	S49.10
	立体横断施設技術基準・同解説	98	1,900	S54. 1
	道路照明施設設置基準・同解説（改訂版）	213	5,000	H19.10
新刊	附属物（標識・照明）点検必携 ～標識・照明施設の点検に関する参考資料～	212	2,000	H29. 7
	視線誘導標設置基準・同解説	74	2,100	S59.10
改訂	道路緑化技術基準・同解説	84	6,000	H28. 3
	道路の交通容量	169	2,700	S59. 9
	道路反射鏡設置指針	74	1,500	S55.12
	視覚障害者誘導用ブロック設置指針・同解説	48	1,000	S60. 9
	駐車場設計・施工指針同解説	289	7,700	H 4.11
改訂	道路構造令の解説と運用	704	8,000	H27. 6
改訂	防護柵の設置基準・同解説（改訂版）	181	3,000	H28.12
	車両用防護柵標準仕様・同解説（改訂版）	153	2,000	H16. 3
	路上自転車・自動二輪車等駐車場設置指針 同解説	59	1,200	H19. 1
新刊	自転車利用環境整備のためのキーポイント	143	2,800	H25. 6
改訂	道路政策の変遷	668	2,000	H30. 3
改訂	地域ニーズに応じた道路構造基準等の取組事例集（増補改訂版）	214	3,000	H29. 3
	橋梁			
改訂	道路橋示方書・同解説（Ⅰ共通編）（平成29年版）	196	2,000円	H29.11
改訂	〃（Ⅱ鋼橋・鋼部材編）（平成29年版）	700	6,000	H29.11
改訂	〃（Ⅲコンクリート橋・コンクリート部材編）（平成29年版）	404	4,000	H29.11
改訂	〃（Ⅳ下部構造編）（平成29年版）	571	5,000	H29.11
改訂	〃（Ⅴ耐震設計編）（平成29年版）	302	3,000	H29.11
新刊	平成29年道路橋示方書に基づく道路橋の設計計算例	532	2,000	H30. 6
改訂	道路橋支承便覧（平成30年版）	596	8,500	H31. 2
	道路橋示方書（Ⅰ共通編・Ⅱ鋼橋編）・同解説（平成24年版）	536	7,900	H24. 3
	〃（Ⅰ共通編・Ⅲコンクリート橋編）・同解説（平成24年版）	364	6,000	H24. 3
	〃（Ⅰ共通編・Ⅳ下部構造編）・同解説（平成24年版）	634	7,800	H24. 3
	〃（Ⅴ耐震設計編）・同解説（平成24年版）	318	5,000	H24. 3
	プレキャストブロック工法によるプレストレスト コンクリートTげた道路橋設計施工指針	81	1,900	H 4.10
	小規模吊橋指針・同解説	161	4,200	S59. 4

日本道路協会出版図書案内

	図書名	ページ	本体価格	発行年
	道路橋耐風設計便覧（平成19年改訂版）	296	7,000円	H20. 1
改訂	鋼道路橋施工便覧	649	7,500	H27. 4
改訂	杭基礎設計便覧（平成26年度改訂版）	536	7,500	H27. 4
	鋼道路橋の細部構造に関する資料集	36	2,400	H 3. 7
	道路橋の耐震設計に関する資料	472	2,000	H 9. 3
	鋼橋の疲労	309	6,000	H 9. 5
	既設道路橋の耐震補強に関する参考資料	199	2,000	H 9. 9
	鋼管矢板基礎設計施工便覧	318	6,000	H 9.12
	道路橋の耐震設計に関する資料 (PCラーメン橋·RCアーチ橋·PC斜張橋等の耐震設計計算例)	440	3,000	H10. 1
	既設道路橋基礎の補強に関する参考資料	248	3,000	H12. 2
	鋼道路橋の疲労設計指針	122	2,600	H14. 3
	鋼道路橋塗装・防食便覧資料集	132	2,800	H22. 9
	道路橋床版防水便覧	262	5,000	H19. 3
	道路橋補修・補強事例集（2012年版）	296	5,000	H24. 3
	斜面上の深礎基礎設計施工便覧	304	5,000	H24. 4
新刊	道路橋点検必携～橋梁点検に関する参考資料～	480	2,500	H27. 4
新刊	道路橋示方書・同解説Ⅴ耐震設計編に関する参考資料	314	4,500	H27. 4
	舗装			
	アスファルト舗装工事共通仕様書解説（改訂版）	216	3,800円	H 4.12
	アスファルト混合所便覧（平成8年版）	162	2,600	H 8.10
	舗装調査・試験法便覧（全4分冊）	1,520	25,000	H19. 6
	舗装の構造に関する技術基準・同解説	91	3,000	H13. 9
	舗装再生便覧（平成22年版）	273	5,000	H22.11
	舗装性能評価法(平成25年版)—必須および主要な性能指標編—	126	2,800	H25. 4
	舗装性能評価法別冊 —必要に応じ定める性能指標の評価法編—	233	3,500	H20. 3
	舗装設計施工指針（平成18年版）	345	5,000	H18. 2
	舗装施工便覧（平成18年版）	374	5,000	H18. 2
	舗装設計便覧	316	5,000	H18. 2
	透水性舗装ガイドブック2007	76	1,500	H19. 3
	コンクリート舗装に関する技術資料	70	1,500	H21. 8
新刊	コンクリート舗装ガイドブック2016	348	6,000	H28. 3
新刊	舗装の維持修繕ガイドブック2013	234	5,000	H25.11
新刊	舗装点検必携	228	2,500	H29. 4

日本道路協会出版図書案内

	図書名	ページ	本体価格	発行年
新刊	舗装点検要領に基づく舗装マネジメント指針	166	4,000円	H30. 9
改訂	舗装調査・試験法便覧（全4分冊）（平成31年版）	1,929	25,000	H31. 3
	道路土工			
新刊	道路土工構造物技術基準・同解説	100	4,000円	H29. 3
新刊	道路土工構造物点検必携（平成30年版）	290	3,000	H30. 7
	道路土工要綱（平成21年度版）	416	7,000	H21. 6
	道路土工－切土工・斜面安定工指針（平成21年度版）	521	7,500	H21. 6
	道路土工－カルバート工指針（平成21年度版）	347	5,500	H22. 3
	道路土工－盛土工指針（平成22年度版）	310	5,000	H22. 4
	道路土工－擁壁工指針（平成24年度版）	342	5,000	H24. 7
	道路土工－軟弱地盤対策工指針（平成24年度版）	396	6,500	H24. 8
	道路土工－仮設構造物工指針	378	5,800	H11. 3
改訂	落石対策便覧	414	6,000	H29.12
	共同溝設計指針	196	3,200	S61. 3
	道路防雪便覧	383	9,700	H 2. 5
	落石対策便覧に関する参考資料 —落石シミュレーション手法の調査研究資料—	422	5,800	H14. 4
	トンネル			
	道路トンネル観察・計測指針（平成21年改訂版）	291	6,000円	H21. 2
改訂	道路トンネル維持管理便覧（本体工編）	448	7,000	H27. 6
改訂	道路トンネル維持管理便覧（付属施設編）	337	7,000	H28.11
	道路トンネル安全施工技術指針	457	6,600	H 8.10
	道路トンネル技術基準（換気編）・同解説（平成20年改訂版）	279	6,000	H20.10
	道路トンネル非常用施設設置基準・同解説	76	4,200	H13.10
	道路トンネル技術基準（構造編）・同解説	296	5,700	H15.11
	シールドトンネル設計・施工指針	426	7,000	H21. 2
	道路震災対策			
	道路震災対策便覧（震前対策編）平成18年度版	388	5,800円	H18. 9
	道路震災対策便覧（震災復旧編）平成18年度版	410	5,800	H19. 3
	道路維持修繕			
新刊	道路の維持管理	103	2,500円	H30. 3
	英語版			
新刊	道路橋示方書（I共通編）〔2012年版〕（英語版）	151	3,000円	H26.12
新刊	道路橋示方書（II鋼橋編）〔2012年版〕（英語版）	458	7,000	H29. 1

日本道路協会出版図書案内

	図　書　名	ページ	本体価格	発行年
新刊	道路橋示方書（Ⅲコンクリート橋編）〔2012年版〕（英語版）	327	6,000円	H26.12
新刊	道路橋示方書（Ⅳ下部構造編）〔2012年版〕（英語版）	586	8,000	H29. 7
新刊	道路橋示方書（Ⅴ耐震設計編）〔2012年版〕（英語版）	401	7,000	H28.11
新刊	舗装の維持修繕ガイドブック2013（英語版）	306	6,500	H29. 4
新刊	アスファルト舗装要綱（英語版）	232	6.500	H31. 3

※ 消費税は含みません。

発行所 （公社）日本道路協会　☎(03)3581-2211

発売所 丸善出版株式会社　☎(03)3512-3256
丸善雄松堂株式会社　学術情報ソリューション事業部
法人営業統括部　カスタマーグループ
TEL：03-6367-6094　FAX：03-6367-6192　Email：6gtokyo@maruzen.co.jp